全国高职高专食品类专业“十二五”规划教材

食品质量与安全

吴广辉　李红伟　孟宏昌　主编

中国科学技术出版社
·北　京·

图书在版编目（CIP）数据

食品质量与安全/吴广辉，李红伟，孟宏昌主编．—北京：中国科学技术出版社，2013.7（2019.8 重印）
全国高职高专食品类专业“十二五”规划教材
ISBN 978－7－5046－6232－3

Ⅰ.①食…　Ⅱ.①吴…　②李…　③孟…　Ⅲ.①食品－质量管理－高等职业教育－教材　②食品卫生－卫生管理－高等职业教育－教材
Ⅳ.①TS207.7　②R155.5

中国版本图书馆 CIP 数据核字（2012）第 241938 号

策划编辑　符晓静
责任编辑　符晓静　齐　放
封面设计　孙雪骊
责任校对　韩　玲
责任印制　徐　飞

出　　版　中国科学技术出版社
发　　行　中国科学技术出版社有限公司发行部
地　　址　北京市海淀区中关村南大街 16 号
邮　　编　100081
发行电话　010－62173865
传　　真　010－62173081
网　　址　http://www.cspbooks.com.cn

开　　本　787mm×1092mm　1/16
字　　数　380 千字
印　　张　17.5
版　　次　2013 年 7 月第 1 版
印　　次　2019 年 8 月第 4 次印刷
印　　刷　北京荣泰印刷有限公司

书　　号　ISBN 978－7－5046－6232－3/TS·65
定　　价　46.00 元

全国高职高专食品类专业“十二五”规划教材编委会

本书编委会

主　编　吴广辉　李红伟　孟宏昌

副主编　邢亚阁　路　源　毕韬韬

编　委　（按姓氏笔画排序）

邢亚阁　毕韬韬　李亚丽　李红伟

吴广辉　张学全　孟宏昌　荆晓艳

彭新然　路　源

出版说明

随着我国社会经济、科技文化的快速发展，人们对食品的要求越来越高，食品企业也迫切需要大量食品专业高素质技能型人才。根据《国家中长期教育改革和发展规划纲要（2010—2020年）》的精神，职业院校的发展目标是：以服务为宗旨，以就业为导向，实行工学结合、校企合作、顶岗实习的人才培养模式。以食品行业、食品企业的实际需求为基本依据，遵照技能型人才成长规律，依靠食品专业优势，开展课程体系和教材建设。教材建设以食品职业教育集团为平台，行业、企业与学校共同开发，提高职业教育人才培养的针对性和适应性。

我国食品工业“十二五”发展规划指出，深入贯彻落实科学发展观，坚持走新型工业化道路，以满足人民群众不断增长的食品消费和营养健康需求为目标，调结构、转方式、提质量、保安全，着力提高创新能力，促进集聚集约发展，建设企业诚信体系，推动产业链有效衔接，构建质量安全、绿色生态、供给充足的中国特色现代食品工业，实现持续健康发展。根据我国食品工业发展规划精神，漯河食品职业学院与中国科学技术出版社合作编写了本套高职高专院校食品类专业“十二五”规划教材。

本套教材具有以下特点：

1. 教材体现职业教育特色。本套教材以“理论够用、突出技能”为原则，贯穿职业教育“以就业为导向”的特色。体现实用性、技能性、新颖性、科学性、规范性和先进性，教学内容紧密结合相关岗位的国家职业资格标准要求，融入职业道德准则和职业规范，着重培养学生的职业能力和职业责任。

2. 内容设计体现教、学、做一体化和工作过程系统化。在使用过程中做到教师易教，学生易学。

3. 提倡向“双证”教材靠近。通过本套教材的学习和实验能对考取职业资格或技能证书有所帮助。

4. 广泛性强。本套教材既可作为高职院校食品类专业的教材，以及大中小型食品加工企业的工程技术人员、管理人员、营销人员的参考用书，也可作为质量技术监督部门、食品加工企业培训用书，还可作为广大农民致富的技术资料。

本套教材的出版得到了河南帮太食品有限公司、上海饮技机械有限公司的大力支持和赞助，在此深表感谢！

限于水平，书中缺点和不足在所难免，欢迎各地在使用本套教材过程中提出宝贵意见和建议，以便再版时加以修订。

全国高职高专食品类专业“十二五”规划教材编委会

2012 年 5 月

前　言

随着人们对食品安全问题的关注，食品质量与安全问题成为我国食品行业重要的工作。要抓好食品的质量与安全，关键要从食品生产的源头抓起，并且在整个食品生产链上实现全程质量控制。目前，食品行业在食品原料种植、养殖、生产加工、包装、物流、销售及监管等各个环节的质量安全控制管理方面，均存在一定的问题，造成我国食品安全事件频繁发生。

食品质量与安全是实现食品专业能力教育的重要课程。在该门课程中，学生不但要了解食品标准与法规体系，更要学会运用食品质量安全管理体系，同时需要关注食品质量检验。为此，我们联合多所院校从事食品质量与安全教学和科研的教师以及企业有丰富质量管理经验的人员，共同编写了本教材。

本书由漯河食品职业学院吴广辉、河南双汇投资发展股份有限公司李红伟、漯河职业技术学院孟宏昌任主编，西华大学邢亚阁、河南科技学院新科学院路源、漯河食品职业学院毕韬韬任副主编。本书第一章由孟宏昌编写；第二章由漯河食品职业学院李亚丽编写；第三章由路源编写；第四章由李红伟编写；第五章、第六章由邢亚阁编写；第七章由漯河食品职业学院张学全编写；第八章、第十三章由郑州轻工业学院荆晓艳编写；第九章由漯河出入境检验检疫局彭新然编写；第十章、第十一章由吴广辉编写；第十二章由毕韬韬编写。全书由吴广辉负责统稿及整理。

本书在编写过程中参阅了国内外大量的专著、学术论文及网上资料，在此向这些专著、论文的编者、作者及网上资料的提供者表示由衷的感谢。本书在编写过程中得到了中国科学技术出版社和漯河食品职业学院有关院领导以及工作人员的大力支持和热情帮助，谨在此表示衷心的感谢。

由于编者水平有限，书中难免有不当、疏漏甚至错误之处，恳请专家和广大读者批评指正，以便我们及时改正，使教材的质量不断提高。

编　者

2013 年 6 月

目 录

第一章 概　　述

（1）了解质量及质量管理的基本概念；

（2）了解食品安全管理的原则及原理；

（3）了解食品食品安全监管体系现状、存在问题及发展趋势。

第一节 质量管理

一、质量的定义及其意义

质量：一组固有特性满足要求的程度（ISO 9000：2000“质量”的定义）。可以从以下几个方面来理解质量的定义。

（1）质量是相对于之前的（ISO 8402）术语，更能直接地表述质量的属性，由于它对质量的载体不做界定，说明质量是可以存在于不同领域或任何事物中。对质量管理体系来说，质量的载体不仅针对产品，即过程的结果（如硬件、流程性材料、软件和服务），也针对过程和体系或者它们的组合。也就是说，所谓“质量”，既可以是零部件、计算机软件或服务等产品的质量，也可以是某项活动的工作质量或某个过程的工作质量，还可以是指企业的信誉、体系的有效性。

（2）定义中特性是指事物所特有的性质，固有特性是事物本来就有的，它是通过产品、过程或体系设计和开发及其之后实现过程形成的属性。例如，物质特性（如机械、电气、化学或生物特性）、感官特性（如用嗅觉、触觉、味觉、视觉等感觉控测的特性）、行为特性（如礼貌、诚实、正直）、时间特性（如准时性、可靠性、可用性）、人体工效特性（如语言或生理特性、人身安全特性）、功能特性（如飞机最高速度）等。这些固有特性的要求大多是可测量的。赋予的特性（如某一产品的价格），并非是产品、体系或过程的固有特性。

（3）满足要求就是应满足明示的（如明确规定的）、通常隐含的（如组织的惯例、一般习惯）或必须履行的（如法律法规、行业规则）的需要和期望。只有全面满足这些要求，才能评定为好的质量或优秀的质量。

（4）顾客和其他相关方对产品、体系或过程的质量要求是动态的、发展的和相对的。它将随着时间、地点、环境的变化而变化。所以，应定期对质量进行评审，按照变化的需要和期望，相应地改进产品、体系或过程的质量，确保持续地满足顾客和其他相关方的要求。

（5）“质量”一词可用形容词如差、好或优秀等来修饰。

在质量管理过程中，“质量”的含义是广义的。除了产品质量之外，还包括工作质量。质量管理不仅要管好产品本身的质量，还要管好质量赖以产生和形成的工作质量，并以工作质量为重点。

从定义可见，质量具有三个要素：固有特性、要求、该特性满足该要求的程度。

每当我们讨论质量的时候，总是指某一个具体、特定事物的质量。譬如某产品的质量、某过程的质量、某体系的质量。判定质量时一定要同时注意这三个要素，忽视其中任何一个，对质量的判定都是不全面的。

衡量质量的好坏，只能用这些要求是否达到满足来衡量。同样的产品，具有同样的特性，由于顾客要求不同，满足程度就不同。得出质量好坏的结论也就不同。这就是我们常说“质量是由顾客说了算”的道理。

对任何一个事物我们可以从很多方面、角度去认识。关键是为什么人服务的，是为了解决什么问题，如何去解决问题。因此，以上的定义和名称根据不同情况都是相对的。

二、质量管理的基本概念

1. 管理

管理是指“指挥和控制组织的协调的活动”。管理是在一定环境和条件下通过“协调”的活动，综合利用组织资源以达到组织目标的过程，是由一系列相互关联、连续进行的活动构成。管理过程包括计划、组织、领导和控制人员与活动。

2. 质量管理

质量管理是指在质量方面指挥和控制组织的协调的活动。在质量方面的指挥和控制活动，通常包括制定质量方针和质量目标及质量策划、质量控制、质量保证和质量改进。

3. 质量方针

质量方针是指由组织的最高管理者正式发布的该组织总的质量宗旨和质量方向。质量方针是企业经营总方针的组成部分，是企业管理者对质量的指导思想和承诺。企业最高管理者应确定质量方针并形成文件。

质量方针的基本要求应包括供方的组织目标和顾客的期望与需求，也是供方质量行为的准则。

4. 质量目标

质量目标是组织在质量方面所追求的目的，是组织质量方针的具体体现，目标既要先进，又要可行，便于实施和检查。

5. 质量策划

质量策划是质量管理的一部分，制定质量目标并规定必要的运行过程和相关资源以实现质量目标。

质量策划的关键是制定质量目标并设法实现。质量目标是在质量方面所追求的目的，其通常依据组织的质量方针制定。并且通常对组织的相关职能和层次分别规定质量目标。

6. 质量控制

质量控制是质量管理的一部分，致力于满足质量要求。

作为质量管理的一部分，质量控制适用于对组织任何质量的控制，不仅仅限于生产领域，还适用于产品的设计、生产原料的采购、服务的提供、市场营销、人力资源的配置，涉及组织内几乎所有的活动。质量控制的目的是保证质量，满足要求。为此，要解决要求(标准)是什么、如何实现(过程)、需要对哪些进行控制等问题。

7. 质量保证

质量保证是质量管理的一部分，是提供质量要求会得到满足的信任。

质量保证定义的关键词是“信任”，对达到预期质量要求的能力提供足够的信任。这种信任是在订货前建立起来的，如果顾客对供方没有这种信任则不会订货。质量保证不是买到不合格产品以后保修、保换、保退。保证质量、满足要求是质量保证的基础和前提，质量管理体系的建立和运行是提供信任的重要手段。因为质量管理体系将所有影响质量的因素，包括技术、管理和人员，都采取了有效的方法进行控制，因而具有减少、消除、特别是预防产品不合格的机制。

组织规定的质量要求，包括产品的、过程的和体系的要求，必须完全反映顾客的需求，才能给顾客以足够的信任。因此，质量保证要求，即顾客对供方的质量体系要求往往需要证实，以使顾客具有足够的信任。证实的方法可包括：供方的合格声明；提供形成文件的基本证据(如质量手册，第三方的形式检验报告)；提供由其他顾客认定的证据；顾客亲自审核；由第三方进行审核；提供经国家认可的认证机构出具的认证证据(如质量体系认证证书或名录)。

8. 质量改进

质量改进是质量管理的一部分，增强满足质量要求的能力。

作为质量管理的一部分，质量改进的目的在于增强组织满足质量要求的能力，由于要求可以是任何方面的，因此，质量改进的对象也可能会涉及组织的质量管理体系、过程和产品，可能会涉及组织的不同方面。同时，由于各方面的要求不同，为确保有效性、效率或可追溯性，组织应注意识别需改进的项目和关键质量要求，考虑改进所需的过程，以增强组织体系或过程实现并使其满足要求的能力。

9. 全面质量管理

全面质量管理(total quality management，TQM)的含义可以这样来表述：以质量为中心，以全员参与为基础，目的在于通过让顾客满意和本组织所有者、员工、供方、合作伙伴或社会等相关方受益而达到长期成功的一种管理途径。

三、质量控制的基本原理

质量管理的一项主要工作是通过收集数据、整理数据，找出波动的规律，把正常波动控制在最低限度，消除系统性原因造成的异常波动。把实际测得的质量特性与相关标准进行比较，并对出现的差异或异常现象采取相应措施进行纠正，从而使工序处于控制状态，这一过程就叫做质量控制。质量控制可以分为七个步骤。

(1) 选择控制对象。

(2) 选择需要监测的质量特性值。

(3) 确定规格标准，详细说明质量特性。

(4) 选定能准确测量该特性值的监测仪表或自制测试手段。

(5) 进行实际测试并做好数据记录。

(6) 分析实际与规格之间存在差异的原因。

(7) 采取相应的纠正措施。

当采取相应的纠正措施后，仍然要对过程进行监测，将过程保持在新的控制水准上。一旦出现新的影响因子，还需要测量数据分析原因进行纠正，因此这七个步骤形成了一个封闭式流程，称为“反馈环”。

在上述七个步骤中，最关键有两点。

(1) 质量控制系统的设计。

(2) 质量控制技术的选用。

质量控制技术包括两大类：抽样检验和过程质量控制。抽样检验通常发生在生产前对原材料的检验或生产后对成品(半成品)的检验，根据随机样本的质量检验结果决定是否接受该批原材料或产品(半成品)。过程质量控制是指对生产过程中的产品随机样本进行检验，以判断该过程是否在预定标准内生产。抽样检验用于采购或验收，而过程质量控制应用于各种形式的生产过程。

四、质量管理常用的工作方法

1. PDCA 管理循环

PDCA 管理循环是质量管理的基本工作方法(程序)，把质量管理的全过程划为 P

(plan 计划)、D(do 实施)、C(check 检查)、A(action 总结处理)四个阶段。

(1) P(计划)阶段，分为四个步骤：

1) 分析现状，找出存在的主要质量问题。

2) 分析产生质量问题的各种影响因素。

3) 找出影响质量的主要因素。

4) 针对影响质量的主要因素制定措施，提出改进计划。

(2) D(实施)阶段：

按照制订的计划目标加以执行。

(3) C(检查)阶段：

检查实际执行结果看是否达到计划的预期效果。

(4) A(总结处理)阶段，其中分两步：

1) 总结成熟的经验，纳入标准制度和规定，以巩固成绩，防止失误，

2) 把本轮 PDCA 循环尚未解决的问题，纳入下一轮 PDCA 循环中去解决。

2. 5S 管理

5S 是指整理(seiri)、整顿(seiton)、清扫(seiso)、清洁(seiketsu)、素养(shitsuke)5 个项目，因日语的罗马拼音均为“S”开头，所以简称为 5S。开展以整理、整顿、清扫、清洁和素养为内容的活动，称为“5S”活动。

(1) 1S－整理(seiri)。整理就是区分要与不要的物品，现场只保留必需的物品。

整理的意思首先是把要与不要的人、事、物分开，再将不需要的人、事、物加以处理，对生产现场的现实摆放和停滞的各种物品进行分类，区分什么是现场需要的，什么是现场不需要的。其次，对于现场不需要的物品，诸如用剩的材料、多余的半成品、切下的料头、切屑、垃圾、废品、多余的工具、报废的设备、工人的个人生活用品等，要坚决清理出生产现场。这项工作的重点在于坚决把现场不需要的东西清理掉。对于车间里各个工位或设备的前后、通道左右、厂房上下、工具箱内外，以及车间的各个死角，都要彻底搜寻和清理，达到现场无不用之物。

(2) 2S－整顿(seiton)。整顿就是必需品依规定定位、定方法摆放整齐有序，明确标示。整顿的意义是把需要的人、事、物加以定量、定位。通过前一步整理后，对生产现场需要留下的物品进行科学合理的布置和摆放，以便用最快的速度取得所需之物，在最有效的规章、制度和最简捷的流程下完成作业。

(3) 3S－清扫(seiso)。清扫就是清除现场内的脏污、清除作业区域的物料垃圾。清扫的意义是将工作场所之污垢去除，使异常之发生源很容易发现，是实施自主保养的第一步，主要是在提高设备稼动率。

(4) 4S－清洁(seiketsu)。清洁就是将整理、整顿、清扫实施的做法制度化、规范化，维持其成果。清洁的意义是通过对整理、整顿、清扫活动的坚持与深入，从而消除发生安全事故的根源。创造一个良好的工作环境，使职工能愉快地工作。

(5) 5S－素养(shitsuke)。素养就是人人按章操作、依规行事，养成良好的习惯，使每个人都成为有教养的人。素养的意义是努力提高人员的自身修养，使人员养成严格

遵守规章制度的习惯和作风，是“5S”活动的核心。

3. 6S 管理

6S 是在 5S 的基础上增加了一项安全(security)。安全就是重视成员安全教育，每时每刻都有安全第一的观念，防患于未然。目的是建立起安全生产的环境，所有的工作应建立在安全的前提下。执行 6S 有以下好处：

（1）提升企业形象：整齐清洁的工作环境，能够吸引客户，并且增强自信心。

（2）减少浪费：由于场地杂物乱放，致使其他东西无处堆放，这是一种空间的浪费。

（3）提高效率：拥有一个良好的工作环境，可以使个人心情愉悦；东西摆放有序，能够提高工作效率，减少搬运作业。

（4）质量保证：一旦员工养成了做事认真严谨的习惯，他们生产的产品返修率会大大降低，提高产品品质。

（5）安全保障：通道保持畅通，员工养成认真负责的习惯，会使生产及非生产事故减少。

（6）提高设备寿命：对设备及时进行清扫、点检、保养、维护，可以延长设备的寿命。

（7）降低成本：做好 6 个 S 可以减少跑冒滴漏和来回搬运，从而降低成本。

（8）交期准确：生产制度规范化使得生产过程一目了然，生产中的异常现象明显化，出现问题可以及时调整作业，以达到交期准确。

第二节 食品安全管理

食品质量安全关系到人民的身体健康、生命安全及社会经济。但我国的食品供应体系主要是围绕解决食品供给量问题而建立起来的，对于食品质量安全的关注程度不够。我国食品行业在原料供给、生产环境、加工、包装、储存运输及销售等环节的质量安全管理，都存在严重的不适应性。同世界其他国家一样，目前，由致病微生物和其他有毒、有害因素引起的食物中毒和食源性疾病对我国食品质量安全构成的威胁最明显。特别是近年来，一些企业无视国家法律，唯利是图，在食品生产加工中不按标准生产，掺杂使假，滥用添加剂，添加非食品原料，使用发霉变质等劣质原料加工食品，致使重大食品质量安全事故屡有发生。如阜阳劣质奶粉事件、瘦肉精猪肉事件、三聚氰胺奶粉、地沟油事件等，直接危害了人民群众的健康安全，严重打击了广大消费者的消费积极性。食品质量安全问题成了社会反映强烈的热点，食品质量安全涉及千家万户，是老百姓生存最基本的要求，食品质量安全没有保证，人民群众的身体健康和生命安全就没有保证。2009 年 6 月 1 日我国《食品安全法》实施以后，食品安全了工作有了很大的提高；2013 年 5 月 4 日起施行的《最高人民法院、最高人民检察院关于办理危害食品安全刑事案件适用法律若干问题的解释》，为依法惩治危害食品安全犯罪，保障人民群众身体健康、生命安全有了更强的法律依据。

一、食品安全管理的原则

当建立、升级、强化或改变食品安全管理体系时，必须对很多支撑食品管理行动的原理和价值取向给予考虑。这些原则包括：

（1）在食品链中尽可能充分地应用预防原则，以最大幅度地降低食品风险；

（2）对从“农田到餐桌”链条的定位；

（3）建立应急机制以处理特殊的危害(如食品召回制度)；

（4）建立基于科学原理的食品控制战略；

（5）建立危害分析的优先制度和风险管理的有效措施；

（6）建立对经济损失和目标风险整体的统一行动；

（7）认识到食品安全管理是一种多环节且具有广泛责任的工作，并需要各种利益代言人的积极互动。

二、食品安全管理的原理

1.“从农田到餐桌”的整体概念

最有效降低风险的途径就是在食品生产、加工和销售链条中遵循预防性原则。要最大限度地保护消费者的利益，最基本的就是把食品质量和安全建立在食品生产从种植(养殖)到消费的整个环节。这种从农业种植者(养殖者)、加工者、运输者到销售商的链条叫做“从农田到餐桌”，这个链条中的每一个环节在食品质量与安全中都是关键因素。

食品危害和品质的损失可能发生在食品链上的不同环节，要一一找出这些危害是非常困难的，并且成本也是十分昂贵的。一种有机地组织起来的，对食品链中多个环节进行控制的预防性方法可以有效地增进食品质量与安全。对食品链上一些潜在的危害可以通过应用良好操作规范加以控制，如良好农业规范(GAP)、良好操作规范(GMP)、良好卫生规范(GHP)等。一种重要的预防性的方法——危害分析与关键控制点(HACCP)，可应用于食品生产、加工和处理的各个阶段，HACCP已成为提高食品安全性的一个基本工具。

2. 风险分析

风险分析是指对食品的安全性进行风险评估、风险管理和风险交流的过程。风险评估是以科学为基础对食品可能存在的危害进行界定，特征描述，暴露量评估和描述的过程。风险管理是对风险评估的结果进行咨询，对消费者的保护水平和可接受程度进行讨论，对公平贸易的影响程度进行评估，以及对政策变更的影响程度进行权衡，选择适宜的预防和控制措施的过程。风险交流是指在食品安全科学工作者、管理者、生产者、消费者以及感兴趣的团体之间进行风险评估结果、管理决策基础意见和见解传递的过程。

食品法典在国际层面上规范了风险分析的程序，已引入卫生和植物检疫措施协议。有关国际组织鼓励其他国家在本国食品管理体系中认可国际风险分析的结果。

3. 透明性原则

食品安全管理必须发展成一种透明行为。消费者对供应食品的质量与安全的信心是建立在对食品控制和行动的有效性及整体性运作的能力之上的。应允许食品链上所有的利益关系者都能发表积极的建议，管理部门应对决策的基础给以解释。因此，决策过程的透明性原则是重要的。这样会鼓励所有有关团体之间的合作，提高食品安全管理体系的认同性。

食品安全权威管理部门应该掌握将何种与食品安全有关的信息介绍给公众。这些信息包括对食品安全事件的科学意见、调查行为的综述、涉及食源性疾病食品细节的发现、食物中毒的情节，以及臭名昭著的食品造假行为等。这些行为都可以作为对消费者进行食品安全风险交流的一部分，使消费者能更好地理解食源性危害，并在食源性危害发生时，能最大限度地减少损失。

有效的食品安全卫生控制体系对保护各国消费者健康和安全至关重要。其内容包括良好操作规范（GMP）、卫生标准操作程序（SSOP）、危害分析与关键控制点（HACCP）系统、食品安全风险分析和食品安全管理体系（ISO 22000）等都是行之有效的食品安全的保证制度和体系。良好操作规范（GMP）和卫生标准操作程序（SSOP）是食品企业自主性的食品安全保证制度，是构筑 HACCP 系统和 ISO 22000 标准系列的基础。HACCP 系统是在严格执行 GMP、SSOP 的基础上通过危害风险分析，关键控制点的监控，从而避免生物的、化学的和物理性的危害因素对食品的污染。ISO 22000 标准系列是更高要求的管理标准，包含 ISO 9000 的管理要素和 HACCP 的七个原理，体现了食品安全管理的系统性和法规性，已成为国际通用的标准和进入国际市场的通行证。

复习思考题

1. 质量的概念是什么？
2. 什么是 PDCA？
3. 什么是 5S？
4. 食品安全管理的原则是什么？

第二章　食品中的危害

(1) 理解生物性因素包括的范围及对食品安全的影响；

(2) 理解化学性因素包括的范围及对食品安全的影响；

(3) 理解物理性因素包括的范围及对食品安全的影响；

(4) 了解新技术引起的食品安全问题。

第一节　食品中的生物性危害

常见的生物危害包括病原性微生物、病毒、寄生虫等。对食品安全性造成影响的生物因素主要是微生物污染，微生物污染是涉及面最广、影响最大、问题最多的一种污染。本节主要介绍生物性污染中的微生物污染。

一、食品中常见的有害细菌

自然界的细菌种类很多，存在于食品中的细菌称为食品细菌。食品细菌主要来源于生产、加工、运输、储存、销售和烹调等各个环节的外界污染，包括致病菌、条件致病菌、非致病菌，可引起急性或慢性食源性疾病。食品中常见的有害细菌如下。

(一) 沙门氏菌

1. 生物学特性

沙门氏菌属于肠杆菌科，为革兰阴性短杆菌，好氧或兼性厌氧，无荚膜，周身鞭毛能运动，偶然有无鞭毛的变种。适宜温度为37℃，但在18～20℃时也能繁殖。对热的抵抗力很弱，在60℃经20～30分钟即可被杀死。在自然环境的粪便中可生存1～2个月，在水、牛乳及肉类中能生存几周甚至几个月。常见的有猪霍乱沙门氏菌、鼠伤寒沙门氏菌和鸭沙门氏菌。

2. 沙门氏菌中毒和临床表现

沙门氏菌中毒是由于活菌和内毒素协同作用而致，感染型食物中毒的症状表现为急性胃肠炎症状。如果细菌已产生毒素，可引起中枢神经系统症状，出现体温升高、痉挛等。一般病程为3～7天，病死率约为5%。沙门氏菌中毒的临床表现主要为五种类型：胃肠炎型、类霍乱型、类伤寒型、类感冒型、败血症型，但以胃肠炎型为最多。

3. 沙门氏菌的来源和传播途径

沙门氏菌引起中毒的常见食品有各种肉类、鱼类、蛋类和乳类，其中以肉类占多数。肉中的沙门氏菌来源主要有两个：一种为家畜宰前已经感染的，称为宰前感染，另外一种是在宰后被带菌的粪便、容器、污水等污染，称为宰后污染，但生活当中常见的沙门氏菌污染主要来自宰前污染。

4. 案例

世界上最大的一起沙门氏菌食物中毒是1953年的瑞典人由于吃猪肉所引起的鼠伤寒杆菌食物中毒，当时中毒7717人，死亡90人。在1959年南宁市市民因吃鸡肉而发生的猪霍乱杆菌食物中毒为我国最大的沙门氏菌食物中毒，中毒1061人。

5. 预防措施

（1）加强卫生宣传教育，改变生食等不良习惯；
（2）切断传播途径；
（3）加强对屠宰场、食品加工厂的卫生检疫；
（4）加强流动人口的卫生管理；
（5）发展快速可靠的病原菌溯源技术。

（二）致病型大肠杆菌

1. 生物学特性

大肠杆菌为革兰阴性短小杆菌，不产生芽孢，有周生鞭毛，最适生长温度为37℃，但在15～45℃均可生长。最适pH 7.4～7.6，但在pH 4.3～9.5时皆可生长，繁殖速度快，在适宜条件下其世代时间仅17～19分钟。在土壤和水中可存活数月，对氯气敏感，在含0.5～1mg/L氯气的水中可很快死亡。

2. 大肠杆菌食物中毒和临床表现

致病性大肠杆菌食物中毒是由于大量摄入致病性活菌引起的，主要从两方面来影响：第一为菌株表面的纤毛使菌株对宿主小肠黏膜上皮细胞表面具有黏附能力，从而在小肠内生长繁殖并释放出毒素；第二是菌株能产生肠毒素，使小肠黏膜上皮细胞的通透性增加，分泌功能亢进，引起腹泻。

这两种中毒的临床表现主要有两种类型，分别为：

（1）急性胃肠炎型。潜伏期一般为10～24小时，最短4小时，最长48小时，主要症状为食欲不振、腹泻呕吐，粪便呈水样，伴有黏液，但无脓血，稍发热，体温在38～40℃，多数患者有剧烈的腹绞痛与呕吐，如果脱水严重时，可能会发生衰竭。

（2）急性菌痢型。主要症状为腹泻，腹痛，发热，有些患者呕吐，大便呈黄色水样，伴有黏液、脓血，血细胞增多，一般持续7～10天，预后良好。情况严重时，更可能并发急性肾病。5岁以下的儿童出现该病的并发症的风险较高。若治疗不当，可能会致命。

3. 来源和传播途径

人和动物都可以带菌，健康成人和儿童的带菌率为2%～8%，腹泻患者为20%左右，牲畜的带菌率一般为10%，土壤、水源等被粪便污染后也带有该菌。

其在室温下可生存数周，在土壤和水中可达数月，可通过人手、食物、生活用品进行传播，也可经环境（空气、水）传播。

4. 案例

1996年在日本发生大规模EHEC流行，E. coli O_{157}:H_7食物中毒9451人，病死12人，其中在堺市最多，中毒5727人，主要原因是由一所小学午餐中的白萝卜引起的，以后通过粪便感染，交叉感染。许多食物都可引起发病，如生的或半生的肉、奶、汉堡包、果汁、发酵肠、酸奶、蔬菜。由于该病迅速扩展至全日本，为此，全世界都受到震惊。

5. 预防措施

把好口岸检疫与食品检验关；避免饮用生水、少吃生菜等，对肉类、奶类和蛋制品食前应煮透，吃水果要洗净去皮，从而防止病从口入；动物粪便、垃圾等应及时清理并妥善处理，注意灭蝇、灭鼠、确保环境卫生；定期检疫监测，及时淘汰阳性畜群。进食或处理食物前，应用肥皂及清水洗净双手，如厕或更换尿片后亦应洗手；如有需要保留吃剩的熟食，应该加以冷藏，并尽快食用，食用前应彻底翻热；变质的食物应该弃掉。

（三）金黄色葡萄球菌

金黄色葡萄球菌在自然界中无处不在，空气、水、灰尘及人和动物的排泄物中都可找到。因而，食品受其污染的机会很多。由金黄色葡萄球菌引起的感染占第二位，仅次于大肠杆菌。金黄色葡萄球菌肠毒素是个世界性卫生难题，在美国由金黄色葡萄球菌肠毒素引起的食物中毒，占整个细菌性食物中毒的33%，加拿大则更多，占到45%，我国每年发生的此类中毒事件也非常多。中毒食品种类多，如奶、肉、蛋、鱼及其制品。此外，剩饭、油煎蛋、糯米糕及凉粉等引起的中毒事件也有报道。

1. 生物学特性

金黄色葡萄球菌为革兰阳性球菌，呈葡萄串状排列，无芽孢，无鞭毛，不能运动。适宜生长温度为35～37℃，但在0～47℃也可以生长。为兼性厌氧菌，耐盐性较强，在含7.5%～15% NaCl的培养基中仍能生长。

2. 中毒和临床表现

金黄色葡萄球菌为侵袭性细菌，能产生毒素，对肠道破坏性大，所以金黄色葡萄球菌肠炎发病急，中毒症状严重，葡萄球菌肠毒素可作用于动物双侧迷走神经的分支和脊髓而引起呕吐，还可使肠黏膜分泌较多水分使水分吸收量减少，产生腹泻，还可检查到胃黏膜表面病变。主要症状为胃肠炎，潜伏期短，有头晕、恶心、呕吐、腹痛、腹泻等症状，体温正常或略有低烧，可能会引起脱水、虚脱、肌肉痉挛等，短期即可恢复健康，预后一般良好。

3. 来源与传播途径

金黄色葡萄球菌的感染源一般来自食品加工人员、炊事员或销售人员带菌，造成食品污染；食品在加工前本身带菌，或在加工过程中受到了污染，产生了肠毒素，引起食物中毒；熟食制品包装不严，在运输过程中受到污染；奶牛患化脓性乳腺炎或禽畜局部化脓时，对肉体其他部位的污染；患有化脓性炎症患者或带菌者。适宜该菌繁殖并产生毒素的食品，由于各国气候条件和饮食习惯不同而有差异。

二、食品中常见的真菌污染

真菌是微生物中的高级生物，其形态和构造也比细菌复杂，有的真菌为单细胞，如酵母菌和部分霉菌；有的真菌为多细胞，如食用菌和大多数霉菌。虽然有些真菌被广泛应用于食品工业，如酿酒、制酱、面包制造，但有些真菌也通过食品给人体健康带来危害，有些真菌污染食品或在农作物上生长繁殖，使食品变质或农作物发生病害，而且还会产生有毒代谢产物——真菌毒素，这种物质引起人和动物发生各种病害，称为真菌毒素中毒症。经过在三十多个国家的调查，按真菌毒素的重要性及危害排列，排在第一位的是黄曲霉毒素，以下依次为赭曲霉毒素、单端孢霉烯族化合物、玉米赤霉烯酮、橘霉素、杂色曲霉素、展青霉素等。

（一）黄曲霉毒素（aflatoxin，简写 AFT）

1960 年在英格兰南部和东部地区，有十几万只火鸡因食用发霉的花生粉而中毒死亡，解剖显示，这些火鸡的肝脏出血、坏死，肾肿大。研究者从霉变的花生粉中分离出一种荧光物质，并证明了这种荧光物质是黄曲霉的代谢产物，是导致火鸡死亡的原因，后来人们将这种荧光物质命名为黄曲霉毒素。

1. 理化特性

目前已经分离出的黄曲霉毒素有二十多种，分为 AFTB 和 AFTG 两大类，它们是结构类似的一组化合物，均为二氢呋喃香豆素的衍生物。黄曲霉毒素微溶于水，易溶于油脂和一些有机溶剂。相对分子质量为 312 ~ 346，熔点为 200 ~ 300℃，黄曲霉毒素耐高温，通常加热处理对其破坏很小，只有在熔点温度下才发生分解。黄曲霉毒素遇碱能迅速分解，但此反应可逆，即在酸性条件下又复原。黄曲霉毒素的主要种类有 B_1、B_2、G_1、G_2、M_1、M_2，B_1、B_2 在紫外光下产生蓝紫色荧光，G_1、G_2 产生黄绿色荧光，M_1、

M_2 是 B_1、B_2 的羟基化衍生物，人及动物摄入 B_1、B_2 后在乳汁和尿中可检测出其代谢产物 M_1、M_2，其中 B_1 的毒性是最强的。

2. 产毒菌种

黄曲霉毒素主要是由黄曲霉、寄生曲霉、集峰曲霉产生的有毒代谢产物。菌种产生黄曲霉毒素所需要的最低相对湿度为 80% 左右，所需要的温度为 12 ~ 42℃，最适温度为 25 ~ 32℃。

3. 毒性

食品中所污染的主要是黄曲霉毒素 B_1，其毒性目前一般认为有三种临床特征，急性中毒、慢性中毒和致癌性：

（1）急性中毒。它是一种剧毒物质，毒性比 KCN 大 10 倍，比砒霜大 68 倍，仅次于肉毒霉素，是目前已知霉菌中毒性最强的。它的毒害作用，无论对任何动物，主要变化是肝脏，呈急性肝炎、出血性坏死、肝细胞脂肪变性和胆管增生。脾脏和胰脏也有轻度的病变。表现为食欲不振、体重下降、生长迟缓、生殖能力降低，其中可以分为中毒性肝炎和中毒性脑病。

（2）慢性中毒。长期摄入小剂量的黄曲霉毒素则造成慢性中毒。其主要变化特征为肝脏出现慢性损伤，如肝实质细胞变性、肝硬化等。出现动物生长发育迟缓，体重减轻，母畜不孕或产仔少等系列症状。一般不致死，但引起很多后遗症，如智力障碍、抽搐、偏瘫、记忆力丧失。

（3）致癌性。黄曲霉毒素可使多种动物致癌，不同的接触途径都可能发生致癌，是目前发现的最强的致癌物，特别是其诱发肝癌的能力。

（4）致突变性。黄曲霉毒素主要是通过干扰细胞 DNA 和 RNA 及蛋白质的合成而引起细胞的突变。

4. 在食品中的污染

黄曲霉毒素对粮食食品的污染非常广泛，主要受污染的食品有：花生及其制品，玉米、棉籽、大米、小麦、大麦和豆类及其制品，在我国，长江沿岸及长江以南等高温高湿地区黄曲霉毒素污染严重，北方地区相对污染较轻。

5. 常见食品中的最高允许量标准

玉米、花生油、花生及其制品　　20μg/kg

大米、食用油类（花生油除外）　　10μg/kg

婴儿食品不得检出

（二）赤霉烯酮

赤霉病麦中毒是由禾谷镰刀菌侵染所引起的。禾谷镰刀菌对禾本科植物的谷物类，如大麦、小麦、黑麦、元麦及玉米等侵染，致成赤霉病。

这些谷物类在生长过程中，可能受到禾谷镰刀菌的侵染。主要是在收割后由于保存不当，如收割后捆成捆，放在潮湿的环境中，或堆成垛子保存，有了适宜的生长条件，该菌就可以继续繁殖发育，很快地在谷粒、麦粒上生长、繁殖，并产生毒素，使大批谷物受到损害。

赤霉病麦粒在外表上与正常麦粒不同，皮发皱，呈灰白色，无光泽，颗粒不饱满，特别是可出现浅粉红色和深粉红色，也有形成红色斑点状。该菌侵染麦粒后，在其中引起蛋白质分解并产生毒素，此种毒素为赤霉烯酮。该毒素对热抵抗力较强，110℃，1小时才能被破坏。用含赤霉病麦面粉制成的各种面食，如毒素未被破坏，可引起食物中毒。

赤霉病麦所引起的食物中毒，主要是由于毒素侵害中枢神经系统所表现出来的症状。当食用含有赤霉病麦面粉制成的食品，经过0.5~2小时，便开始发生恶心、发冷、头晕、眼花、神智抑郁、步伐紊乱等症状。有时有醉酒似的欣快感，面部潮红或发紫，故有“醉谷病”之称。

（三）霉变甘蔗中毒

霉变甘蔗中毒主要发生在初春的2—4月。这是因为甘蔗在不良条件下经过冬季的长期储存，到第二年春季陆续出售的过程中，霉菌大量生长繁殖并产生毒素，人们食用此种甘蔗即可导致中毒。特别是收割时尚未完全成熟的甘蔗，含糖量低，渗透压也低，有利于霉菌和其他微生物的生长繁殖。现已查明，引起甘蔗霉变的主要是节菱孢属中的霉菌，它们污染甘蔗后可迅速繁殖，在2~3周内产生一种叫3-硝基丙酸的强烈毒素，可损伤人的中枢神经系统，造成脑水肿和肺、肝、肾等脏器充血，从而发生恶心、呕吐、头昏、抽搐、大小便失禁、牙关紧闭等症状，严重时会产生昏迷，可因呼吸衰竭而死亡。

防止甘蔗霉变的主要措施是：甘蔗必须成熟后再收割，因成熟甘蔗的含糖量高、渗透压高，不利于微生物的生长；在储存过程中要定期检查，发现霉变甘蔗，立即销毁。另外，在选购甘蔗时也应仔细。霉变甘蔗的主要特点是：外观光泽不好，尖端和断面有白色或绿色絮状，绒毛状菌落。切开后，甘蔗剖面呈浅黄或棕褐色甚至灰黑色，原有的致密结构变得疏松，有轻度的霉酸味或酒糟味，有时略有辣味。

三、食品中寄生虫的污染

寄生虫是不是微生物说法很多，有的将寄生虫中的原生物划归微生物，有的则将其独立。我国食品安全检验学(微生物学部分)国家标准和美国FDA的分类，均将寄生虫划入微生物的范畴，包括原虫和蠕虫。

寄生虫指一种生物生活在另一生物的体表或体内，使后者受到危害的虫体。受到危害的生物称为寄主或宿主，寄生的生物称为寄生物或寄生体。寄生物和寄主可以是动物、植物或微生物。动物性寄生物称为寄生虫。

根据寄生虫在寄主体内的发育阶段，可分为终寄主(寄生虫在其体内能发育到成虫或有性生殖阶段)和中间寄主(寄生虫的幼虫阶段或无性生殖阶段)。

（一）猪囊尾蚴病

囊尾蚴是绦虫的幼虫，寄生在寄主的横纹肌及结缔组织中，呈包囊状，故俗称

“囊虫”。在动物体内寄生的囊尾蚴有多种，通过肉食品传播给人类的有猪囊尾蚴和牛囊尾蚴，以猪囊尾蚴为常见。

猪囊虫肉眼可见，白色、绿豆大小，半透明的水泡状包囊，包囊一端为乳白色不透明的头节，头节中有吸盘和钩。由于囊虫散在猪肉中似米粒，所以叫“米猪肉”。人如果食用含有囊尾蚴的猪肉，由于肠液及胆汁的刺激，囊尾蚴的头节即从包囊中引颈而出，以带钩的吸盘吸附在人的肠壁上从中吸取营养并发育为成虫(绦虫)，使人患绦虫病。在人体内寄生的绦虫可生活很多年，因而能长期排出孕卵节片，猪吃了以后可患囊尾蚴病，造成人畜间的相互感染。除猪是主要的中间寄主外，犬、猫也可作为中间寄主，而人则是终寄主。

不论是绦虫病，还是猪囊尾蚴病，对人体健康都造成危害。特别是囊尾蚴的危害远比成虫的大。它寄生在人体肌肉，则感到酸痛、僵硬；如侵入眼中，可影响视力，甚至失明；寄生于脑内，则因脑组织受到压迫而出现神经症状，如抽搐、癫痫、瘫痪甚至导致死亡。

（二）旋毛虫病

旋毛虫是一种很细小的线虫，一般肉眼不易看出。成虫寄生在寄主的小肠内，幼虫寄生在寄主的横纹肌内，卷曲呈螺旋形，外面有一层包囊呈柠檬状，人、猪、犬、猫、鼠及野生动物都能感染。当人食用含有旋毛虫幼虫的食品后，幼虫由囊内逸出进入十二指肠，迅速生长发育为成虫，并在此交配繁殖，每条雌虫可产1500只以上幼虫，这些幼虫穿过肠壁，随血液循环被带到寄主全身横纹肌内，生长发育到一定阶段卷曲呈螺旋形，周围逐渐形成包囊。

当人食用患旋毛虫病的畜肉1周左右，出现胃肠炎症状及肌肉疼痛，甚至使肌肉运动受到限制。如果幼虫进入脑、脊髓，也可引起脑膜炎样症状。其幼虫不但寿命长(有的可活10~20年)，而且数目多(每克肌肉可达数千万)，致病力强、危害性大、感染率高，能形成地方性流行病。

四、食品中病毒的污染

当前对食品中病毒的了解较少，其主要原因有三：一是病毒不能像细菌和霉菌那样，以食品为培养基进行繁殖，这也是人们忽略病毒性食物中毒的主要原因；二是在食品中的数量少，必须用提取和浓缩的方法，但其回收率低，大约为50%；三是有些食品中的病毒尚不能用当前已有的方法培养出来。

（一）病毒污染食品的途径

原料动植物生长的环境被病毒污染。如上海发生的甲型肝炎大流行，就是因为食用毛蚶；原料动物病，如牛被用于牛肉加工前患疯牛病或口蹄疫；食品加工人员带有病毒，如乙型肝炎患者或带病毒；不良的卫生习惯；食品交叉感染，生熟不分，造成带病毒的原料污染半成品或成品。

（二）病毒对人体的危害

病毒进入人体后可以在肠道内存活几个月的时间，他们可以感染活的细胞，并在寄生细胞内利用其得到的材料进行复制，同时引起被感染细胞的病变。

例如，禽流感病毒存在于病禽的所有组织、体液、分泌物和排泄物中，常通过消化道、呼吸道、皮肤损伤和眼结膜传染。病鸡的肌肉、鸡蛋可带毒。有专家认为禽流感的扩散主要是通过粪便中大量的病毒粒子污染空气而传播，人员和车辆往来是传播禽流感的重要因素。

疯牛病主要是受孕母牛通过胎盘传染给犊牛和食用染病动物肉加工成的饲料这两种传染途径。两名英国专家的研究表明，除了受孕母牛传染子牛及食用染病动物尸体加工成的饲料这两种传播途径外，病牛粪便很可能是传染疯牛病的第三条途径。

（三）防止病毒污染食品的安全措施

食品原料进行有效的消毒处理；屠宰场对原料动物进行严格的宰前宰后检疫检验，肉制品加工厂对原料肉的来源进行控制，保证原料肉没有疫病；执行 SSOP，确保加工人员健康和加工过程中各环节的消毒效果；有清洁度要求的区域应严格隔离。

第二节　食品中的化学性危害

对食品安全性造成影响的化学因素主要包括农药污染、兽药污染、食品添加剂、食品包装材料和容器及食品加工过程中产生的有害物质等。化学因素是继生物性因素之后又一重要的食品安全隐患。

一、农药及其残留对食品安全性的影响

农药是指用于防治、消灭或者控制危害农业、林业的病、虫、草和其他有害物质以及有目的地调节植物、昆虫生长的化学合成或者来源于生物、其他天然物质的一种物质或几种物质的混合物及其制剂。

1. 农药残留的定义

农药残留是指农药使用后残存于生物体、食品（农副产品）和环境中的微量农药原体、有毒代谢物、降解物和杂质的总称。具有毒理学意义，残存的数量称为残留量。

2. 农药的分类

农药按用途可以分为：杀虫剂、杀螨剂、杀菌剂、除草剂、杀鼠剂、植物生长调节剂。

按结构和组成可以分为：有机磷农药、有机氯农药、氨基甲酸酯类农药、拟除虫菊酯类农药、有机砷农药、有机汞农药等。

（1）有机氯农药。有机氯农药残留在食品中相当普遍，我国使用有机氯农药滴滴涕（DDT）和六六六（BHC）已有 30 多年的历史。有机氯农药化学性质稳定，不易降解，易于在生物体内蓄积，具有高度的选择性，多储存在动植物体脂肪组织或含脂肪多的部

位，在各类食品中普遍存在，但含量在逐步减少，目前基本上处在μg/kg或μg/L的水平，一般有机氯农药残留于动物性食品中的含量远高于植物性食品。

（2）有机磷农药。近年来，有机磷农药已成为我国使用最主要的一类农药，被广泛应用于各类食用作物中。有机磷农药早期发展的大部分是高效高毒品种，如对硫磷、甲胺磷、内吸磷等，而后逐步发展了许多高效低毒低残留品种，如乐果、敌百虫、马拉硫磷。

3. 农药污染食品的途径

施用农药后对作物或食品直接污染；农产品从污染的水中吸收农药而造成间接污染；通过土壤中沉积的农药造成对适用作物的污染；来自食物链和生物富集作用等。

4. 进入植物体内的农药量取决因素

（1）农药的种类、性质。一般内吸性农药能进入植物体内，由于在体内迅速运转，使植物内部农药残留量高于植物体外部；而渗透性农药只沾染在植物外表，因此外表的农药浓度高于内部。

（2）农药的使用方法。包括施药次数、施药浓度、施药时间（在最后一次施药至作物收获所允许的间隔天数即安全间隔期内施用农药，农药残留检出也较多）和施药方法（喷雾、泼浇、撒施、拌种等）。

（3）气象条件。用药后气温越高或雨水越多，农药消失的速度也越快。

（4）植物的种类。农药残留随植物的不同种类和同一种类不同部位而不同，一般叶菜类植物的农药残留量高于果菜和根菜类。

5. 农药的毒性

（1）急性中毒。主要是一些毒性较大的农药经误食、皮肤接触及呼吸道进入体内，在短期内出现的不同程度的中毒病症，如头昏、恶心、呕吐、抽搐、呼吸困难，如不及时治疗，将有生命危险。

（2）亚急性中毒。是指较长期接触一定剂量的农药，中毒的症状表现出来需要一定的时间，但最后的表现往往与急性中毒者类似。

（3）慢性中毒。主要是指消费者，长期食用含有少量农药的食物后，会在体内逐步积累，到一定程度后，可引起肌体的某些病变，如有机氯农药可能引起肝脏病变，而有机磷农药中毒后主要表现为血液中胆碱酯酶受抑制，活力下降，使分解乙酰胆碱的能力下降，从而引起一系列的症状，如出汗、心跳加快、瞳孔缩小，严重的可引起中枢神经系统失调。

6. 降低农药残留的措施

积极贯彻综合防治的方针，严格掌握用药浓度、用药量、用药次数等，严格控制作物收获前最后一次施药的安全间隔期，使农药进入农副产品的残留尽可能地减少。选择使用高效、低毒、低残留的农药，合理使用农药，防止和减少农药在生物体内的聚集，主要是不使用农药残留量大的饲料喂养畜禽，这样乳蛋产品残留量就会大大减少，改变农药使用方式。

二、兽药及其残留对食品安全性的影响

兽药是指用于预防、治疗诊断畜禽等动物疾病，有目的地调节其生理机能并规定作用、用途、用法、用量的物质，包括血清、菌苗、诊断液等生物制品，以及兽用的中药材、化学制药和抗生素、生化药品和放射性药品。

FAO/WHO 联合组织的食品中兽药残留立法委员会把兽药残留定义为：兽药残留是指动物产品的任何可食部分所含兽药的母体化合物或其代谢物，以及与兽药有关的杂质的残留。

（一）食品中兽药进入食品中的主要途径

1. 预防和治疗畜禽疾病用药

在养殖业中，为了预防和治疗疾病，人们通常让动物通过口服、注射、局部用药等方法，使药物残留于动物体内。

2. 饲料添加剂中兽药的使用

为了促进动物的生长或预防动物疾病，人们通常把一些兽药加入动物饲料中。

3. 食品保鲜中引入药物

为了抑制微生物的生长、繁殖，人们通常会在加工、储存动物性食品过程中，加入某些抗生素等药物。

（二）食品中的兽药残留

兽药在动物体内的分布与残留和兽药输入时动物的状态、给药方式和兽药种类有很大关系。兽药在食用动物中不同的器官和组织含量是不同的。

1. 抗生素类药物残留

由于抗生素应用广泛，并且用量也越来越大，在生活当中不可避免地会存在抗生素残留问题，特别是有些国家动物性食品中抗生素的残留比较严重，如美国曾检出 12% 的肉牛，58% 的犊牛，23% 的猪，20% 的禽肉有抗生素残留；日本曾有 60% 的牛和 93% 的猪被检出有抗生素残留。

2. 磺胺类药物的残留

磺胺类药物根据其应用情况可分为三类：用于全身感染的磺胺药（如磺胺嘧啶、磺胺甲基嘧啶、磺胺二甲嘧啶）；用于肠道感染内服难吸收的磺胺药；用于局部的磺胺药（如磺胺醋酰）。磺胺类药物残留问题的出现已近 30 年时间了，并在近 15 ~ 20 年内残留超标现象比其他任何兽药残留都严重。

磺胺类药物可在肉、蛋、乳中残留。因为其能被迅速吸收，所以在 24 小时内均能检查出肉中兽药残留。磺胺类药物大部分以原形态自机体排出，且在自然环境中不易被生物降解，从而容易导致再污染，引起兽药残留且超标的现象。

3. 呋喃类药物的残留

由于常用的呋喃类药物如呋喃西林，其外用时很少被人体吸收，还有一些可能极少

数被吸收但吸收后排泄迅速，因此，一般在组织中的残留问题也就不显得那么重要了。

（三）兽药残留对人体的危害

1. 一般毒性作用

当人长期摄入含兽药残留的动物性食品后，药物就会不断在体内蓄积，如果浓度达到一定量后，残留的药物就会对人体产生毒性作用。如磺胺类药物可引起肾损害，特别是乙酰化磺胺在酸性尿中溶解降低，析出结晶后损害肾脏；氯霉素可以造成再生障碍性贫血；链霉素可以引起药物性耳聋等。

2. 过敏反应和变态反应

人们经常食用一些含低剂量抗菌药物残留的食品能使易感的个体出现过敏反应，这些药物包括青霉素、四环素、磺胺类药物及某些氨基糖苷类抗生素等。它们具有抗原性，刺激机体内抗体的形成，造成过敏反应，严重者可引起休克，短时间内出现血压下降、呼吸困难等严重症状。如磺胺药类的过敏反应表现为皮炎、白细胞减少、溶血性贫血和药热；青霉素类药物引起的变态反应，轻者表现为接触性皮炎和皮肤反应，严重者表现为致死性过敏性休克；四环素的变应原性反应比青霉素少。

3. 细菌耐药性

细菌耐药性是指有些细菌菌株对通常能抑制其生长繁殖的某种浓度的抗菌药物产生了耐受性。经常食用低剂量药物残留的食品可使细菌产生耐药性。动物在经常反复接触某一种抗菌药物后，其体内的敏感菌株将受到选择性的抑制，从而使耐药菌株大量繁殖。

在某些情况下，经常食用含药物残留的动物性食品，动物体内的耐药菌株可通过动物性食品传播给人体，当人体发生疾病时，就给临床上感染性疾病的治疗带来一定的困难，耐药菌株感染往往会延误正常的治疗过程。已发现长期食用低剂量的抗生素能导致金黄色葡萄球菌耐药菌株的出现，也能引起大肠杆菌耐药菌株的产生。

4. 菌群失调

在正常条件下，人体肠道内的菌群由于在多年共同进化过程中与人体能相互适应，如某些菌群能抑制其他菌群的过度繁殖，某些菌群能合成 B 族维生素和维生素 K 以供机体使用。过多应用药物会使这种平衡发生紊乱，造成一些非致病菌的死亡，使菌群的平衡失调，从而导致长期的腹泻或引起维生素的缺乏等反应，造成对人体的危害。

5. 致畸、致癌、致突变作用

在妊娠关键时期对胚胎或胎儿产生毒性作用造成先天畸形的药物质或化学药品称为致畸物。致突变作用又称诱变作用。诱变剂是指损害细胞或机体遗传成分的化学物质。另外，残留于食品中的克球酚、雌激素具有致癌作用。

6. 激素作用

人们通过食用含低剂量激素的动物性食品，不断接触和摄入动物体内的内源性激素。一般情况下，摄入人体内的动物内源性激素，由于其口服活性低，因而不可能有效地干扰人的激素机能，但也不可忽视。比如甲状腺素、肾上腺，能引起人体内分泌系统的不正常。

三、重金属元素对食品安全性的影响

有些金属，人体在正常情况下只需极少的数量或者人体可以耐受极少的数量，剂量稍高，即可出现毒性作用，这些金属称为有毒金属或金属毒物。金属汞、镉、铅、砷等过量对人体都有害。

（一）食品中铅的污染

1. 食品中铅的来源

（1）工业污染。大气中的铅主要是来源于含铅汽油、铅的生产加工、天然铅的沉降和燃烧，特别是含铅汽油的使用，也是造成在大城市生活小孩血铅含量明显偏高的原因之一。而食物中的铅主要是吸附大气、水、土壤中铅的结果。由于铅可与土壤结合形成不溶性的铅化物，因此植物的根不易吸收铅而主要是叶子从空气中吸收。

（2）食品容器和包装材料。用铅材料制作的食品包装材料和容器具在一定的条件下，可溶出到食品中而造成食品污染。常见的含铅用具有：马口铁、陶瓷、搪瓷、锡壶、食品包装材料的含铅印刷颜料和油墨等。

（3）含铅农药、食品添加剂或加工助剂的使用。也是食品中铅的主要来源。

2. 铅对人体健康的影响

铅进入人体后一部分经肾脏和肠道排出体外，剩下的主要是取代骨中的钙而蓄积于骨骼中，随着蓄积量的增加，机体可呈现出一些毒性反应。随着年龄的增长，一些经过代谢的铅蓄积于软组织中；新吸收的铅以三磷酸铅的形式储存于肝、肾、胰和主动脉内。

3. 铅中毒的表现

（1）急性中毒。当一次或短期摄入高剂量的铅化合物时，可造成急性中毒，多为误服所引起。主要表现为：呕吐、腹泻和流涎，部分患者可有腹绞痛，严重者有痉挛、瘫痪和昏迷等症状。

（2）慢性中毒。长期摄入低剂量的铅可引起慢性中毒，铅的慢性中毒可引起造血、胃肠道及神经系统病变。铅中毒早期患者出现贫血，感到虚弱和疲倦，患者头疼，肌肉疼，手脚不灵，注意力不集中，感情易冲动，患者牙齿上可出现黑色的铅线，儿童有胃和下腹疼痛等症状。铅中毒还可引起慢性肾脏疾患，妇女不孕和死胎以及早产，严重铅中毒还可能引起脑损伤，铅还可损害人体的免疫系统，导致机体抵抗力明显下降。

（二）食品中汞的污染

1. 汞对食品的污染

进入人体的汞主要来自被污染的鱼类。汞经被动吸收作用渗透入浮游生物，鱼类通过摄食生物和鳃摄入汞，因此被污染鱼贝类是食品中汞的主要来源。汞主要蓄积于鱼体脂肪中，鱼是汞的天然浓缩器，鱼龄越大，体内富集的汞就越多；鱼种不同其富积汞的能力不同，鱼体中汞的含量也不同。

2. 汞对人体健康的危害

（1）中毒机理。元素汞经消化道摄入一般不造成伤害，因元素汞几乎不被消化道所吸收，元素汞只有在大量摄入时，才有可能因重力作用造成机械损伤。但由于元素汞在温室下即可蒸发，因此可以通过呼吸吸入危害人体健康。无机汞进入人体后可通过肾脏排泄一部分，未排出的部分沉着于肝、肾并对它们产生损伤。而有机汞如甲基汞主要通过肠道排出但排泄缓慢，具有蓄积作用，甲基汞可通过血脑屏障进入脑内，与大脑皮层的巯基结合，影响脑细胞的功能。甲基汞进入消化道后，在胃酸的作用下转化为氯化甲基汞，氯化甲基汞经肠道的吸收率达95%～100%。吸收入人体的氯化甲基汞和脂肪质具有高度的亲和力，在血液中与血红细胞的血红蛋白巯基结合，通过血脑屏障进入大脑，与脂质结合，影响大脑功能。

（2）中毒症状。损害最严重的是小脑和大脑，致使患者视觉、听觉障碍。甲基汞中毒的特征是小脑和脑皮质两侧的脑细胞萎缩，患者最初的症状是手指、口唇和舌头麻木，说话不清，步态蹒跚，走路时不能骤然停止和转弯，以后患者出现听力下降、视觉模糊和视野缩小等症状。

3. 食品中汞中毒案例——水俣病

日本的水俣市原是一个小渔村，“第二次世界大战”后，由于化肥生产厂的聚集而发展成水俣市，但仍有相当的居民以打鱼为生。1956年4月末，水俣湾一造船木工的3岁和5岁的两个女儿患有类似脑炎的特殊神经症状(走路不稳、言语不清、肢端麻木和狂躁不安等)，来到一所医院就诊，后又有4名儿童由于相同的疾病到医院就诊，这些引起院方的重视。5月初，该院院长向当地卫生主管部门报告，称“发现一种原因不明的神经系统疾病的流行”。1956年8月，经过调查初步发现，该病是由于反复摄入当地海产品而引起的中毒，并认为毒物与水俣市化工厂排出的废水有关。此后发现水俣化工厂废水排放的污水中汞含量达2020mg/kg。后来在1968年和1973年日本又发生了2次甲基汞中毒事件，到1992年经日本官方确认的水俣病患者有2252人，死亡1043人。由于该病最早发现于日本水俣市，故称之为水俣病。

（三）食品中砷的污染

1. 食品中砷的来源

食品中的砷一般来自于生长过程中土壤、水和大气等环境污染的原材料，再有可能就是加工用水污染。就目前的食品工艺而言，在不改变食品性质的情况下，把砷去除是非常困难而且成本极高的，关键还是控制原材料质量。最根本的解决方法就是控制环境质量，如在已发现重金属含量高的土地上不再进行作物耕种。砷是自然界中含量颇丰的一种元素，在地壳中的自然丰度列第20位，大约是3mg/kg。在自然水体中，它的含量相应低一些，海水中平均每升含有1～2μg的砷，淡水中则有很大的变化范围，一般是0.4～80μg/L。另外，在土壤、微生物、植物和动物体内(包括人体)中都有微量的砷存在。含砷农用化学物质的使用，化工生产和燃料燃烧等都是食品中砷的来源。

2. 砷的毒性

不同价态和化学形态的砷其毒性差异较大，从价态上看，砷有 -3、0、+3、+5 价之分，元素砷是无毒的，+3 价砷比 +5 价砷的毒性要大得多，如 As_2O_3 俗称砒霜，引起中毒的剂量为 10~50mg，敏感者 1.0mg 即可中毒，20mg 可致死。进入动物体内的 +5 价砷可在多个器官还原为 +3 价砷，因此有人认为 +5 价砷的毒性是由于部分还原为 +3 价砷引起的。

3. 中毒机理

当人体摄入砷后，砷会很快分布到身体所有的器官和细胞组织中，可能会和 α - 球蛋白络合而成为一种蛋白质络合物。砷在体内部分组织中具有强蓄积性，吸入体内的砷经过数天后，大部分器官中的砷含量降低，而在皮肤、指甲、头发等中的积累量有所增加。

4. 中毒症状

砷能引起人体慢性和急性中毒。砷的急性中毒通常是由于误食而引起。砷慢性中毒是由长期少量经口摄入食物引起的，表现为食欲及体重下降、胃肠障碍、末梢神经炎、结膜炎、角膜硬化和皮肤变黑等症状。据报道，长期受砷的毒害，皮肤的色素会发生变化，如皮肤的黑变病便是砷毒害特征所在。另外，摄入含砷量高的食物(包括饮水)还会引起皮癌、肺癌。

5. 中毒案例

(1) 森永奶粉事件。20 世纪 60 年代，日本发生了震惊世界的由于在奶粉生产中使用含有过量砷酸盐的磷酸二氢钠作为品质改良剂而引起的森永奶粉中毒事件，造成 1 万多名婴幼儿中毒，死亡 100 多名。当时的调查结果为森永公司在奶粉生产中所使用的品质改良剂磷酸二氢钠杂质较多，砷化物严重超标。这一事件造成森永公司倒闭。但到 20 世纪 80 年代初，事实真相被重新披露，起因是由于另一家生产奶粉的公司通过买通森永的员工，在生产原料磷酸二氢钠中加入砷化物所致。于是判决这一采取非正当竞争的公司对森永公司的后代作出赔偿，使森永公司得以恢复，而另一家公司因而倒闭。

(2) 黑脚病。20 世纪 40 年代，在我国台湾等地，发生了砷的慢性中毒引起的黑脚病。患者开始表现为间歇性跛行，以后出现皮肤变黑，呈现褐色或黑褐色斑点，手掌和脚趾皮肤高度角化，可发展成皮肤癌。台湾过去以浅井水为饮用水，但浅井水由于海水成分的渗透味道比较苦，随着生产力的进步，人们开始打深井作为水源饮用，到 1930 年，台湾境内全部喝上了深井水。由于当地的地球物理化学原因，其深井水中砷含量高达 1.82mg/L，从而造成了砷的慢性中毒，引起黑脚病。

(四) 食品中镉的污染

1. 食品中镉的来源

食品中镉主要来源于冶金、冶炼、陶瓷、电镀工业及化学工业(如电池、塑料添加剂、食品防腐剂、杀虫剂、颜料）等排出的“三废”。动物性食物中的镉也主要来源于环境，正常情况下，其中镉的含量是比较低的。但在污染环境中，镉在动物体内有明显的生物蓄积倾向。

2. 镉对人体健康的影响

镉进入血液后，部分与人体中的血红蛋白结合，部分与低分子硫蛋白结合，形成的镉－金属硫蛋白经血液输送至肾，损伤肾小管，使肾小管的吸收功能下降，造成钙、蛋白质等营养素的流失。镉急性中毒可引起呕吐、腹泻、头晕、意识丧失甚至肺肿、肺气肿等症状；镉慢性中毒主要表现为：对肾脏、对呼吸器的损伤；由于钙的流失造成骨质脱钙，可引起骨骼畸形、骨折等，导致患者骨痛难忍，并在疼痛中死亡；镉还具有致突变和致癌作用；镉还可能与高血压和动脉粥样硬化的发病有关，因为高血压患者的肾镉含量和镉/锌均比其他疾病患者高得多。

3. 中毒案例——痛痛病

1968 年，在日本富山县，发生了由于镉废水污染农田而引起的痛痛病，患者骨骼萎缩变形、骨折，疼痛难忍，终日喊疼不止，在疼痛中死亡，是一种悲惨的疾病。后来发现，这是由于上游含镉污水的排放，使位于下游的河底污泥中镉含量上升，农民用河底污泥作为肥料在稻田中施用，造成了食物中镉含量增加，从而造成了镉的慢性中毒。

四、食品添加剂对食品安全性的影响

纵观食品添加剂工业与食品工业的发展历史，我们可以看出，食品工业的需求带动了食品添加剂工业的发展，而食品添加剂工业的发展，也推动了食品工业的进步。食品添加剂现在已经成为食品工业中不可缺少的物质，被称为食品的灵魂。

（一）食品添加剂的定义

1983 年食品法典委员会（CAC）规定：“食品添加剂是指其本身通常不作为食品消费，不是食品的典型成分，而是在食品的制造、加工、调制、处理、装填、包装、运输或保藏过程中，由于技术（包括感官）的目的而有意加入食品中的物质，但不包括污染物或者为提高食品营养价值而加入食品中的物质”。我国《食品卫生法》规定：食品添加剂是指为改善食品品质和色、香、味以及为防腐和加工工艺的需要而加入食品中的化学物质或天然物质。

（二）人体摄入的食品添加剂

食品添加剂的绝对用量虽然只占食品的千分之几或万分之几，但添加剂的种类在日益增多，使用范围也越来越广。在日常生活中我们每天都要吃饭、喝饮料、食用零食等，人们正是在日常消费大量食品的同时也摄入了多种食品添加剂。

（三）食品添加剂的基本要求

（1）食品添加剂本身应该是经过充分的毒理学评价程序，证明在规定的使用范围内对人体无毒无害。

（2）在进入人体后不能在体内分解为对人体有害的物质。

（3）食品添加剂在达到一定的工艺功效后，若能在以后的加工、烹饪过程中消失或破坏，以避免摄入人体则更安全。

（4）要有助于食品的生产、加工、制造和储藏过程，并在较低的使用量条件下具有显著效果。

（5）应该有严格的质量标准，有害物质不得检出或超过允许标准。

（6）食品添加剂对食品的营养不应有破坏作用，也不应该影响食品的质量和风味，特别不得掩盖原有风味。

（7）使用方便、安全，易于储存、运输与处理。

（8）添加于食品后能被分析检测出来。

（9）价格低廉，来源充足。

（四）食品添加剂的危害与毒性

1. 致癌、致畸、致突变

食品添加剂对人体的毒性有致癌性、致畸性和致突变性，这些毒性的共同特点是要经历较长时间才能显露出来，即对人体产生潜在的毒害，这也就是人们关心食品添加剂安全性的原因。

2. 急性中毒

食品添加剂的过量使用或有毒杂质含量过高时能引起人类的急性中毒，如肉类制品中亚硝酸盐过量可导致人体血红蛋白的改变，其携氧能力下降，出现缺氧症状。

3. 过敏反应

有些食品添加剂是大分子物质，这些大分子物质可能会引起变态反应，近年来这类报道日益增多，如有报道糖精可引起皮肤瘙痒及日光过敏性皮炎，许多香料可引起支气管哮喘等。

4. 叠加毒性

食品添加剂具有叠加毒性，即两种以上的化学物质组合之后会有新的毒性。食品添加剂表现出来的叠加毒性比想象的要多得多，当它们和其他的化学物质如农药残留、重金属、PCBs 等一起或同时摄入的话，会使原本无致癌性的物质转化为致癌性的物质。

（五）常见食品添加剂的安全性

1. 生物学作用

苯甲酸又名安息香酸，为酸型防腐剂，在水中的溶解度较低，因此在生产中多使用其钠盐。苯甲酸在生物体内的转化主要是与甘氨酸结合形成马尿酸或与葡萄糖醛酸结合形成葡萄糖苷酸，并由尿排出体外，所以可以认为其是比较安全的防腐剂，苯甲酸的大鼠 LD_{50} 为 2530mg/kg，苯甲酸钠为 4070mg/kg，其 ADI 值为 0～5mg/kg，但也有报道称其可引起中毒，所以现在在使用上仍然存在争议，但仍为各国所使用，但使用范围较窄。但因为其价格低，所以在我国仍然广泛使用。

2. 使用范围和使用量

我国《食品添加剂使用卫生标准》规定，苯甲酸用于碳酸饮料，最大使用量为0.2g/kg，用于低盐酱菜、酱类、蜜饯，最大使用量为0.5g/kg，用于葡萄酒、果酒、软糖最大使用量为0.8g/kg，用于酱油、食醋、果酱、果汁最大使用量为1.0g/kg。

五、食品包装材料和容器对食品安全性的影响

食品在加工、储藏、运输销售中会接触很多材料，如纸、金属、塑料、橡胶、玻璃、陶瓷等。

（一）塑料包装材料对食品安全性的影响

塑料是以高分子聚合物（合成树脂）为主要原料，再加以各种助剂（添加剂）制成的高分子材料。

1. 塑料包装材料的污染物来源

（1）塑料包装表面污染物。由于塑料易于带电，造成包装表面微尘杂质污染食品。

（2）塑料包装材料本身的有毒残留物迁移。塑料材料本身含有部分的有毒残留物质，主要包括有毒单体残留、有毒添加剂残留、聚合物中的低聚物残留和老化产生的有毒物，它们将会迁移进入食品中，造成污染。

（3）包装材料回收或处理不当。包装材料由于回收或处理不当带入污染物，不符合卫生要求，再利用时引起食品的污染。

2. 常用塑料及其制品对食品安全性的影响

（1）聚乙烯。聚乙烯塑料的残留物主要包括单体乙烯、低相对分子质量聚乙烯、回收制品污染物残留以及添加色素残留，其中乙烯单体有低毒。由于乙烯单体在塑料包装材料中残留量极低，而且加入的添加剂量又很少，一般认为聚乙烯塑料是安全的包装材料。但低相对分子量聚乙烯溶于油脂使油脂具有蜡味，从而影响产品质量。聚乙烯塑料回收再生制品存在较大的不安全性，由于回收渠道复杂，回收容器上常残留有许多有害污染物，难以保证清洗处理完全，从而造成对食品的污染；同时为掩盖回收品质量缺陷往往添加大量涂料，从而使涂料色素残留污染食品。因此，一般规定聚乙烯回收再生制品不能再用于制作食品的包装容器。

（2）聚丙烯。聚丙烯塑料残留物主要是添加剂和回收再利用品残留，由于其易老化，需要加入抗氧化剂和紫外线吸收剂等添加剂，造成添加剂残留污染。其回收再利用品残留与聚乙烯塑料类似。聚丙烯作为食品包装材料一般认为较安全，其安全性高于聚乙烯塑料。

3. 塑料包装材料及其制品的卫生标准

食品塑料包装材料的卫生安全性基本要求为无毒、耐腐蚀性、防有害物质渗透性、防生物侵入性。很多国家对塑料的原料及其制品制定了卫生标准以及检验方法，并对添加剂加以规定。

对于塑料包装材料中有害物质的溶出残留量的测定，一般采用模拟溶媒溶出试验进行，同时进行毒理试验，评价包装材料毒性，确定有害物的溶出残留限量和某些特殊塑料材料的使用限制条件。溶出试验是在模拟盛装食品条件下选择几种溶剂作为浸泡液，然后测定浸泡液中有害物质的含量。

（二）橡胶制品对食品安全性的影响

橡胶可分为天然橡胶和合成橡胶两大类。天然橡胶是天然的长链高分子化合物，本身是对人体无毒害的，其主要的食品安全性问题在于生产不同工艺性能的产品时所加入的各种添加剂。合成橡胶是由单体聚合而成的高分子化合物，影响食品安全性的问题和塑料一样，主要是单体和添加剂残留。在对橡胶的水提取液作较为全面的分析中，可以发现有30多种成分，其中20多种有毒，这些有毒成分包括硫化促进剂、抗氧化剂和增塑剂。

（三）纸和纸板包装材料对食品安全性的影响

目前，食品包装用纸的食品安全问题主要是：

（1）纸原料不清洁，有污染，甚至霉变，使成品染上大量霉菌。

（2）经荧光增白剂处理，使包装纸和原料纸中含有荧光化学污染物。

（3）包装纸涂蜡，使其含有过高的多环芳烃化合物。

（4）彩色颜料污染，如糖果所使用的彩色包装纸，涂彩层接触糖果造成污染。

（5）挥发性物质、农药及重金属等化学残留物的污染。

（四）金属、玻璃等对食品安全性的影响

1. 金属包装材料对食品安全性的影响

马口铁罐头罐身为镀锡的薄钢板，锡起保护作用，但由于种种原因，锡会溶出而污染罐内食品。在过去的几十年中，由于罐藏技术的改进，已避免了焊缝处铅的迁移，也避免了罐内层锡的迁移。如在马口铁罐头内壁上涂上涂料，这些替代品有助于减少锡、铅等溶入罐内，但有实验表明：由于表面涂料而使罐中的迁移物质变得更为复杂了。

铝质包装材料主要是指铝合金薄板和铝箔。包装用铝材大多是合金材料，合金元素主要有锰、镁、铜、锌、铁、硅、铬等。铝制品主要的食品安全性问题在于铸铝中和回收铝中的杂质。目前使用的铝原料的纯度较高，有害金属较少，但是回收铝中的杂质和金属难以控制，易造成食品的污染。

2. 玻璃包装材料的食品安全性问题

玻璃是一种惰性材料，一般认为玻璃对绝大多数内容物不发生化学反应而析出有害物质。玻璃中的迁移物与其他食品包装材料物质相比有不同之处。玻璃中的主要迁移物质是无机盐或离子，从玻璃中溶出的主要物质毫无疑问是二氧化硅。

3. 搪瓷和陶瓷包装材料对食品安全性的影响

陶瓷容器的主要危害来源于制作过程中在坯体上涂的陶釉、瓷釉、彩釉等。釉是一种玻璃态物质，釉料的化学成分和玻璃相似，主要是由某些金属氧化物硅酸盐和非金属氧化物的盐类的溶液组成。搪瓷容器的危害也是其瓷釉中的金属物质。釉料中含有铅、锌、镉、锑、钡、钛等多种金属氧化物、硅酸盐和金属盐类，它们多为有害物质，当用其盛装酸性物质或酒时，这些物质容易溶出而迁移入食品，甚至引起中毒。

六、其他化学物质对食品安全性的影响

（一）硝酸盐和亚硝酸盐对食品安全性的影响

1. 食品中硝酸盐和亚硝酸盐污染物的来源

膳食中硝酸盐的来源包括：①食品添加剂；②从自然环境中摄取和生物机体氮的利用；②含氮肥料（包括无机肥和有机肥）和农药的使用；④工业废水和生活污水。其中直接来源是食品添加剂，主要来源是肥料的大量使用。

2. 食品中硝酸盐、亚硝酸盐含量及人体摄入量

（1）食品中硝酸盐、亚硝酸盐含量。肉类及其制品添加剂亚硝酸盐和硝酸盐的添加，使肉制品中亚硝酸盐大量蓄积，我国规定肉制品罐头中硝酸钠用量不得超过0.5g/kg，亚硝酸钠不得超过0.15g/kg。残留量以$NaNO_2$计，肉类罐头不得超过50mg/kg，肉制品不得超过30mg/kg。硝酸盐为植物中天然成分之一，而当土壤中的硝酸盐含量高时引起其在植物体内蓄积。绝大部分植物通过根系从土壤中摄取硝酸盐和铵而获取氮以满足植物体组织如蛋白质、DNA等的合成。硝酸盐在植物体内分配是不均衡的，蔬菜品种不同硝酸盐变化也很大。不同种类蔬菜的新鲜可食部分亚硝酸盐含量不同，按其均值大小排列顺序为：根菜类>薯类 >绿叶菜类>白菜类>葱蒜类>豆类>茄果类。

（2）人体硝酸盐、亚硝酸盐的摄入量。食品是硝酸盐和亚硝酸盐的主要来源，人体通过蔬菜摄入的硝酸盐含量占硝酸盐总摄入量的70%～90%，而肉特别是香肠占亚硝酸盐摄入量的69%，饮水只提供1～2mg/（天·人）的硝酸盐和0～0.2mg/（天·人）的亚硝酸盐。根据9～24岁青少年硝酸盐和亚硝酸盐膳食摄入评估研究，平均摄入量分别为硝酸盐54.0mg/（天·人）和亚硝酸盐1.4mg/（天·人）。

3. 硝酸盐和亚硝酸盐对人体的危害

硝酸盐急性毒性试验大鼠经口LD_{50}为3236mg/kg，ADI值为0～5mg/kg体重。亚硝酸盐毒性在食品添加剂中是急性毒性最强的，小鼠经口LD_{50}为200mg/kg，人中毒剂量为0.2～0.5g，致死量3g，ADI为0～0.2mg/kg体重。由硝酸盐和亚硝酸盐引起对人体的危害主要为：正铁血红蛋白症，婴儿先天畸形，甲状腺肿，癌症等。

4. 减少硝酸盐、亚硝酸盐危害的措施

（1）采取合理使用氮肥、控制矿物氮在土壤中积累等农业技术措施。

（2）制定食品中硝酸盐、亚硝酸盐使用量和残留量标准。

（3）多食入含维生素C和维生素E的食物。

（4）选择硝酸盐和亚硝酸盐含量低的食品。

（5）注意口腔卫生，防止微生物的还原作用，减少唾液中亚硝酸盐含量。

（6）采用正确合理的加工、烹调操作。

（7）必要的监督管理。

（二）3,4-苯并芘对食品安全性的影响

1. 食品中3,4-苯并芘的污染

食品中的3,4-苯并芘主要来自两方面：食品加工过程和环境污染。

（1）食品加工过程中3,4-苯并芘的污染。熏制过程产生的烟是进入食品的致癌性烃类的主要来源，当碳氢化合物在800～1000℃供氧不足的条件下燃烧时能生成3,4-苯并芘。在烘烤时温度较高，食品中的脂类、胆固醇、蛋白质、碳水化合物发生热解，经过环化和聚合就形成了大量的多环芳烃，其中以3,4-苯并芘为最多。加工过程中使用含3,4-苯并芘的容器、管道、设备、机械运输材料、包装材料以及含多环芳烃的液态石蜡涂渍的包装纸等均会对食品造成3,4-苯并芘的污染。

（2）环境中3,4-苯并芘的污染 。3,4-苯并芘在自然界广泛存在。人类的社会活动造成大量的环境污染，如工农业生产、交通运输和日常生活中大量使用的煤炭、石油、汽油、木柴等燃料，以及柏油路上晾粮食、油料种子等，均能使食品受到3,4-苯并芘的污染。

2. 摄入3,4-苯并芘对人体的危害

苯并芘可通过皮肤、呼吸道、消化道被人体吸收，诱发皮肤癌、肺癌、直肠癌、胃癌和膀胱癌等，并可透过胎盘屏障，对子代造成伤害，长期呼吸含有苯并芘的空气，饮用或食用被其污染的水和食物，会造成慢性中毒。

3. 减少食品3,4-苯并芘污染的措施

（1）确保食品原料的安全。

（2）改进食物加工过程的方法 。

（3）减少来自大气、水、土壤等的3,4-苯并芘的污染 。

（4）加强监督和管理 。

（5）采用合适的食用方式。

（三）二噁英对食品安全性的影响

1. 结构

二噁英是一大类化合物，共有75种多氯二苯并二噁英、135种多氯二苯并呋喃。由于它们的化学结构与性质以及对人体健康的影响相似，所有统称为二噁英，其中毒性最大的有2,3,7,8-四氯二苯并－对－二噁英、1,2,3,7,8-五氯二苯并-对-二噁英。

2. 来源

二噁英类化合物是生产过程中产生的副产物，主要来源有：

（1）对含氯的有机物进行焚烧所形成。如焚烧垃圾和医疗废弃物、工业燃烧（冶炼）、家庭煤材的燃料及机动车燃料的燃烧，特别是不完全燃烧或在较低温度下燃烧更易产生二噁英。

（2）有机化学制造。含氯酚的化学产品生产过程中二噁英作为其副产品生成，如木材防腐剂、除草剂、无氯酚杀虫剂等的生产过程。

（3）纸张生产的漂白。用氯气漂白纸浆过程中会产生二噁英。

3. 污染食品的途径

工业生产及垃圾焚烧所产生的二噁英以烟尘的形式排放到大气、江河湖海中，大气中的二噁英可以通过沉降作用降落到土壤及水源，经作物根系吸收污染植物，植物可直接被人体食用或作为饲料造成畜禽产品的污染；水体中的二噁英通过水生植物、浮游动植物—食草鱼—食鱼鱼类及鹅、鸭等家禽这一食物链过程，在鱼体和家禽及其蛋中富集。某些食品包装材料也含有二噁英，直接造成对食品的污染。在加热的情况下，塑料、一次性饭盒等可产生二噁英。

4. 对人体的危害

（1）对皮肤的影响。

（2）肝毒性。

（3）胸腺萎缩。

（4）废物综合征。

（5）免疫毒性。

（6）生殖毒性。

（7）致畸性。

（8）致癌性。

5. 预防

（1）应限制含氯化学品（塑料、涂料、填充物、阻燃剂等）的使用，开发替代产品。

（2）控制焚烧化学品。

第三节　食品中的物理危害

一、辐射食品的安全性

（一）简介

辐照，一种新的灭菌保鲜技术，粮、蔬、果、肉、调味品、中药等领域均已应用。辐照食品指的是利用辐照加工帮助保存食物。辐照能杀死食品中的昆虫以及它们的卵及幼虫，消除危害全球人类健康的食源性疾病，使食物更安全，延长食品的货架期。辐照能杀死细菌、酵菌、酵母菌，这些微生物能导致新鲜食物如水果和蔬菜等的腐烂变质。辐照食品能长期保持原味，更能保持其原有口感。

（二）放射性物质对食品的污染及危害

一般来说，放射性物质主要经消化道进入人体（其中食物占94%~95%，饮用水占

4%～5%），可通过呼吸道和皮肤进入的较少。而在核试验和核工业泄漏事故时，放射性物质经消化道，呼吸道和皮肤这几条途径均可进入人体而造成危害。环境中的放射性物质，大部分会沉降或直接排放到地面，导致地面土壤和水源的污染，然后通过作物、水产品、饲料、牧草等进入食品，最终进入人体。进入人体的放射性物质，在人体内继续发射多种射线引起内照射。当放射性物质达到一定浓度时，便能对人体产生损害。自从人类利用核物质以来，人为(核爆炸)核污染事故已发生不少。二十多年前发生在前苏联的切尔诺贝利核电站核泄漏事故是最严重的核污染事故，其危害是令人触目惊心的。

（三）辐照食品的安全性

目前对辐照食品的安全性，研究结果基本上是肯定的。然而，辐照食品逐渐进入食用阶段时，食品在加工过程中的安全性和有关辐照食品安全性的进一步研究，是食品安全和公共卫生方面不可忽视的问题。剂量过大的放射线照射食品所产生的变化，因食物的种类及照射的条件不同，在食品中所生成的有害成分和微生物变性所带来的种种危害是不同的。关于辐照食品的安全性，有以下几方面的问题值得考虑。

1. 有害物质的生成

经过照射处理的食品是否生成有害成分或带来有害作用的问题，特别是慢性病害和致畸的问题，有过高剂量(大于 10^4Gy)照射有有害物质生成的报道，而低剂量(小于 10^4Gy)的照射却不曾发生过这种情况。

2. 营养成分的破坏

辐射处理的食品，食品中的大量营养素和微量营养素都受到影响，特别是蛋白质和维生素，对于食用量不大的辐照食品，与每天大量食用的混合膳食相比，影响更小些，而对那些只有单一品种作为主要食品的地区来说，可能问题的严重性要大些，但如果在人们的膳食中增加更多的辐照食品的比例时，就应确保食品不因辐射引起某些营养成分的损失而造成营养不足的积累作用，以保证膳食的安全性。

3. 致癌物质的生成

关于多脂肪食品经照射后生成过氧化物和放射线引起化学反应产生的游离基等，是否有生成致癌性物质的问题，1968 年美国科学家曾对高剂量辐照的火腿进行动物实验，观察到受试动物肿瘤的发生率比对照动物高，所以对其安全性有很大怀疑。然而，中剂量(10^3～10^4Gy)、低剂量的辐照食品的实验，还未能发现致癌物质。至目前为止，实验研究的结果，使研究者对辐照食品的致癌性有了一般的看法：食品在推荐和批准的条件下接受辐照时，不会产生危害水平的致癌物。

4. 食品中的诱导放射性

人食用的食品都是具有一定放射性的，且放射性水平的变化相差很大。对照射食品使用的放射线，要求穿透能力大，以便使食品深处均能受到辐照处理，同时又要求放射能诱导性小，以避免被冲击的元素变成放射性。目前主要使用的食品放射线有 γ 射线、

X射线或电子束。不能排除照射在某一能级时，放射能有被诱导的可能性。

5. 伤残微生物的危害

已有实验证实，在完全杀菌剂量以下，微生物出现耐放射性，而且反复照射，其耐性成倍增长。这种伤残微生物菌丛的变化，生成与原来变败微生物不同的有害生成物，有可能造成新的危害，这方面的安全性也有待研究确认。

二、金属物、玻璃物和其他异物对食品安全性的影响

（一）金属物

1. 来源

金属物造成食品的危害是物理性安全危害中比较常见的一种，食品中的金属物一般来源于各种机械、电线等，它的产生可归因于多种原因，如食品加工制造工作中由于疏忽引起的，在食品运输过程中造成的，也可能是人为的故意破坏而引起的。

2. 危害

消费者最终食入这些食物中的金属物，可能会对人体造成不同程度的损伤，如口腔的割伤，咽部的划伤等，一些进入体内的金属物如不能及时排出，只能通过外科手术取出，这些都将给消费者造成巨大的身心痛苦和折磨，严重的还会危及消费者的生命。

3. 预防和控制

对于这类物理危害应该通过适当的工艺来消除，避免通过运输和储存环节使生产好的食品受到污染和影响；来自员工的有意破坏更可怕，而且难监测，对于这一点，只能靠良好的管理和提高员工的素质来保证，应要求员工严格按照GMP的要求进行操作。

（二）玻璃物

1. 来源

玻璃物造成食品的危害也是物理危害中比较常见的一种，它的产生原因和金属物危害产生的原因相似，玻璃危害物的来源主要是瓶、罐等多种玻璃器皿以及玻璃类包装物。

2. 危害

玻璃物也会对人体造成不同程度的损伤，如划伤、割伤，一些进入人体的玻璃物也需要通过外科手术取出。

3. 预防和控制

和金属物相似，另外需要加强对玻璃材料包装物的检查。

（三）其他异物

如石头、骨头、塑料、鸟粪、小昆虫等，如果不加以控制，都会对人体造成一定程度的伤害。

复习思考题

1. 食品中的生物性污染包括哪些?
2. 什么是农药残留?其对食品安全性有何影响?
3. 食品添加剂对食品安全性的影响如何?请举例说明。
4. 辐照食品的安全性如何?

第三章　食品法律与标准

（1）理解我国食品法律；

（2）理解我国的食品标准；

（3）了解国际食品法律法规与标准。

第一节　我国的食品法律法规

一、我国相关食品法律

（一）《中华人民共和国食品安全法》

1.《中华人民共和国食品安全法》的由来

《中华人民共和国食品安全法》（以下简称《食品安全法》）由中华人民共和国第十一届全国人民代表大会常务委员会第七次会议于2009年2月28日通过并公布，自2009年6月1日起施行。取代于1995年10月30日通过并颁布实施的《中华人民共和国食品卫生法》。

为保证食品安全，保障公众身体健康和生命安全，制定本法。

2.《食品安全法》基本内容

《食品安全法》共十章一百零四条，分别从食品安全风险监测和评估、食品安全标准、食品生产经营、食品检验、食品进出口、食品安全事故处置、监督管理、法律责任等方面进行法律上的规定。

（1）食品安全风险监测。食品安全风险监测，是通过系统和持续地收集食源性疾病、食品污染以及食品中有害因素的监测数据及相关信息，并进行综合分析和及时通报的活动。保障食品安全是国际社会面临的共同挑战和责任。各国政府和相关国际组织在解决食品安全问题、减少食源性疾病、强化食品安全体系方面不断探索，积累了许多经验，食品安全管理水平不断提高，特别是在风险评估、风险管理和风险交流构成的风险分析理论与实践上得到广泛认同和应用。中国于2009年6月正式实施《食品安全法》，卫生部负责制定、公布食品安全的国家标准。目前已会同有关部门成立了国家食品安全风险评估专家委员会、食品安全国家标准审评委员会，并发布实施了相关的管理规定。同时，全国食品安全风险监测体系也正在建立。作为发展中国家，中国生产力发展水平仍然较低，多数食品企业规模小、分布广，区域发展不平衡，食品安全监管能力与世界先进水平相比还有一定差距，食品安全风险监测评估和标准基础还较薄弱。中国愿与各国一起为维护全球食品安全做出更大努力，也愿意在构建食品安全交流平台上发挥积极作用。

我国已经于2010年初通过了《食品安全风险监测管理规定（试行)》，对食品安全风险监测第一次进行了法律界定与约束。

（2）食品安全标准

1）食品相关产品中的致病性微生物、农药残留、兽药残留、重金属、污染物质以及其他危害人体健康物质的限量规定。

2）食品添加剂的品种、使用范围、用量。

3）专供婴幼儿的主辅食品的营养成分要求。

4）对与食品安全、营养有关的标签、标识、说明书的要求。

5）与食品安全有关的质量要求。

6）食品检验方法与规程。

7）其他需要制定为食品安全标准的内容。

8）食品中所有的添加剂必须详细列出。

9）食品生产经营过程的卫生要求。

（3）食品安全事故处置

食品安全事故，指食物中毒、食源性疾病、食品污染等源于食品，对人体健康有危害或者可能有危害的事故。

《食品安全法》中对食品安全事故的处置：

第七十一条 发生食品安全事故的单位应当立即予以处置，防止事故扩大。事故发生单位和接收患者进行治疗的单位应当及时向事故发生地县级卫生行政部门报告。

农业行政、质量监督、工商行政管理、食品药品监督管理部门在日常监督管理中发现食品安全事故，或者接到有关食品安全事故的举报，应当立即向卫生行政部门通报。

发生重大食品安全事故的，接到报告的县级卫生行政部门应当按照规定向本级人民政府和上级人民政府卫生行政部门报告。县级人民政府和上级人民政府卫生行政部门应当按照规定上报。

任何单位或者个人不得对食品安全事故隐瞒、谎报、缓报，不得毁灭有关证据。

第七十二条 县级以上卫生行政部门接到食品安全事故的报告后，应当立即会同有关农业行政、质量监督、工商行政管理、食品药品监督管理部门进行调查处理，并采取下列措施，防止或者减轻社会危害：

（一）开展应急救援工作，对因食品安全事故导致人身伤害的人员，卫生行政部门应当立即组织救治；

（二）封存可能导致食品安全事故的食品及其原料，并立即进行检验；对确认属于被污染的食品及其原料，责令食品生产经营者依照本法第五十三条的规定予以召回、停止经营并销毁；

（三）封存被污染的食品用工具及用具，并责令进行清洗消毒；

（四）做好信息发布工作，依法对食品安全事故及其处理情况进行发布，并对可能产生的危害加以解释、说明。

发生重大食品安全事故的，县级以上人民政府应当立即成立食品安全事故处置指挥机构，启动应急预案，依照前款规定进行处置。

第七十三条　发生重大食品安全事故，设区的市级以上人民政府卫生行政部门应当立即会同有关部门进行事故责任调查，督促有关部门履行职责，向本级人民政府提出事故责任调查处理报告。

重大食品安全事故涉及两个以上省、自治区、直辖市的，由国务院卫生行政部门依照前款规定组织事故责任调查。

第七十四条　发生食品安全事故，县级以上疾病预防控制机构应当协助卫生行政部门和有关部门对事故现场进行卫生处理，并对与食品安全事故有关的因素开展流行病学调查。

第七十五条　调查食品安全事故，除了查明事故单位的责任，还应当查明负有监督管理和认证职责的监督管理部门、认证机构的工作人员失职、渎职情况。

（二）《中华人民共和国产品质量法》

1.《中华人民共和国产品质量法》的概念及基本内容

产品质量法（Products Quality Law），规定产品质量监督管理以及生产经营者对其生产经营的缺陷产品所致他人人身伤害或财产损失应承担的赔偿责任所产生的社会关系的法律规范的总称。对缺陷产品造成的损害，各国多以产品责任法予以规范和调整，即只规定生产经营者与消费者之间因缺陷产品损害而产生的损失赔偿责任。尤以美国和德国为代表。

中华人民共和国第七届全国人大常委会于1993年2月22日通过，1993年9月1日起施行的《中华人民共和国产品质量法》（以下简称《产品质量法》），在规定产品质量监督管理等问题的同时，规定了缺陷产品损害赔偿的有关问题。2000年7月8日，第九届全国人大常委会第十六次会议通过《关于修改〈中华人民共和国产品质量法〉的决定》，修改后的《产品质量法》自2000年9月1日起实施。

修改后的《产品质量法》仍然沿用旧法的结构，将民事规范和行政规范的“假定、处理、制裁”三要素分开，用不同的条文进行规定。内容包括总则、产品质量的监督、生产者、销售者的产品质量责任和义务、损害赔偿、罚则、附则等。广义的《产品质量法》还包括其他法律、行政法规中有关产品质量的法律规范。

2.《产品质量法》的性质

这种将行政法与其他法律规范融为一体的立法方式并不罕见。如果将产品质量管理与产品责任分开规定，可能会导致法律适用的不便。然而，从完善民法的角度来考察，将产品侵权责任规定在《产品质量法》中可能会对民事立法特别是侵权行为立法系统化工作构成障碍。我们强调《产品质量法》的性质，旨在纠正这样一个错误，那就是“打而不罚，罚而不打”。根据《产品质量法》，产品质量的监督管理机关可以对生产者、销售者进行处罚，与此同时，民事主体还可以向产品质量侵权人提出民事诉讼，要求其承担民事赔偿责任。《产品质量法》是关于产品质量管理的一部重要的法律。其中所包含的法律规范十分丰富，从大的方面说，这个法律文件中既有行政法规范，也有民事法律规范，还有刑事法律规范的内容。

3.《产品质量法》的适用范围

从空间上说，《产品质量法》适用于在中华人民共和国境内从事产品生产、销售活动，包括销售进口商品。

从主体上说，《产品质量法》适用于生产者、销售者、用户和消费者以及监督管理机构。

从客体上说，《产品质量法》适用于各种动产，而不包括不动产。

（三）《中华人民共和国商标法》

1.《中华人民共和国商标法》的概念

《中华人民共和国商标法》（以下简称《商标法》）是调整商标关系的法律规范的总和，即是调整商标因注册、使用、管理和保护商标专用权等活动，在国家机关、事业单位、社会团体、个体工商户、公民个人、外国人、外国企业以及商标事务所之间所发生的各种社会关系的法律规范的总和。

为了加强商标管理，保护商标专有权，促使生产者保证商品质量和维护商标信誉，以保障消费者的利益，促进社会主义商品经济的发展，1982 年 8 月 23 日第五届全国人民代表大会常务委员会第二十四次会议审议、通过了《商标法》，1983 年 3 月 1 日起实施。其后，1993 年 2 月 22 日第七届全国人民代表大会常务委员会第三十次会议《关于修改〈中华人民共和国商标法〉的决定》，对《商标法》进行了第一次修正。为完善我国商标专用权保护制度，适应我国加入 WTO 的需要，第九届全国人民代表大会常务委员会第二十四次会议于 2001 年 10 月 27 日通过了《全国人民大表大会常务委员会关于修改〈中华人民共和国商标法〉的决定》，该决定自 2001 年 12 月 1 日起施行。与修改后的《商标法》相配套，2002 年 3 月 8 日，国务院发布 358 号令，公布《中华人民共和国商标法实施条例》，该条例自 2002 年 9 月 15 日起施行，其主要内容包括：商标注册的申请，商标注册的审查和核准，注册商标的续展、转让和使用许可，注册商标争议的裁定，商标使用的管理，注册商标专用权的保护等。

2.《商标法》的基本原则

《商标法》的基本原则是指在商标权的确立和保护过程中应予遵循的基本准则。中国《商标法》有以下七项基本原则。

（1）注册原则。

（2）申请在先原则。

（3）商标注册采用审查原则。

（4）商标注册采取自愿注册原则。

（5）诚实信用原则。

（6）集中注册、分级管理原则。

（7）行政保护与司法保护相并行的原则。

二、我国相关食品法规

（一）《食品添加剂卫生管理办法》

为加强食品添加剂卫生管理，防止食品污染，保护消费者身体健康，根据《中华人民共和国食品卫生法》制定。中华人民共和国卫生部于2001年12月11日修订。由中华人民共和国卫生部于2002年3月28日颁布，自2002年7月1日起施行。1993年3月15日发布的《食品添加剂卫生管理办法》同时废止。修订后的《食品添加剂卫生管理办法》共计七章三十条。内容包括：总则、审批、生产经营和使用、标识和说明书、卫生监督、罚则和附则等方面。

新“办法”与老“办法”相比有一些变动：即明确规定需要申报的添加剂范围以及申报资料的要求；对食品添加剂生产企业提出明确要求，并实施卫生许可制度；明确提出对食品添加剂经营者的卫生要求；调整了对复合添加剂的管理方式和要求；进一步提出对食品添加剂的标识和说明书的要求；增加了对标准的重审和修订条款；对食品添加剂生产、经营企业的质量和卫生管理提出要求；对新开发的食品添加剂，取消三年的行政保护内容；对食品卫生检验单位进行食品添加剂检验进行了明确要求。

（二）《食品添加剂生产企业卫生规范》

为了贯彻《食品添加剂卫生管理办法》，规范食品添加剂的申报与受理，加强食品添加剂生产企业的卫生管理，保证食品添加剂的卫生安全，卫生部又制定了《食品添加剂生产企业卫生规范》等配套文件。

规定了对食品添加剂生产企业选址、原料采购、生产过程、储运以及从业人员的基本卫生要求。通过这些规章文件以期更为科学、合理、透明地进行法制化管理。

（三）《食品添加剂使用卫生标准》

本标准参考了国际食品法典委员会（CAC）食品添加剂通用标准［General Standard for Food Additives, Codex Stan 192—1995（Rev. 6—2005）］。本标准代替GB 2760—1996《食品添加剂使用卫生标准》、GB/T 12493—1990《食品添加剂分类和代码》，GB 2760—1996和GB/T 12493—1990同时废止。

新标准与旧标准相比，增加了术语和定义；增加了食品添加剂的使用原则；增加了食品分类系统；在危险性评估的基础上，结合食品分类系统，调整了部分食品添加剂的品种、使用范围和最大使用量；调整了食品添加剂品种、使用范围、使用量的检索方式，分为以食品添加剂名称汉语拼音排序和以食品分类号排序两种形式；增加了可在各类食品中按生产需要适量使用的添加剂名单，以及按生产需要适量使用的添加剂所例外的食品类别名单；并整合修订了 GB/T12493《食品添加剂分类和代码》；对原标准的附录也进行了调整。

本标准规定了食品添加剂的品种、使用范围及最大使用量，适用于所有使用食品添加剂的生产经营和使用者。根据科学研究的最新发现和结论，此后每年将评审通过的品种编制成增补品种，卫生部以公告的形式公布实施。

（四）《无公害农产品标志管理办法》

为加强对无公害农产品标志的管理，保证无公害农产品的质量，维护生产者、经营者和消费者的合法权益，根据《无公害农产品管理办法》，农业部、国家认证认可监督管理委员会联合制定了《无公害农产品标志管理办法》，并于2002 年11 月25 日公布实施。

农业部和国家认证认可监督管理委员会(以下简称国家认监委)对全国统一的无公害农产品标志实行统一监督管理。县级以上地方人民政府农业行政主管部门和质量技术监督部门按照职责分工依法负责本行政区域内无公害农产品标志的监督检查工作。

（五）《绿色食品标志管理办法》

《绿色食品标志管理办法》经 2012 年 6 月 13 日农业部第 7 次常务会议审议通过，2012 年 7 月 30 日中华人民共和国农业部令 2012 年第 6 号公布。该《办法》分总则、标志使用申请与核准、标志使用管理、监督检查、附则 5 章 32 条，自 2012 年 10 月 1 日起施行。农业部 1993 年 1 月 11 日印发的《绿色食品标志管理办法》[1993 农(绿)字第 1 号]予以废止。

绿色食品标志管理，即依据绿色食品标志证明商标特定的法律属性，通过该标志商标的使用许可，衡量企业的生产过程及其产品的质量是否符合特定的绿色食品标准，并监督符合标准的企业严格执行绿色食品生产操作规程、正确使用绿色食品标志的过程。

通过绿色食品认证的产品可以使用统一格式的绿色食品标志，有效期为 3 年，时间从通过认证获得证书当日算起，期满后，生产企业必须重新提出认证申请，获得通过才可以继续使用该标志，同时更改标志上的编号。从重新申请到获得认证为半年，这半年中，允许生产企业继续使用绿色食品标志。如果重新申请没能通过认证，企业必须立即停止使用标志。另外，在 3 年有效期内，中国绿色食品发展中心每年还要对产品按照绿色食品的环境、生产及质量标准进行检查，如不符合规定，中心会取消该产品使用标志。

近几年来，中国绿色食品发展中心每年都会查处几十起违规使用或者假冒“绿色食品”标志的案例，还有少量企业因为没能通过年检而被取消了标志使用资格。

（六）《转基因食品卫生管理办法》

《转基因食品卫生管理办法》（2001 年 12 月 11 日卫生部部务会讨论通过，2002 年

4 月 8 日卫生部令第 28 号发布，自 2002 年 7 月 1 日起施行。) 是为了加强对转基因食品的监督管理，保障消费者的健康权和知情权，根据《中华人民共和国食品卫生法》和《农业转基因生物安全管理条例》而制定的办法。

第二节　我国的食品标准

一、食品标准

1. 我国食品标准介绍

食品安全与百姓生活息息相关，自然为世人所关注。近年来，从 2005 年苏丹红、孔雀石绿事件，2006 年“苏丹红”鸭蛋，2007 年织纹螺中毒，到 2008 年三鹿奶粉事件，2011 年瘦肉精事件，2012 年地沟油事件，2013 年假羊肉事件，使我国的食品安全面临严峻的形势。另外新的食品原料、食品添加剂、食品加工技术的广泛利用以及消费者对食品安全、质量问题和营养的高要求，使得我国食品标准面临着巨大的挑战。产生这些问题的根源之一，就是我国食品安全标准仍存在一些问题。

食品标准制定的依据是《中华人民共和国食品安全法》、《标准化法》、有关国际组织的规定及实际生产技术经验等。食品标准是食品工业领域各类标准的总和，包括食品基础标准、食品产品标准、食品安全卫生标准、食品包装与标签标准、食品检验方法标准、食品管理标准以及食品添加剂标准等。

食品标准是食品行业中的技术规范，涉及食品行业各个领域的不同方面，它从多方面规定了食品的技术要求、抽样检验规则、标志、标签、包装、运输、储存等。食品标准是食品安全卫生的重要保证，是国家标准的重要组成部分。食品标准是国家管理食品行业的依据，是企业科学管理的基础。

《食品安全法》第二十二条规定：“国务院卫生行政部门应当对现行的食用农产品质量安全标准、食品卫生标准、食品质量标准和有关食品的行业标准中强制执行的标准予以整合，统一公布为食品安全国家标准。本法规定的食品安全国家标准公布前，食品生产经营者应当按照现行食用农产品质量安全标准、食品卫生标准、食品质量标准和有关食品的行业标准生产经营食品。”《食品安全法》第十九条规定：“食品安全标准是强制执行的标准。除食品全标准外，不得制定其他的食品强制性标准”。《食品安全法》中明确规定了食品安全标准的主要内容。同时法律规定，除食品安全标准外，不得制定其他的食品强制性标准。根据这一规定，目前我国的食品标准多为强制性标准。

2. 我国食品标准分类

（1）按级别分类。我国食品标准按级别分类可分为：国家标准、行业标准、地方标准和企业标准。

对需要在全国范围内统一的技术要求，应当制定国家标准。编号由国家标准代号（GB 或 GB/T，发布顺序号和发布年号三个部分组成。如 GB/T 5835—2009《干制红枣》代替 GB/T 5835—1986)。

对没有国家标准而又需要在全国某个行业范围内统一的技术要求，可以制定行业标准。目前，已批准了 58 个行业标准代号，轻工行业标准代号为“QB”，轻工行业标准如：QB/T1119—2007《食品添加剂　环己基丙酸烯丙酯》；QB/T 1509—2007《食品添加剂 丁香酚》；QB 2829—2006《螺旋藻碘盐》等。水产品行业标准代号为“SC”，水产品行业标准如：SC/T 3040—2008《水产品中三氯杀螨醇残留量测定》；SC/T 1102—2008《虾类性状测定》；SC/T 1103—2008《松浦鲤》等。

对没有国家标准和行业标准而又需要在省、自治区、直辖市范围内统一的工业产品的安全和卫生要求，可以制定地方标准。地方标准代号是由“DB”加上行政区划代码前两位数字，如 DB31/T 388—2007《食品冷链物流技术与规范》(上海)。

企业生产的产品没有相应国家标准或行业标准或地方标准时应当制定企业标准，作为组织生产的依据。若已有相应的国家标准或行业标准或地方标准时，企业在不违反相应强制性标准的前提下，可以制定在企业内部适用，充分反映市场和消费者要求的企业标准。

(2) 按性质分类。我国食品标准中国家标准和行业标准按性质可分为强制性标准和推荐性标准。

强制性标准指具有法律属性，在一定范围内通过法律、行政法规等强制手段加以实施的标准。强制性国家标准如 GB 7718—2004《预包装食品标签通则》，该标准取代 GB 7718—1994《食品标签通用标准》。

推荐性国家标准不具有强制性，任何单位均有权决定是否采用，违反这类标准，不构成经济或法律方面的责任。应当指出的是，推荐性标准一经接受并采用，或各方商定同意纳入商品经济合同中，就成为各方必须共同遵守的技术依据，具有法律上的约束性。推荐性标准如 GB/T 5835— 2009《干制红枣》、GB/T 23375—2009《蔬菜及其制品中铜、铁、锌、钙、镁、磷的测定》等。

我国强制性标准属于技术法规的范畴，推荐性标准在一定情况下可以转化为强制性标准。

(3) 按内容分类

1) 食品工业基础及相关标准；

2) 食品安全标准；

3) 产品标准；

4) 食品包装材料及容器标准；

5) 食品添加剂标准；

6) 食品检验方法标准；

7) 各类食品卫生管理办法。

(4) 按标准的作用范围来分类

1) 技术标准(technical standard)　食品工业基础及相关标准中涉及技术的部分标准如产品标准、食品检验方法标准等。

2）管理标准（administrative standard） 主要包括技术管理、生产管理、经营管理等，如ISO 9001、ISO 9002质量管理标准。

3）工作标准（duty standard） 具体岗位的员工在工作时的准则。

二、产品标准

产品标准是判断产品质量是否合格的最基本、最主要依据之一，是生产企业对消费者的责任承诺。这是建立企业标准体系的关键。

产品标准的内容主要包括以下几个方面：①产品的适用范围；②产品的品种、规格和结构形式；③产品的主要性能；④产品的试验、检验方法和验收规则；⑤产品的包装、储存和运输等方面的要求。

企业生产的产品没有国家标准和行业标准的，应当制定企业标准，作为组织生产和出厂检验的依据。企业生产的产品，都应当标明执行的标准，其标明的标准可以作为检验其产品是否合格的依据。

三、食品产品标准

食品产品标准是为保证食品的食用价值，对食品必须达到的某些或全部要求所作的规定，我国现行的食品产品标准近200项，豆制品类、果类及制品、茶叶及饮料、乳制品、果冻及巧克力、禽畜肉及蛋制品、水产品、调味品、粮油及制品、蔬菜及制品、罐头食品、焙烤食品、糖果发酵制品、饮料酒、软饮料及冷冻食品等专业的主要产品都有国家标准或行业标准。涉及动物性食品、植物性食品、婴幼儿食品、辐照食品、食品添加剂、食品容器、包装材料等食品或食品相关产品如食品用工具设备、食品用洗涤剂和消毒剂等。

食品产品标准的主要内容包括：相关术语和定义、产品分类、技术要求（感官指标、理化指标、污染物指标和微生物指标等）、各种技术要求的检验方法、检验规则以及标签与标志、包装、储存、运输等方面的要求。

如GB/T 23596—2009《海苔》，该标准规定了海苔的上述相关要求。适用于海苔产品的生产、流通和监督检验。

如NY/T 843—2009《绿色食品 肉及肉制品》，该标准代替NY/T 843—2004，本标准规定了绿色食品肉及肉制品的上述相关要求。

其中，技术要求是食品产品标准的核心内容。凡列入标准中的技术要求应该是决定产品质量和使用性能的主要指标，而这些指标又是可以测定或验证的；这些指标主要包括：感官指标、理化指标、污染物指标、微生物指标。

（1）感官指标 一般对产品的色泽、组织状态、滋味与气味等感官性能做出要求。

如GB/T 23596— 2009《海苔》中规定产品色泽应具有品种应有的色泽。

（2）理化指标 如GB/T 23596—2009《海苔》中规定产品水分含量≤5%，当然不同的食品标准根据食品的特点有不同的理化指标要求，如固形物含量、食盐含量、蛋白质含量、总糖含量等。

(3) 污染物指标　主要包括食品中有害元素的限定，如砷、锡、铅、铜、汞的规定及食品中农药残留量最大限量指标。

如 GB/T 23596—2009《海苔》中规定产品中铅(Pb)/(mg/kg)、无机砷/(mg/kg)、甲基汞(以鲜重计)/(mg/kg)及多氯联苯应符合 GB19643 规定。

(4) 微生物指标　微生物指标一般包括菌落总数、大肠菌群、致病菌(不得在枣中检出)，有的还包括霉菌指标。

如 GB/T 23596—2009《海苔》中规定产品中大肠菌群/(MPN/100g)、霉菌/(CFU/g)、致病菌(沙门菌、副溶血性弧菌、金黄色葡萄球菌、志贺菌)应符合 GB 19643 规定。

另外值得注意的是凡在标准中规定的感官指标、理化指标、污染物指标和微生物指标均需规定相应的检测方法及检验规则（检验分类、抽样方法和判定规则等）。

食品产品标准虽然包括很多种，但大多数为行业标准，如绿色食品、有机食品、无公害食品。绿色食品产品标准是衡量绿色食品最终产品质量的指标尺度。绿色食品最终产品必须符合相应的产品标准。

绿色食品卫生标准一般分为三部分：农药残留、有害金属和细菌。技术标准有两项内容，一是生产绿色食品的肥料、农药、兽药、水产养殖用药、食品添加剂、饲料添加剂使用准则，二是依据这些“准则”制定的包括农产品种植、畜禽养殖、水产养殖和食品加工等的生产操作规程。

第三节　国际食品法律法规与标准

一、国际食品法律法规概述

食品一方面提供人体生命活动和社会活动所需要的各种营养物质；另一方面随食物可能提供对人体健康有不同程度影响的有毒有害物质。这就是食品卫生与安全的问题。

加强对食品安全卫生与安全的管理，是保障消费者身体健康的必不可少的重要措施。首先要通过立法保证食品卫生与安全，立法包括国际立法、本国立法；第二，是政府管理；第三，是强化企业自身管理；第四，不断提高消费者的自我保护意识。

二、国际食品标准组织

(一) 国际标准化组织(ISO)

国际标准化组织(International Organization for Standardization, ISO) 是一个全球性的非政府组织，是国际标准化领域中一个十分重要的组织。

ISO 的宗旨是在全世界范围内促进标准化工作的开展，以便利国际物资交流和相互服务，并在知识、科学技术和经济领域开展合作。

ISO 并不是其全称首字母的缩写，而是一个词，它来源于希腊语，意为“相等”。

1946 年，来自 25 个国家的代表在伦敦召开会议，决定成立一个 ISO 的国际组织，其目的是促进国际间的合作和工业标准的统一。

国际标准化组织制定国际标准的工作步骤和顺序，一般可分为七个阶段：①提出项目；②形成建议草案；③转国际标准草案处登记；④ISO 成员团体投票通过；⑤提交 ISO 理事会批准；⑥形成国际标准；⑦公布出版。

下设 14 个分技术委员会：

TC34/SC2 油料种子和果实；TC34/SC3 水果和蔬菜制品；TC34/SC4 谷物和豆类；TC34/SC5 乳和乳制品；TC34/SC6 肉和肉制品；TC34/SC7 香料和调味品；TC34/SC8 茶；TC34/SC9 微生物等。

（二）国际食品法典委员会(CAC)

1. 含义

食品法典是一套食品安全和质量的国际标准、食品加工规范和准则，旨在保护消费者健康并消除国际贸易中不平等的行为。

1962 年，联合国粮农组织(FAO)和世界卫生组织(WHO)成立国际食品法典委员会。通过制定推荐的食品标准及食品加工规范，协调各国的食品标准立法并指导其建立食品安全体系。

2. 食品法典的范围

食品法典以统一的形式提出并汇集了国际已采用的全部食品标准，包括所有向消费者销售的加工、半加工食品或食品原料的标准。

食品法典也包括有关食品卫生、食品添加剂、农药残留、污染物、标签及说明、采样与分析方法等方面的通用条款及准则。

食品法典还包括了食品加工的卫生规范和其他推荐性措施等指导性条款。

3. 法典标准的性质

食品法典汇集了各项法典标准，各成员国或国际组织的采纳意见以及其他各项通知等。但食品法典绝不能代替国家法规，各国应采用互相比较的方式总结法典标准与国内有关法规之间的实质性差异，积极地采纳法典标准。

4. 世界贸易组织两项协定(SPS 协定及 TBT 协定)

SPS 协定是世贸组织成员国间签署的不利用卫生和植物检疫规定作为人为或不公正的食品贸易障碍的协定。SPS 协定确定了各国有权利制定或采用这些规定以保护本国的消费者、野生动物以及植物的健康。卫生(人与动物的卫生)与植物检疫(植物卫生)(SPS)规定在保护食品安全，防止动植物病害传入本国方面是必要的。

贸易技术壁垒协定(TBT 协定)，它涉及的是间接对消费者及健康产生影响的标准及规定(比如食品标签规定等)，TBT 协定同样建议成员国使用法典标准。食品法典标准经定期审核以确保上述两项协定依据最新的科学资料。

世界贸易组织的贸易技术壁垒协定(TBT)也称《标准守则》，是世界贸易组织关贸总协定中防止关税壁垒协定中最重要的一个协定。目的是为了确保各缔约方制定的技术法规、标准和合格评定程序不给国际贸易造成不必要的障碍。

（三）国际乳品联合会(IDF/FIL)

International Dairy Federation 成立于1903年，是一个独立的、非政治性的、非营利性的民间国际组织，也是乳品行业唯一的世界性组织。它代表世界乳品工业参与国际活动。

IDF有38个成员国。

最高权力机构是理事会。其下设机构为管理委员会、学术委员会和秘书处。学术委员会又设有六个专业委员会，每个专业委员会负责一个特定领域的工作，它们是：

A委员会：乳品生产、卫生和质量；

B委员会：乳品工艺和工程；

C委员会：乳品行业经济、销售和管理；

D委员会：乳品行业法规、成分标准、分类和术语；

E委员会：乳与乳制品的实验室技术和分析标准；

F委员会：乳品行业科学、营养和教育。

（四）国际葡萄与葡萄酒局(IWO/OIV)

OIV是1924年成立的一个各政府之间的组织，是由各成员国自己选出的代表所组成的政府机构，已有46个成员国，总部设在法国巴黎。

该组织的主要职责是收集、研究有关葡萄种植，以及葡萄酒、葡萄汁、食用葡萄和葡萄干的生产、保存、销售及消费的全部科学、技术和经济问题，并出版相关书刊。

（五）世界卫生组织(WHO)

是联合国下属的一个专门机构，总部设在瑞士日内瓦。

1948年4月7日，《世界卫生组织法》得到26个联合国会员国批准后生效，世界卫生组织宣告成立。每年的4月7日也就成为全球性的世界卫生日。

世界卫生组织的主要职能包括：促进流行病和地方病的防治；提供和改进公共卫生、疾病医疗和有关事项的教学与训练；推动确定生物制品的国际标准。

世界卫生组织的目标是世界人民获得可能的最高水平的健康。它的职能是根据需求，帮助政府加强卫生服务；根据需求，建立和保持诸如管理和技术服务，包括流行病学的和统计学的服务；在卫生领域中提供信息、劝告和帮助；促进传染病、地方病及其他疾病的消除工作；促进营养、住房、卫生设施、劳动条件及其他环境卫生学方面的改进；促进致力于增进健康的科学和专业团体之间的合作；提出卫生事务国际公约、规划和协定；促进和引导卫生领域的研究工作；开发食品、生物制品、药品国际标准；协助在人群中发展卫生事务的宣传教育工作。

（六）联合国粮农组织(FAO)

1. 联合国粮农组织简介

联合国粮农组织成立于1945年，总部设在意大利。

联合国粮农组织的宗旨：提高成员国国家人民的营养水平和生活标准，改善所有食品和农业产品的生产和分配，改进农村人口生活条件，由此对世界经济的增长和保证人类免于饥饿作出贡献。

FAO 出版物有《FAO 统计公报》月刊、《FAO 农业与发展评论》双月刊、《FAO 植保公报》季刊等。

2. 联合国粮农组织主要活动

（1）使人们能够获得信息。

（2）分享政策专业知识。

（3）为各国提供一个会议场所。

（4）将知识送到实地。

（七）国际有机农业运动联合会(IFOAM)

国际有机农业运动联合会是推动世界性有机农业和有机食品发展的专门组织。

有机农业是遵照一定的有机农业生产标准，在生产中不采用基因工程获得的生物及其产物，不使用化学合成的农药、化肥、生长调节剂、饲料添加剂等物质，遵循自然规律和生态学原理，协调种植业和养殖业的平衡，采用一系列可持续发展的农业技术以维持持续稳定的农业生产体系的一种农业生产方式。

三、发达国家食品标准与法规

了解和研究美国、日本和欧盟等发达国家所实施的技术法规和各种认证制度及其对我国的影响，对协调我国贸易与环境政策，促进对外贸易可持续发展具有重要意义。

（一）美国食品标准与法规

美国经济实力居世界首位，市场容量大，进口范围广，对商品质量要求高，市场变化快，销售季节性强，是我国主要的贸易伙伴。

美国食品有不少进口来自世界各地，但也无一例外都用统一的格式标明营养成分、食用期限、可快速追查产品来源的编号、生产地区、厂家等。肉类、海鲜等食品则有黑体“警告”二字打头的警示性标签，说明如果保存或加工不当可能滋生致病微生物。一些常用的调料或者食用油则用标签提醒消费者，产品的维生素 C、维生素 A、钙和铁等成分含量很少或者没有。这些警示标签和营养声明在字体大小、格式、印刷上都是整齐划一，印刷在包装袋的显著位置。这些标签的背后是美国食品产业严格的安全标准。美国人在日常生活中对食品安全的信任度很高，这种安全感来源于时刻高效运转的联合监管体系，完备的法律法规，先进的检测手段，完备的安全评估技术以及每年数亿美元的科研投入。

美国食品安全授权法令主要包括：《联邦食品、药品和化妆品管理法》（FFDCA），《联邦肉类检查法》（FACA），《禽类产品检查法》（PPIA），《蛋类产品检查法》（EPIA），《食品质量保护法》（FQPA），《公众健康服务法》（PHSA）等。这些安全法规实施的特点如下所述。

1. 立法执法各司其职

美国政府的三个法规机构——立法、司法和执法，在确保美国食品与包装安全中各司其职。国会发布法令，确保食品供应的安全，从而在国家水平上建立对公众的保护。执法部门和机构通过颁布法规负责法令的实施，这些法规在“联邦登记”（Federal Register，FR）中颁布，公众可得到这些法规的电子版。

2. 科学决策、权利分开

美国食品安全体系的特点是以科学为基础的决策，权利和决策分开，美国食品安全法律授权之下的机构所做出的决策在法庭解决争端时有法律效力。

3. 授权执法、即时修改美国的食品法

美国食品法包括食品、药品和保健品法、包装和标签法，并被列入联邦法规第21章。整个食品工业都必须了解并自愿遵守。建立食品法律法规的目的是保证食品符合微生物指标、物理指标和化学指标；保证市场竞争正当、公平。

美国大部分食品法的精髓来自1938年建立的FDCA（《食品、药品和化妆品法》，*Food，Drug and Cosmetic Act*），至今仍在不断地修订。按时间顺序美国食品法的发展过程如下：

1906年：纯净食品及药品法规

1938年：FDCA

1957年：家禽产品检验法规

1958年：FDCA中增添食品添加剂法规

1959年：FDCA中增添食用色素法规

1966年：食品包装及标签法规

1969年：白宫关于食品、营养与健康的研讨会

1970年：蛋的检验法规

1977年：美国参议院特别委员会关于营养与人类需求方面的美国膳食目标

1990年：营养标签与教育法

1991年：美国工业奖励法

2002年：公共健康安全生物恐怖主义预防法

除此之外还有许多附加法规，如联邦肉类检查规范，农业部食品安全和检察署负责实施本法规，对动物、屠宰条件、肉类加工设备进行强制性检查，肉类及肉制品必须加盖“美国农业部检查通过”方可进入州际贸易市场，本法规也适用于进口肉类及其制品；联邦家禽产品检查法规；联邦贸易委托法规；婴儿食品配方法规；营养标识和教育法规等。

（二）日本食品标准与法规

日本的技术法规和标准多而严，而且往往与国际通行标准不一致。日本市场规模大、消费水平高，对商品质量要求高，市场日趋开放，进口的制成品比重提高。一种产品要进入日本市场，不仅要符合国际标准，还必须符合日本标准。日本对进口商品规格

要求很严，在品质、形状、尺寸和检验方法上均规定了特定标准，如对入境的农产品，首先由农村水产省的动物检疫所对具有食品性质的农产品，以食品的角度进行卫生防疫检查。日本进口商品规格标准中有一种是任意型规格，即在日本消费者心目中自然形成的产品成分、规格、形状等。日本对绿色产品格外重视，通过立法手段，制定了严格的强制性技术标准，包括绿色环境标志、绿色包装制度和绿色卫生检疫制度等。进口产品不仅要求质量符合标准，而且生产、运输、消费及废弃物处理过程也要符合环保要求，对生态环境和人类健康均无损害。在包装制度方面，要求产品包装必须有利于回收处理，且不能对环境产生污染。在绿色卫生检疫制度方面，日本对食品药品的安全检查卫生标准十分敏感，尤其对农药残留、放射性残留、重金属含量的要求严格。

（三）欧盟食品标准与法规

欧盟的技术法规和标准，历史长、要求严，并且由分散走向统一。

英国被称为“产品认证制度”的始祖。早在1903年英国工程标准委员会用“风筝标志”来表示符合标准尺寸的铁道钢轨，1919年英国政府制定了商标法，规定要对商品执行检验，合格产品也采用“风筝标志”。从此，这种标志开始具有“认证”的含义，沿用至今，已有90多年的历史，成为英国提高工业产品质量，增强其在国内外市场竞争力的有力工具。

现在英国的重要认证机构有：英国标准学会（BSI）的质量保证部（QAD）、英国电工认证局（BEAB）、英国防爆电器认证服务处（BASEEFA）、英国电缆认证服务处（BASEC）、英国锅炉压力容器安全监督局（PAQAB）、英国建筑材料及部分协议委员会（BAB）。其中，BSI是英国从事工业产品认证工作历史最悠久、认证产品范围最广、规模最大的认证机构。

复习思考题

1. 简述我国食品法律法规的特点。
2. 简述我国食品标准发展趋势。
3. 简述欧盟食品法律法规现状。
4. 简述美国食品法律法规现状。

第四章 5S质量管理

学海导航

(1) 理解5S的概念;

(2) 掌握5S的具体内容;

(3) 了解5S在食品企业中的应用。

第一节 概 述

一、5S简介

5S是指整理(seiri)、整顿(seiton)、清扫(seiso)、清洁(seiketsu)、素养(shitsuke)这5个项目,因日语的罗马文均为“S”开头,所以简称为5S。

二、5S的沿革

5S起源于日本,是指在生产现场对人员、机器、材料、方法等生产要素进行有效的管理。这是日本企业独特的一种管理办法。1955年,日本的5S的宣传口号为“安全始于整理,终于整理整顿”。当时只推行了前两个S,其目的仅为了确保作业空间和安全。后因生产和品质控制的需要而又逐步提出了3S,也就是清扫、清洁、修养,从而使应用空间及适用范围进一步拓展。到了1986年,日本的5S的著作逐渐问世,从而对整个现场管理模式起到了冲击的作用,并由此掀起了5S的热潮。

三、5S的发展

日本式企业将5S作为管理工作的基础,推行各种品质的管理手法,第二次世界大战后,产品品质得以迅速地提升,奠定了经济大国的地位,而在丰田公司的倡导推行下，5S对于塑造企业的形象、降低成本、准时交货、安全生产、高度的标准化、创造令人心旷神怡的工作场所、现场改善等方面发挥了巨大作用，逐渐被各国的管理界所认识。随着世界经济的发展，5S已经成为工厂管理的一股新潮流。

四、5S的应用

5S应用于制造业、服务业等改善现场环境的质量和员工的思维方法，使企业能有效地迈向全面质量管理，主要是针对制造业在生产现场，对材料、设备、人员等生产要素开展相应活动，是日本产品品质得以迅猛提高行销全球的成功之处。

五、5S的延伸

根据企业进一步发展的需要，有的企业在5S的基础上增加了安全(safety)，形成了"6S"；有的企业再增加节约(save)，形成了"7S"；还有的企业加上了习惯化(shiukanka)、服务(service)和坚持(shitukoku)，形成了"10S"；有的企业甚至推行"12S"，但是万变不离其宗，都是从"5S"衍生出来的。例如，在整理中要求清除无用的东西或物品，这在某些意义上来说，就能涉及节约和安全，具体一点例如横在安全通道中无用的垃圾，这就是安全应该关注的内容。

六、5S的定义与目的

（一）1S——整理(seiri)

1. 整理的定义

区分要与不要的物品，现场只保留必需的物品。

2. 整理的目的

（1）改善和增加作业面积。

（2）现场无杂物，行道通畅，提高工作效率。

（3）减少磕碰的机会，保障安全，提高质量。

（4）消除管理上的混放、混料等差错事故。

（5）有利于减少库存量，节约资金。

（6）改变作风，提高工作情绪。

3. 整理的意义

把要与不要的人、事、物分开，再将不需要的人、事、物加以处理，对生产现场的现实摆放和停滞的各种物品进行分类，区分什么是现场需要的，什么是现场不需要的；其次，对于现场不需要的物品，诸如用剩的材料、多余的半成品、切下的料头、切屑、垃圾、废品、多余的工具、报废的设备、工人的个人生活用品等，要坚决清理出生产现场，这项工作的重点在于坚决把现场不需要的东西清理掉。对于车间里各个工位或设备的前后、通道左右、厂房上下、工具箱内外，以及车间的各个死角，都要彻底搜寻和清理，达到现场无不用之物。

（二）2S——整顿（seiton）

1. 整顿的定义

必需品依规定定位、定方法摆放整齐有序，明确标示。

2. 整顿的目的

不浪费时间寻找物品，提高工作效率和产品质量，保障生产安全。

3. 整顿的意义

把需要的人、事、物加以定量、定位。通过前一步整理后，对生产现场需要留下的物品进行科学合理的布置和摆放，以便用最快的速度取得所需之物，在最有效的规章、制度和最简捷的流程下完成作业。

4. 整顿的要点

（1）物品摆放要有固定的地点和区域，以便于寻找，消除因混放而造成的差错；

（2）物品摆放地点要科学合理。例如，根据物品使用的频率，经常使用的东西应放得近些（如放在作业区内），偶尔使用或不经常使用的东西则应放得远些（如集中放在车间某处）；

（3）物品摆放目视化，使定量装载的物品做到过目知数，摆放不同物品的区域采用不同的色彩和标记加以区别。

（三）3S——清扫（seiso）

1. 清扫的定义

清除现场内的脏污，清除作业区域的物料垃圾。

2. 清扫的目的

清除“脏污”，保持现场干净、明亮。

3. 清扫的意义

将工作场所之污垢去除，使异常发生源很容易被发现，是实施自主保养的第一步，主要是在提高设备稼动率。

4. 清扫的要点

（1）自己使用的物品，如设备、工具等，要自己清扫，而不要依赖他人，不增加专门的清扫工；

（2）对设备的清扫，着眼于对设备的维护保养。清扫设备要同设备的点检结合起来，清扫即点检；清扫设备要同时做设备的润滑工作，清扫也是保养；

（3）清扫也是为了改善。当清扫地面发现有飞屑和油水泄漏时，要查明原因，并采取措施加以改进。

（四）4S——清洁（seiketsu）

1. 清洁的定义

将整理、整顿、清扫实施的做法制度化、规范化，维持其成果。

2. 清洁的目的

认真维护并坚持整理、整顿、清扫的效果，使其保持最佳状态。

3. 清洁的意义

通过对整理、整顿、清扫活动的坚持与深入，从而消除引发安全事故的根源。创造一个良好的工作环境，使职工能愉快地工作。

4. 清洁的要点

（1）车间环境不仅要整齐，而且要做到清洁卫生，保证工人身体健康，提高工人劳动热情；

（2）不仅物品要清洁，而且工人本身也要做到清洁，如工作服要清洁，仪表要整洁，及时理发、刮须、修指甲、洗澡等；

（3）工人不仅要做到形体上的清洁，而且要做到精神上的“清洁”，待人要讲礼貌、要尊重别人；

（4）要使环境不受污染，进一步消除浑浊的空气、粉尘、噪声和污染源，消灭职业病。

（五）5S——素养(shitsuke)

1. 素养的定义

人人按章操作、依规行事，养成良好的习惯，使每个人都成为有教养的人。

2. 素养的目的

提升“人的品质”，培养对任何工作都讲究认真的人。

3. 素养的意义

努力提高人员的自身修养，使人员养成严格遵守规章制度的习惯和作风，是“5S”活动的核心。

第二节　5S活动

一、目的

做一件事情，有时非常顺利，然而有时却非常棘手，这就需要用5S来分析、判断、处理所存在的各种问题。实施5S，能为公司带来巨大的好处，可以改善企业的品质，提高生产力，降低成本，确保准时交货，同时还能确保并保持安全生产和不断增强员工高昂的士气。

推行5S最终要达到八大目的：

1. 改善和提高企业形象

整齐、整洁的工作环境，容易吸引顾客，让顾客心情舒畅；同时，由于口碑的相传，企业会成为其他公司的学习榜样，从而能大大提高企业的声誉。

2. 促成效率的提高

良好的工作环境和工作氛围，再加上很有修养的合作伙伴，员工可以集中精神，认真地干好本职工作，必然能提高效率。试想，如果员工始终处于一个杂乱无序的工作环境中，情绪必然会受到影响。情绪不高，干劲不大，又哪来的经济效益？所以推动 5S，是促成效率提高的有效途径之一。

3. 改善零件在库周转率

需要时能立即取出有用的物品，供需间物流通畅，就可以极大地减少那种寻找所需物品时所滞留的时间。因此，能有效地改善零件在库房中的周转率。

4. 减少直至消除故障，保障品质

优良的品质来自优良的工作环境。工作环境，只有通过经常清扫、点检和检查，不断地净化工作环境，才能有效避免污损东西或损坏机械，维持设备的高效率，提高生产品质。

5. 保障企业安全生产

整理、整顿、清扫，必须做到储存明确，东西摆在定位上物归原位，工作场所内都应保持宽敞、明亮，通道随时都是畅通的，地上不能摆设不该放置的东西，工厂有条不紊，意外事件的发生就会相应地减少，安全就会有保障。

6. 降低生产成本

一个企业通过实行或推行 5S，它就能极大地减少人员、设备、场所、时间等这几个方面的浪费，从而降低生产成本。

7. 改善员工的精神面貌，使组织活力化

可以明显地改善员工的精神面貌，使组织焕发一种强大的活力。员工都有尊严和成就感，对自己的工作尽心尽力，并带动改善意识形态。

8. 缩短作业周期，确保交货

推动 5S，通过实施整理、整顿、清扫、清洁来实现标准的管理，企业的管理就会一目了然，使异常的现象很明显化，人员、设备、时间就不会造成浪费。企业生产能相应地非常顺畅，作业效率提高，作业周期缩短，确保交货日期万无一失。

二、目标

（1）工作变换时，寻找工具、物品马上找到，寻找时间为零。

（2）整洁的现场，不良品为零。

（3）努力降低成本，减少消耗，浪费为零。

（4）工作顺畅进行，及时完成任务，延期为零。

（5）无泄漏，无危害，安全，整齐，事故为零。

（6）团结，友爱，处处为别人着想，积极干好本职工作，不良行为为零。

三、原则

1. 自我管理的原则

良好的工作环境，不能单靠添置设备，也不能指望别人来创造。应当充分依靠现场人员，由现场的当事人员自己动手为自己创造一个整齐、清洁、方便、安全的工作环境，使他们在改造客观世界的同时，也改造自己的主观世界，产生“美”的意识，养成现代化大生产所要求的遵章守纪、严格要求的风气和习惯。因为是自己动手创造的成果，也就容易保持和坚持下去。

2. 勤俭办厂的原则

开展“5S”活动，会从生产现场清理出很多无用之物，其中，有的只是在现场无用，但可用于其他的地方；有的虽然是废物，但应本着废物利用、变废为宝的精神，该利用的应千方百计地利用，需要报废的也应按报废手续办理并收回其“残值”，千万不可只图一时处理“痛快”，不分青红皂白地当作垃圾一扔了之。对于那种大手大脚、置企业财产不顾的“败家子”作风，应及时制止、批评、教育，情节严重的还要给予适当处分。

3. 持之以恒的原则

“5S”活动开展起来比较容易，可以搞得轰轰烈烈，在短时间内取得明显的效果，但要坚持下去，持之以恒，不断优化就不太容易。不少企业发生过一紧、二松、三垮台、四重来的现象。因此，开展“5S”活动，贵在坚持，为将这项活动坚持下去，企业首先应将“5S”活动纳入岗位责任制，使每一部门、每一人员都有明确的岗位责任和工作标准；其次，要严格、认真地搞好检查、评比和考核工作，将考核结果同各部门和每一人员的经济利益挂钩；第三，要坚持PDCA循环，不断提高现场的“5S”水平，即要通过检查，不断发现问题，不断解决问题。因此，在检查考核后，还必须针对问题，提出改进的措施和计划，使“5S”活动坚持不断地开展下去。

四、作用

（1）提高企业形象。

（2）提高生产效率和工作效率。

（3）提高库存周转率。

（4）减少故障，保障品质。

（5）加强安全，减少安全隐患。

（6）养成节约的习惯，降低生产成本。

（7）缩短作业周期，保证交期。

（8）改善企业精神面貌，形成良好企业文化。

五、方法

1. 定点照相

所谓定点照相，就是对同一地点，面对同一方向，进行持续性的照相，其目的就是把现场不合理的现象，包括作业、设备、流程与工作方法予以定点拍摄，并且进行连续性改善的一种手法。

2. 红单作战

使用红牌子，使工作人员都能一目了然地知道工厂的缺点在哪里的整理方式，而贴红单的对象，包括库存、机器、设备及空间，使各级主管都能一眼看出什么东西是必需品，什么东西是多余的。

3. 看板作战

使工作现场人员，都能一眼就知道何处有什么东西，有多少的数量，同时亦可将整体管理的内容、流程以及订货、交货日程与工作排程，制作成看板，使工作人员易于了解，以进行必要的作业。

4. 颜色管理

颜色管理就是运用工作者对色彩的分辨能力和特有的联想力，将复杂的管理问题，简化成不同色彩，区分不同的程度，以直觉与目视的方法，呈现问题的本质和问题改善的情况，使每一个人对问题有相同的认识和了解。

六、推行5S的实现手法

1. 手法一：看板管理

看板管理可以使工作现场人员，都能一眼就知道何处有什么东西，有多少的数量，同时亦可将整体管理的内容、流程以及订货、交货日程与工作排程，制作成看板，使工作人员易于了解，以进行必要的作业。

2. 手法二：5S巡检系统

5S巡检系统是为制造业企业彻底贯彻5S管理而开发的一套包含硬件在内的一体化解决方案，使5S管理的实施更为系统化，标准化，同时也进一步提高当前5S巡检的效率，并为5S的有效实施提供更为有力的系统保证。

系统说明：用户在管理端软件定义相应的检测区域，检查点，检测项目等内容；巡检仪可通过网络从管理端下载相应的检查内容；操作人员手持巡检仪根据巡检路线进行检测；每个巡检点都标志有相应的ID卡，巡检人员刷卡，记录检查的时间，并自动调出相应的检查项目；检查完毕后，操作人员将数据通过网络上传到系统数据库中；在系统软件中，对不合格项，系统将通过邮件发送到相关的5S负责人邮箱中；系统可生成5S巡检日报表及汇总的趋势图等报表；对不合格项目，系统将对改善措施及纠正的流程进行记录跟踪并记录在系统中。

第三节 5S 现场管理

一、原则

（1）常组织、常整顿、常清洁、常规范、常自律。
（2）清洁，环境洁净制定标准，形成制度。
（3）整理，区分物品的用途，清除多余的东西。
（4）整顿，物品分区放置，明确标识，方便取用。
（5）清扫，清除垃圾和污秽，防止污染。
（6）素养，养成良好习惯，提升人格修养。

二、效用

5S 管理的五大效用可归纳为 5 个 S，即 safety（安全）、sales（销售）、standardization（标准化）、satisfaction（客户满意）、saving（节约）。

1. 确保安全（safety）

通过推行 5S，企业往往可以避免因漏油而引起的火灾或滑倒，因不遵守安全规则导致的各类事故、故障的发生，因灰尘或油污所引起的公害等。因而能使生产安全得到落实。

2. 扩大销售（sales）

5S 是一名很好的业务员，拥有一个清洁、整齐、安全、舒适的环境，一支良好素养的员工队伍的企业，常常更能博到客户的信赖。

3. 标准化（standardization）

通过推行 5S，在企业内部养成守标准的习惯，使得各项活动、作业均按标准的要求运行，结果符合计划的安排，为提供稳定的质量打下基础。

4. 客户满意（satisfaction）

由于灰尘、毛发、油污等杂质经常造成加工精密度的降低，甚至直接影响产品的质量。而推行 5S 后，清扫、清洁得到保证，产品在一个卫生状况良好的环境下形成、保管，直至交付客户，质量稳定。

5. 节约（saving）

通过推行 5S，一方面减少了生产的辅助时间，提高了工作效率；另一方面因降低了设备的故障率，提高了设备使用效率，从而可降低生产成本，可谓“5S 是一位节约者”。

三、内容

通过实施 5S 现场管理以规范现场、现物，营造一目了然的工作环境，培养员工良好的工作习惯，最终目的是提升人的品质：革除马虎之心，养成凡事认真的习惯（认真地对待工作中的每一件“小事”）；遵守规定的习惯；自觉维护工作环境整洁明了的良好习惯；文明礼貌的习惯。

1. 整理

将工作场所任何东西区分为有必要的与不必要的；把必要的东西与不必要的东西明确地、严格地区分开来；不必要的东西要尽快处理掉。

（1）目的。腾出空间，空间活用；防止误用、误送；塑造清爽的工作场所。

生产过程中经常有一些残余物料、待修品、待返品、报废品等滞留在现场，既占据了地方又阻碍生产，包括一些已无法使用的工夹具、量具、机器设备，如果不及时清除，会使现场变得凌乱。

生产现场摆放不要的物品是一种浪费：即使宽敞的工作场所，将愈变窄小；棚架、橱柜等被杂物占据而减少使用价值；增加了寻找工具、零件等物品的困难，浪费时间；物品杂乱无章地摆放，增加盘点的困难，成本核算失准。注意点：要有决心，不必要的物品应断然地加以处置。

（2）实施要领。自己的工作场所（范围）全面检查，包括看得到和看不到的；制订“要”和“不要”的判别基准；将不要物品清除出工作场所；对需要的物品调查使用频度，决定日常用量及放置位置；制订废弃物处理方法；每日自我检查。

2. 整顿

对整理之后留在现场的必要的物品分门别类放置，排列整齐。明确数量，并进行有效的标识。

（1）目的。工作场所一目了然；整齐的工作环境；消除找寻物品的时间；消除过多的积压物品。注意点：这是提高效率的基础。

（2）实施要领。前一步骤整理的工作要落实；布置流程，确定放置场所；规定放置方法、明确数量；画线定位；场所、物品要标识。

（3）整顿的“3 要素”

1）放置场所：物品的放置场所原则上要 100% 设定；物品的保管要定点、定容、定量；生产线附近只能放真正需要的物品。

2）放置方法：易取；不超出所规定的范围；在放置方法上多下功夫。

3）标识方法：放置场所和物品原则上一对一表示；现物的表示和放置场所的表示；某些表示方法全公司要统一；在表示方法上多下功夫。

（4）整顿的“3 定”原则

1）定点：放在哪里合适。

2）定容：用什么容器、颜色。

3）定量：规定合适的数量。

3. 清扫

将工作场所清扫干净。保持工作场所干净、亮丽的环境。

（1）目的。消除脏污，保持职场内干净、明亮；稳定品质；减少工业伤害。注意点：责任化、制度化。

（2）实施要领。建立清扫责任区（室内外）；执行例行扫除，清理脏污；调查污染源，予以杜绝或隔离；建立清扫基准，作为规范。

4. 清洁

将上面的3S实施的做法制度化、规范化，并贯彻执行及维持结果。

（1）目的。维持上面3S的成果。注意点：制度化，定期检查。

（2）实施要领。落实前面3S工作；制订考评方法；制订奖惩制度，加强执行；主管经常带头巡查，以表重视。

5. 素养

通过晨会等手段，提高全员文明礼貌水准，使每位成员养成良好的习惯，并遵守规则做事。开展5S容易，但长时间的维持必须靠素养的提升。

（1）目的。培养具有好习惯、遵守规则的员工；提高员工文明礼貌水准；营造团体精神；注意点：长期坚持，才能养成良好的习惯。

（2）实施要领。制订服装、仪容、识别证标准；制订共同遵守的有关规则、规定；制订礼仪守则；训练（新进人员强化5S教育、实践）；开展各种精神提升活动（晨会、礼貌运动等）。

四、误区

（1）我们公司已经做过5S了。

（2）我们的企业这么小，搞5S没什么用。

（3）5S就是把现场搞干净。

（4）5S只是工厂现场的事情。

（5）5S活动看不到经济效益。

（6）工作太忙，没有时间做5S。

（7）我们是搞技术的，做5S是浪费时间。

（8）我们这个行业不可能做好5S。

五、实施要点

（1）整理：正确的价值意识——“使用价值”，而不是“原购买价值”。

（2）整顿：正确的方法——“3要素、3定”＋整顿的技术。

（3）清扫：责任化——明确岗位5S责任。

（4）清洁：制度化及考核——5S时间；稽查、竞争、奖罚。

（5）素养：长期化——晨会、礼仪守则。

六、检查要点

有没有用途不明之物；有没有内容不明之物；有没有闲置的容器、纸箱；有没有不要之物；输送带之下，物料架之下有否置放物品；有没有乱放个人的东西；有没有把东西放在通道上；物品有没有和通路平行或成直角地放置；是否有变形的包装箱等捆包材料；包装箱等有无破损（容器破损）；工夹具、计测器等是否放在所定位置上；移动是否容易；架子的后面或上面是否放置东西；架子及保管箱内之物，是否有按照所标示物品放置；危险品有无明确标示，灭火器是否有定期点检；作业员的脚边是否有零乱的零件；相同零件是否散置在几个不同的地方；作业员的周围是否放有必要之物（工具、零件等）；工场是否到处保管着零件。

七、推行步骤

1. 步骤1：成立推行组织

为了有效地推进5S活动，需要建立一个符合企业条件的推进组织——5S推行委员会。推行委员会的责任人包括5S委员会、推进事务局、各部分负责人以及部门5S代表等，不同的责任人承担不同的职责。其中，一般由企业的总经理担任5S委员会的委员长，从全局的角度推进5S的实施。

2. 步骤2：拟定推行方针及目标

方针制订：推动5S管理时，制订方针作为导入的指导原则，方针的制订要结合企业具体情况，要有号召力，方针一旦制定，要广为宣传。目标制订：目标的制订要同企业的具体情况相结合，作为活动努力的方向及便于活动过程中的成果检查。

3. 步骤3：拟订工作计划及实施方法

（1）拟定日程计划作为推行及控制的依据；

（2）收集资料及借鉴他厂做法；

（3）制订5S活动实施办法；

（4）制订要与不要的物品区分方法；

（5）制订5S活动评比的方法；

（6）制订5S活动奖惩办法；

（7）制订相关规定（5S时间等）；

（8）工作一定要有计划，以便大家对整个过程有一个整体的了解。项目责任者清楚自己及其他担当者的工作是什么，何时要完成，相互配合造就一种团队作战精神。

4. 步骤4：教育

教育是非常重要，让员工了解5S活动能给工作及自己带来好处，从而主动地去做，与被别人强迫着去做其效果是完全不同的。教育形式要多样化，讲课、放录像、观摩他厂案例或样板区域、学习推行手册等方式均可视情况加以使用。

教育内容可以包括：

（1）每个部门对全员进行教育。

1）5S现场管理法的内容及目的。

2）5S现场管理法的实施方法。

3）5S 现场管理法的评比方法。

（2）新进员工的5S 现场管理法训练。

5. 步骤5：活动前的宣传造势

5S 活动要全员重视、参与才能取得良好的效果，可以通过以下方法对5S 活动进行宣传：

（1）最高主管发表宣言（晨会、内部报纸杂志等）；

（2）海报、内部报刊宣传；

（3）宣传栏。

6. 步骤6：实施

（1）作业准备。

（2）开展“洗澡”运动（全体上下彻底大扫除）。

（3）建立地面画线及物品标识标准。

（4）“3 定”、“3 要素”展开。

（5）定点摄影。

（6）做成“5S 日常确认表”及实施。

（7）红牌作战。

7. 步骤7：活动评比办法确定

（1）确定加权系数：困难系数、人数系数、面积系数、教养系数。

（2）出台评分法。

8. 步骤8：查核

（1）现场查核。

（2）问题点质疑、解答。

（3）举办各种活动及比赛（如征文活动等）。

9. 步骤9：评比及奖惩

依据5S 活动竞赛办法进行评比，公布成绩，实施奖惩。

10. 步骤10：检讨与修正

各责任部门依缺点项目进行改善，不断提高。

11. 步骤11：纳入定期管理活动中

（1）标准化、制度化的完善。

（2）实施各种5S 现场管理法强化月活动，需要强调的一点是，企业因其背景、架构、企业文化、人员素质的不同，推行时可能会有各种不同的问题出现，推行办要根据实施过程中所遇到的具体问题，采取可行的对策，才能取得满意的效果。

八、实施方法

1. 整理(seiri)—— 有秩序地治理

工作重点为理清要与不要。整理的核心目的是提升辨识力。整理常用的方法如下。

(1) 抽屉法：把所有资源视作无用的，从中选出有用的。

(2) 樱桃法：从整理中挑出影响整体绩效的部分。

(3) 四适法：适时、适量、适质、适地。

(4) 疑问法：该资源需要吗？需要出现在这里吗？现场需要这么多数量吗？

2. 整顿(seion) ——修饰、调整、整齐、处理

将整理之后资源进行系统整合。整顿的目的：最大限度地减少不必要的工作时间浪费、运作的浪费、寻找的浪费、次品的浪费、不安全的环境与重要的浪费。整顿提升的是整合力。常用的工具和方法有：

(1) IE 法：根据运作经济原则，将使用频率高的资源进行有效管理。

(2) 装修法：通过系统的规划将有效的资源利用到最有价值的地方。

(3) 三易原则：易取、易放、易管理。

(4) 三定原则：定位、定量、定标准。

(5) 流程法：对于布局，按一个流的思想进行系统规范，使之有序化。

(6) 标签法：对所有资源进行标签化管理，建立有效的资源信息。

3. 清扫(seiso) ——清理、明晰、移除、结束

将不该出现的资源革除于责任区域之外。清扫的目的：将一切不利因素拒绝于事发之前，对既有的不合理之存在严厉打击和扫除，营造良好的工作氛围与环境。清扫提升的是行动力。清扫常用的方法有：

(1) 三扫法：扫黑、扫漏、扫怪。

(2) OEC 法：日事日毕，日清日高。

4. 清洁(seiketsu) ——清晰、明了、简单、干净、整齐

持续做好整理、整顿、清扫工作，即将其形成一种文化和习惯，减少瑕疵与不良。清洁的目的：美化环境、氛围与资源及产出，使自己、客户、投资者及社会从中获利。清洁提升的是审美力。常用的方法有：

(1) 雷达法：扫描权责范围内的一切漏洞和异端。

(2) 矩阵推移法：由点到面逐一推进。

(3) 荣誉法：将美誉与名声结合起来，以名声决定执行组织或个人的声望与收入。

5. 素养——(shitsuke)素质、教养

工作重点：建立良好的价值观与道德规范。素养提升的是核心竞争力。通过平凡的细节优化和持续的教导和培训，建立良好的工作与生活氛围，优化个人素质与教养。

常用方法如下。

（1）流程再造：执行不到位不是人的问题，是流程的问题，流程再造可解决这一问题。

（2）模式图：建立一套完整的模式图来支持流程再造的有效执行。

（3）教练法：通过摄像头式的监督模式和教练一样的训练使一切别扭的要求变成真正的习惯。

（4）疏导法：像治理黄河一样，对严重影响素养的因素进行疏导。

九、实施难点

（1）员工不愿配合，未按规定摆放或不按标准来做，理念共识不佳。

（2）事前规划不足，不好摆放及不合理之处很多。

（3）公司成长太快，厂房空间不足，物料无处堆放。

（4）实施不够彻底，持续性不佳，抱持应付心态。

（5）评价制度不佳，造成不公平，大家无所适从。

（6）评审人员因怕伤感情，统统给予奖赏，失去竞赛意义。

十、实施意义

5S是现场管理的基础，是TPM（全员参与的生产保全）的前提，是TQM（全面品质管理）的第一步，也是ISO 9000有效推行的保证。

5S现场管理法能够营造一种“人人积极参与，事事遵守标准”的良好氛围。有了这种氛围，推行ISO、TQM及TPM就更容易获得员工的支持和配合，有利于调动员工的积极性，形成强大的推动力。

实施ISO、TQM、TPM等活动的效果是隐蔽的、长期性的，一时难以看到显著的效果。而5S活动的效果是立竿见影。如果在推行ISO、TQM、TPM等活动的过程中导入5S，可以通过在短期内获得显著效果来增强企业员工的信心。

5S是现场管理的基础，5S水平的高低，代表着管理者对现场管理认识的高低，这又决定了现场管理水平的高低，而现场管理水平的高低，制约着ISO、TPM、TQM活动能否顺利、有效地推行。通过5S活动，从现场管理着手改进企业“体质”，则能起到事半功倍的效果。

十一、改善建议

1. 结合实际做出适合自己的定位

反观国内外其他优秀企业的管理模式，再结合实际做出适合自己的定位。通过学习，让管理者及员工认识到5S是现场管理的基石，5S做不好，企业不可能成为优秀的企业，坚持将5S管理作为重要的经营原则。5S执行办公室在执行过程中扮演着重要角色，应该由有一定威望、协调能力强的中高层领导出任办公室主任。此外，如果请顾问辅导推行，应该注意避开生产旺季及人事大变动时期。

2. 树立科学管理观念

管理者必须经过学习，加深对5S管理模式的最终目标的认识。最高领导、公司高层管理人员必须树立5S管理是现场管理的基础的概念，要年年讲、月月讲，并且要有计划、有步骤地逐步深化现场管理活动，提升现场管理水平。“进攻是最好的防守”，在管理上也是如此，必须经常有新的、更高层次的理念、体系、方法的导入才能保持企业的活力。

3. 以实际岗位采取多种管理形式

确定5S的定位，再以实际岗位采取多种管理形式，制定各种相应可行的办法。实事求是，持之以恒，全方位整体的实施、有计划的过程控制是非常重要的。公司可以倡导样板先行，通过样板区的变化引导干部工人主动接受5S，并在适当时间有计划地导入红牌作战、目视管理、日常确认制度、5S考评制度、5S竞赛等，在形式化、习惯化的过程中逐步树立全员良好的工作作风与科学的管理意识。

复习思考题

1. 什么是5S?
2. 5S活动的目的是什么?
3. 5S活动的原则是什么?
4. 5S活动的作用有哪些?
5. 怎样在一个食品企业推行5S提高产品质量?

第五章　ISO 9000 质量管理体系

（1）掌握 ISO 9000 质量管理体系标准主要内容和建立质量管理体系的步骤；

（2）掌握 ISO 9000 标准的八项基本原则；

（3）了解食品企业建立质量管理体系的意义。

第一节　ISO 9000 系列标准概述

一、ISO 9000 系列标准的产生及发展历程

（一）ISO 9000 系列标准的产生

国际经济的全球化逐渐增强，竞争的激烈性也明显提高，但是国际上很多商品的质量标准存在差异，许多国家为了维护自己的利益，故意提高进口产品的质量标准，在国际贸易间形成贸易壁垒。全球化国际贸易发展需要有一个质量认证，可以为远隔重洋的顾客提供足够的信任。因此，质量管理和质量标准的国际化成为了世界各国的需要。另一方面，随着顾客对产品的质量有了更深的认识，琳琅满目的产品同时也为顾客提供了较多的选择机会，因此生产者为了提高经济效益和竞争力，不得不提高自己的产品质量，满足顾客的需求。制定国际化的质量管理标准成为迫切的需要。

ISO 9000 系列标准的产生是国际化贸易发展的需要，更是生产者为了提高产品质量和市场竞争力的需要。它的产生是在总结各个国家质量管理成功经验的基础上产生的。

1971 年国际标准化组织（ISO）成立了认证委员会，1979 年 ISO 正式成立了 ISO 第 176 个技术委员会（ISO/TC176 国际标准化组织质量管理和质量保证技术委员会），1985 年改名为合格评定委员会（CASCO），1987 年更名为质量管理和质量保证技术委员会。ISO/TC176 在 1987 年正式发布了 1987 年版 ISO 9000 标准。此后在实际应用过程中该标

准又不断地进行了修改和完善，形成1994年版ISO 9000系列标准、2000年版ISO 9000标准、2005年版ISO 9000标准、2008年版ISO 9000标准，以进一步适应社会发展的需要。ISO 9000系列标准产生是国际间的经贸往来发展的需要，保证产品的质量问题，避免用苛刻的质量标准设置贸易壁垒。

（二）ISO 9000系列标准的发展历程

1. 第一阶段：1987版ISO 9000标准

ISO/TC176参照工业发达国家的质量管理和质量保证标准，在总结实践经验的基础上，经各国标准化机构协商一致后起草制定，于1986年经ISO正式发布了第一个质量管理和质量保证国际标准——ISO 8402：1986《质量——术语》。1987年发布了ISO 9000：1987《质量管理和质量保证标准》、ISO 9001：1987《质量体系——设计、开发、生产、安装和服务的质量保证模式》、ISO 9002：1987《质量体系——生产和安装的质量保证模式》、ISO 9003：1987《质量体系——最终检验和试验的质量保证模式》和ISO 9004：1987《质量管理和质量体系要求》五个标准。以上六个标准合称为“ISO 9000系列标准”，即第一版(1987年版)ISO 9000族标准。该系列标准形成了统一术语，以及质量管理和质量保证标准，引起了全球工业界的关注。

2. 第二阶段：1994年版ISO 9000族标准

ISO 9000：1987系列标准在广泛应用时，人们希望对标准提出更新更高的要求。另一方面，ISO 9000族标准是起源于制造业的，要使其适用于全球各行各业的需要，还存在不足之处。因此，ISO/TC 176对ISO 9000系列标准进行了重大的修改。1994年7月1日ISO/TC 176完成了第一阶段的修订工作，发布了16项国际标准，成为了1994版ISO 9000族标准。到1999年底ISO 9000族标准的数量已经发展到27项，从而提出了ISO 9000系列标准的概念。

3. 第三阶段：2000年版ISO 9000族标准

在总结全球质量管理实践经验的基础上，ISO/TC 176(质量管理和质量保证技术委员会)高度概括地提出了8项质量管理原则，提出了2000年版ISO 9000族标准。依据这些理论和原则，对1994年版标准进行了全面修订，2000年版标准从总体结构和原则到具体的技术内容上对旧版(1987年版和1994年版)做了全面修改，包括标准的名称、构成、结构、内容等方面都发生了重大变化。2000年12月15日，ISO/TC 176正式发布了新版本的ISO 9000族标准，统称为2000年版ISO 9000族标准。2000年版ISO 9000族标准将使质量管理体系有更好的适用性，更加简便、协调，适用面更广，与其他管理体系更兼容、更一致，并强调了持续改进和顾客满意是质量管理体系的动力。基于2000年版ISO 9000族标准的特点和优点，目前该版标准仍被全球广泛应用。

4. 第四阶段：2005年版ISO 9000族标准

由于2005年版只是对质量管理体系—基础和术语(即ISO 9000：2000升级为ISO 9000:2005)作了修订，所以，现行使用的标准大多还是ISO 9000：2000族标准。

5. 第五阶段：2008 年版 ISO 9000 族标准

2008 年版 ISO 9000 族标准中将 ISO 9001：2000 升级为 ISO 9001：2008。ISO 9001：2008 标准的变化不大，总体框架和逻辑结构未变，只是部分条款的要求更加明确、更具适用性，对用户更加有利，更加便于使用。ISO 9001：2000 已于 2010 年 11 月 14 日正式作废而被 ISO 9001：2008 完全替代。

二、ISO 9000 族标准的概念及构成

（一）ISO 9000 族标准的概念

ISO 9000 标准是 ISO/TC176 制定的所有质量管理和质量保证国际标准的统称，而并非指一个标准，因此又常称为 ISO 9000 系列标准或 ISO 9000 族标准。该标准遵循管理科学的基本原则，应用系统管理理论，强调自我完善与持续改进，识别组织产品或服务质量的有关影响因素，提出管理与控制要求，可帮助组织实施并有效运行质量管理体系。该标准作为国际通用的质量管理标准，适用于所有行业或经济领域的组织。

（二）ISO 9000：2000 标准构成

基于 2000 年版 ISO 9000 族标准的特点和优点，目前该版标准仍被全球广泛应用。2000 年版 ISO 9000 标准由 4 个核心标准、其他标准、技术报告和小册子构成。

1. 核心标准

（1）《质量管理体系基础和术语》ISO 9000：2000 描述了质量管理体系的基本原理，并规定了质量管理体系术语。ISO 9000：2000 取代 ISO 8402：1994。

（2）《质量管理体系要求》ISO 9000：2000 规定了质量管理体系的要求，可用于内部质量管理，也可作为认证的依据。ISO 9000：2000 取代了 ISO 9001：1994，ISO 9002：1994，ISO 9003：1994。

（3）《质量管理体系业绩改进指南》ISO 9004：2000 此标准提供了改进质量管理业绩的指南。该标准可用于内部质量管理，帮助组织追求卓越，但不能用作认证依据。ISO 9004：2000 取代 ISO 9004：1994，ISO 9001：2000 和 ISO 9004：2000 可以独立使用，也可以结合采用，但 ISO 9004：2000 不再是 ISO 9001：2000 的实施指南。

（4）《质量和(或)环境管理体系审核指南》ISO 19011：2002 该标准是在合并 ISO 10011，ISO 14010，ISO 14012 的基础上重新起草的。

2. 其他标准

目前只有《测量管理体系测量过程和测量设备的要求》（ISO 10012）一项。

3. 技术报告

目前已完成或正在修订的技术报告主要有：《质量经济性管理指南》（ISO/TR 10014），《统计技术应用指南》（ISO/TR 10017），《项目管理指南》（ISO/TR 10006），《技术状态管理指南》（ISO/TR 10007），《质量管理体系文件指南》（ISO/TR 10013），《培训指南》（ISO/TR 10015）。

4. 小册子

质量管理原则，选择和使用指南，中小型组织实施指南。

三、ISO 9000 族标准实施的作用与意义

组织贯彻实施 ISO 9000 族标准不仅可以提高组织的质量管理和整体管理水平，提高产品质量，降低成本，增强组织及其产品的竞争能力，突破贸易壁垒，扩大出口，增加市场份额，提高经济效益，而且还可以为组织实施全面的科学管理奠定基础。对消费者、需方和政府而言，组织贯彻实施 ISO 9000 族标准，建立质量管理体系并通过认证后，可向社会各界表明本组织能生产符合相关法律法规要求的产品，包括服务。这不仅可以满足顾客的需求，增强消费信心，而且还可以减少需方审核的费用支出，同时可以方便政府相关职能部门有效开展产品质量安全监管工作，防止安全事故的发生。世界各国的生产经验和实践证实，ISO 9000 族标准能有效地提高食品行业的整体素质，确保食品的质量，保证产品安全卫生，保障消费者的身心健康。因此，实施 ISO 9000 族标准能提高食品产品在全球贸易的竞争力，也有利于政府和行业对食品企业的监管，还可以作为评价、考核食品企业的科学标准之一。

第二节　2000 年版 ISO 9000 标准的八项基本原则

2000 年版 ISO 9000 标准代替 1994 年版 ISO 9000 标准在内容上有了很大变化，最为主要的是提出了质量管理的八项基本原则，这些原则是质量管理的理论基础，又是领导者进行质量管理的基本原则，更是建立、实施、保持和改进组织质量管理体系必须遵循的原则。ISO 9000：2005 标准将这八项质量管理原则固定下来。

一、原则 1：以顾客为关注焦点

“以顾客为中心”作为质量管理八项基本原则之首，这充分体现了“顾客是上帝，顾客满意是企业的追求和赖以生存与发展的基础”的真谛。这里所指的顾客是广义的顾客，包括消费者、产品或服务的使用者、采购方等，同时也可指组织内部的生产、服务和活动中接受前一过程输出的部门、岗位或个人等。因此，组织应理解并满足顾客当前的和未来的需求，并争取超过顾客的期望。这是因为顾客是组织存在发展的基础，满足顾客的需要是组织的根本所在。对一个企业来说，要想实现“质量兴企”，首先就是要引导企业树立“以顾客为关注焦点”的经营理念。

二、原则 2：领导作用

领导主要是指组织的最高管理层，领导者需要建立组织统一的宗旨、方向，并营造和保持使员工能充分参与实现组织目标的内部环境。因此，领导在组织的质量管理中起着决定性作用，是组织实现管理最重要的基础。实施 ISO 9000 系列标准必须要有组织最高管理者的重视，并采取必要措施指挥好和控制好一个组织，必须做好确定方向、提

供资源、策划未来、激励员工、协调活动和营造一个良好的内部环境等工作。实践证明，对一个组织来说，合格的领导者比合格的员工更重要，只有领导重视，各项质量活动才能有效开展。此外，在领导方式上，最高管理者还要做到透明、务实和以身作则。

三、原则3：全员参与

组织的质量管理不仅需要最高管理者的正确领导，还有赖于全员参与。为了保证全体员工都参与质量管理，需要采取必要的措施对员工进行必要的培训，使每个员工都了解自身贡献对组织的重要性，并且清楚自己的职责及应具备的相应的职业素质；对员工的业绩进行评估并承担解决问题的责任；使员工分享成功经验，让先进的知识和经验成为共同的财富；创造使员工畅所欲言的环境，启发员工积极寻找机会来提高自己的能力、知识和经验。各级人员都是组织之本，只有他们充分参与，才能使他们的才干为组织带来收益。全员参与是指发动全体员工参与质量管理体系的各项活动，即员工通过参与组织内部沟通，发表自己对质量管理的看法，实现每个员工参与组织管理的愿望。全员参与是组织管理体系行之有效的基础，也是保障组织实现不断改进的条件之一。

四、原则4：过程方法

过程方法是指系统地识别和管理组织所应用的过程，特别是这些过程之间的相互作用与相互影响，这里的过程是指一组将输入转化为输出的相互关联或相互作用的活动。对过程的管理通常采用PDCA循环的方法进行，建立了一个“以过程为基础的质量管理体系模式”，将质量管理分为管理职责，资源管理，产品实现，以及测量、分析和改进四个主要过程，同时描述了它们间的相互关系。它是正确识别组织所有活动的唯一科学方法，其目的是获得持续改进的动态循环，并将相关的资源和活动作为过程来进行管理，并使组织的总体业绩得到显著提高。

五、原则5：管理的系统方法

管理的系统方法是将相互关联的过程作为系统加以识别、理解和管理，是从系统管理的角度，把组织内各项活动作为相互关联的过程进行系统管理，使各个相互关联的过程能够相互协调、有机地构成一个整体。在质量管理中采用系统方法，要求组织应建立一个以过程方法为主体的质量管理体系，把质量管理体系作为一个大系统，明确质量管理过程的顺序和相互作用，并使这些过程相互协调；明确职责和权限，减少或消除由于职能交叉和职责不清导致的障碍；确保过程运作中所需的资源；设定目标，测量、评估并持续改进管理体系。针对制定的目标，识别、理解并管理一个由相互联系的过程所组成的体系，有助于提高组织的有效性和效率，达到设定的质量方针和质量目标，使顾客满意，使组织获得效益。

六、原则6：持续改进

持续改进是“增强满足要求的能力”的循环活动，是进行质量管理的一个重要原则。它注重通过不断地提高企业管理的效率和有效性以实现其质量方针和目标的方法。组织应不断改进其产品质量以改进组织的整体业绩，并提高质量管理体系及过程的效率和有效性，以满足相关方不断变化的需求和期望。持续改进是一个组织永恒的目标，只有坚持持续改进，组织才能不断进步。持续改进的前提是市场需求，内容是企业的核心能力。做到：使持续改进成为一种制度；通过培训为员工提供持续改进的方法和手段；将产品、过程和体系的持续改进作为组织内每个成员的目标；承认改进的成果，并进行相应的奖励。

七、原则7：基于事实的决策方法

决策是针对预定目标，在一定约束条件下，从诸多方案中选出最佳的一个加以付诸实施的过程，是组织中各级领导的职责之一。达不到目标的决策就是失策。正确的决策需要领导者用科学的态度和方法，以事实或正确的信息为基础，通过合乎逻辑的分析，作出正确的决断。首先，组织应当明确规定收集信息的种类、途径和职责；同时，保证信息的准确性，并使组织能及时获得相关的信息。在对数据和信息进行符合逻辑分析或直觉判断的基础之上的进行决策，可防止决策失误。

八、原则8：与供方互利的关系

组织与其供方是相互依存的，并存在着互利关系，与供方的这种互利关系能增进双方创造价值的能力。在权衡短期利益和长远利益的基础上，首先确立与供方的关系，然后与供方或合作方共享技术与资源；与此同时，识别并选择关键供方，并进一步激发、鼓励和承认供方的改进成果。这种双方或多方互利的关系体现了规模化生产和商品贸易全球化的思想，不仅能够促进供应链的协调，提高供方自我改进的动力和能力，更能为建立互利、和谐和共同发展的供需关系提供双赢机会。

第三节　ISO 9000 标准的主要内容

一、标准的应用范围、术语和定义

本标准条款中主要规定了标准的应用范围及采用标准的目的。

使用 ISO 9001 标准的目的：证实组织有能力稳定地提供满足顾客和适用法规要求的产品。通过质量管理体系的有效应用，包括持续改进和保证符合顾客与适用法律法规的要求，使顾客满意。

ISO 9000 标准的用途：用于组织内部质量管理；用于第二方的评价、认定或注册；用于第三方质量管理体系认证或注册；在订货合同中引用、规定对供方质量管理体系的要求；为规范所引用，作为强制性要求；用于建立行业的质量管理体系要求的基础。

ISO 9000 标准是通用的，适用于各种类型、不同规模和提供不同产品的组织。当 ISO 9001：2008 标准的某些要求不适合用于组织时可考虑对其进行剪裁。但剪裁要符合下面两个条件：不影响组织提供满足顾客和适用法律法规要求的产品的能力；不免除组织提供满足顾客和适用法律法规要求的产品的责任。

二、质量管理的基础和术语

（一）质量管理体系基础

1. 质量管理体系说明

质量管理体系能够帮助组织增强顾客满意度，是质量管理体系基础的总纲。对质量管理体系的目的性进行了说明；顾客的需求和期望是不断变化的，组织者应不断搜集更新顾客的需求和期望记录；组织者不断改进产品质量满足顾客最新的需求和期望；组织者应掌握顾客实时需求和期望的资料。

2. 质量管理体系要求与产品要求

GB/T 19000 族标准明确地区分了质量管理体系要求与产品要求。它们是一般与特殊的关系；质量管理体系要求表述的是适合于各行业产品的要求，产品要求是特定产品的要求，不同种类的产品有不同的产品要求；质量管理体系要求由 ISO 9000 提出，产品要求由顾客需求和期望确定；产品要求和质量管理体系要求是两种不同的概念，质量管理体系要求是对产品要求的补充，对组织者来说两者具有不可替代的作用。

3. 质量管理体系方法

质量管理体系方法是“管理的系统方法”，原则在质量管理体系中的具体应用，它为质量管理体系标准的制定提供了总体框架。目的在于确保每个过程的有效性和可靠性，并通过 PDCA 循环，持续改进产品最大限度地满足顾客的期望。明确了建立和实施质量管理体系的方法步骤。

4. 过程方法

任何使用资源将输入转化为输出的活动或一组活动可视为过程。明确进行了“过程方法”的解释；“过程方法”研究过程的相互作用，把相关的过程相互作用进行管理，得到更高效的期望结果。

5. 质量方针和质量目标

质量方针是由组织的最高管理者正式发布的该组织总的质量宗旨和方向。质量目标依据质量方针制定，是组织者在质量方面所达到的目的，需要与质量方针和持续改进的承诺相一致，并是可测量的。组织以八项质量管理原则为基础，结合组织和其他相关方的需要和期望来制定质量方针和质量目标。

6. 最高管理者在质量管理体系中的作用

领导作用是质量管理八项原则之一。俗话说得好：火车跑得快，全靠车头带。因此领导在整个组织中起着关键的作用。领导根据自身发展的特点不断地变化持续改进的方法。组织中的领导层除了实施质量管理，还要为组织内部创造一个良好的工作环境，包括自然环境、人文环境、生活食宿等。

7. 文件

陈述文件的价值，并提出文件的形成本身并不是目的，它应是一项增值的活动。根据文件包含信息的不同将文件分为几种类型：质量手册、质量计划、规范、指南、形成文件的程序、作业指导书、记录。文件由两个要素构成，一是信息，二是承载媒体。媒体可以是纸张、计算机磁盘等，信息是文件的实质内容。文件的数量、详略程度及使用的媒体，应根据组织的特点，由组织自行确定。

8. 质量管理体系评价

质量管理体系评价提出的四个问题，前两个基本问题是通过表述过程的文件或相当证据的评价来实现，第三个是通过对过程实际运作或过程完成后所提供证据的评价来完成，第四个可通过过程输出与规定要求的对比评价来完成。组织质量管理体系评价有多种，典型的质量管理体系：质量管理体系审核、质量管理体系评审和自我评价。质量管理体系审核、评审和自我评定是组织不断完善发展的重要手段。

9. 持续改进

持续改进是八项质量管理原则中的一项，是增强满足要求能力的循环活动；本条文给出了持续改进的步骤和方法；应充分总结发现尽可能多的信息来源，如质量管理体系审核、评审结果和顾客及其他部门提出的信息反馈等。

10. 统计技术的作用

统计技术主要的内容为“研究变异”；组织者运用统计技术“了解变异”，掌握“变异”规律，解决由于变异引起的问题；“变异”有正常和非正常两种，它反映在产品的初端到末端的任何过程，过程中存在的变异均可采用统计技术分析解决。统计技术可帮助测量、表述、分析、说明这类变异并将其建立模型，甚至在数据相对有限的情况下也可实现。统计技术采用概率论与数理统计、统计分析等知识进行分析总结。

11. 质量管理体系与其他管理体系的关注点

质量管理体系是组织管理体系的一个组成部分；质量管理体系和其他管理体系相辅相成不可分割；在管理体系审核时，不同管理体系，可以分开进行审核，也可以合并进行。

12. 质量管理体系与优秀模式之间的关系

质量管理体系与优秀模式依据的原则相同，差别在于它们的应用范围不同；组织应以满足质量管理体系的要求作为质量工作的起点，坚持持续改进，为组织和其他相关方创造更多的效益；组织的优秀模式不是质量管理体系标准，是指国际上一些先进国家的著名的管理模式。

（二）有关质量的术语

GB/T 19000—2008《质量管理体系——基础和术语》中列出了 84 条术语，共分为 10 部分。

第一部分	有关质量的术语	6 条
第二部分	有关管理的术语	15 条
第三部分	有关组织的术语	8 条
第四部分	有关过程和产品的术语	5 条
第五部分	有关特性的术语	4 条
第六部分	有关合格(符合)的术语	13 条
第七部分	有关文件的术语	6 条
第八部分	有关检查的术语	7 条
第九部分	有关审核的术语	14 条
第十部分	有关测量过程质量保证的术语	6 条

三、质量管理的要求

（一）概述

ISO 9001：2008 将质量管理分为管理职责、资源管理、产品实现以及测量、分析和改进四个主要过程，这四个过程模式即为质量管理体系的四个基本要求和要素，它既可用于建立组织内部质量体系管理，又能用于质量保证活动。它的基本目标是使一个组织“证实其有能力稳定地提供满足顾客和符合法律法规要求的产品”。

GB/T 19001—2008《质量管理体系——要求》等同于 ISO 9001：2008。GB/T 19001—2008《质量管理体系——要求》，由引言、正文、附录三部分组成。GB/T 19001—2008 标准的目的主要包括：①能够证实组织有能力稳定地提供满足顾客和适用的法律法规要求的产品；②通过质量管理体系的有效应用，包括持续改进以及保证符合顾客与适用法律法规的要求，增强顾客满意度。GB/T 19001—2008 标准的应用范围：①适用于各种类型、不同规模和提供不同产品的组织；②能由组织内部和外部，包括认证机构用以评价组织满足顾客、法律法规和组织自己要求的能力；③用于第二方的评价、认定或注册；④用于第三方质量管理体系认证或注册；⑤为规范所引用，作为强制性要求；⑥用于建立行业的质量管理体系要求的基础。GB/T 19001—2008 标准的特点：①通用性增强，适合各行业；②使用者可以结合企业实际灵活性地选择，按标准规定的要求删减，不必照搬条款；③采用过程模式，注重过程间的联系与相互作用；④强调持续改进、增强顾客的满意度等。

（二）要求

1. 总要求

该条文是对组织建立、实施和保持质量管理体系的总体性要求。这些要求包括：

（1）组织应该依据自身的符点，建立文件化质量管理体系，并坚持持续改进。质量管理体系是组织管理体系的一个重要组成部分，组织按照 ISO 9001 的要求，结合自身特点，建立、实施并保持文件化的质量管理体系，并坚持持续改进，确保其充分性、适宜性和有效性。建立质量管理体系必须要系统地识别这些相互关联和相互作用的过程，并用文件的方式进行描述。

（2）运用过程方法管理质量管理体系。运用PDCA（策划→实施→检查→处置）循环管理方法来对质量管理体系进行管理。因此，组织者应做到以下方面：

1）识别过程。根据顾客的期望及法规要求，首先对产品进行过程分析，识别、确定并表述为实现质量目标所需的过程，然后分析、确定和设计各过程的输入、转换和输出，以及过程之间的接口及输入、输出关系，以及过程进行顺序等。

2）组织者在实施过程中，完全按照制定的相关文件（如程序文件、质量文件、规范、标准等）进行，要采用相应的监控准则和方法对过程进行实时监控，确保其有效性并达到预期的目标。

3）为了保证系统过程达到预期的目标，圆满地完成任务，组织者应确保充分的资源和过程信息，如资金、原料、人力、设备等，信息有顾客的满意程度、要求、产品加工过程中的变化等。

4）系统的过程中，组织者应按规章操作规范进行过程监控、测量和分析，以掌握过程进展的最新信息，组织者进行总结归纳，从中吸取精华，以达到持续改进，更好地满足顾客需求和期望。

2. 文件要求

（1）文件要求。质量管理体系文件是质量管理实施的基础，该条文概括了质量管理系文件编制的总要求。质量体系文件包括：形成文件的质量方针和质量目标；质量手册，是组织者向组织内部及其外部提供关于组织管理体系的整体信息；标准所要求的形成文件的程序，共有6处，文件控制、质量记录的控制、内部审核、不合格品控制、纠正措施、预防措施，确保其过程的有效策划、运行和控制所需的文件；标准所要求的记录，是持续改进的最原始材料之一，只有正确完整的记录过程实施的记录材料，才能进行有效的分析、总结和改进。文件主要包括记录、规范、程序文件、图样、报告、标准。文件可存在于任何媒体，可以是纸张、计算机磁盘、光盘或其他电子媒体，照片或标准样品，或它们的组合等。

（2）质量手册。对组织内部而言，质量手册是实施质量管理的纲领性文件，是实施质量管理体系的主要依据；对组织外部而言，它是证实组织质量管理体系符合ISO 9001标准要求的依据。质量手册是阐明组织的质量方针并描述其质量管理体系的文件。采用标准的组织均应编制质量手册，质量手册应包括：质量管理体系的范围，即产品的范围和产品实现过程的范围；文件化的程序或引用程序文件；质量管理体系所包含的过程以及过程顺序和相互作用进行描述。质量手册的结构、格式及其详略程度应由产品的类型、规模、过程的复杂程度及组织的要求等决定。

（3）文件控制。文件控制是指对文件的编制、评审、批准、发放、使用、更改、再次批准、作废、回收等系统过程的管理。文件控制的范围是与质量管理体系要求有关的文件，包括组织内部形成的文件以及从外部获得的文件。文件控制的目的是确保各场所获得并使用正确、有效的适用文件，防止因文件的差错，对质量产生不利影响。

（4）记录控制。记录的作用是为产品符合要求和对过程提供有效证据；为质量管理体系有效进行提供客观证据；为有追溯的场合提供证实；为采取纠正和预防措施提供客观证据，为持续改进提供客观的依据。记录的范围包括组织内部的，也有来自供应商、客户及其他相关方的。

标准中要求的记录内容共计27项。ISO 9000标准中要求的记录主要有：管理评审记录；人员教育、培训技能、经验和鉴定记录；证实过程和产品符合性的记录；产品要求评审及跟踪措施记录；设计输入的记录；设计评审结果及其跟踪措施的记录；设计验证结果及其跟踪措施的记录；设计确认结果及其跟踪措施的记录；设计更改评审及其跟踪措施的记录；供应商评价及跟踪措施的记录；过程确认记录；有追溯性要求的产品标识记录；顾客提供财产遗失、损坏和不适用等问题的记录；监视和测量装置校准或检定结果的记录；当无国家或国际校准标准时，应记录用以校准测量设备的依据；内部审核记录；产品测量和监控记录；不合格品的记录；纠正措施记录；预防措施记录；测量和监控设备偏离校准状态后，对原测试结果的评价记录；设备、工装验收、保养记录；产品紧急放行记录；客户投诉记录；过程测量和监控记录；内部审核中的纠正措施的跟踪验证记录；文件分发记录等。

应建立和保持记录控制的文件化程序，以建立和保持所需的记录的完整、清晰、容易识别和可检索，确保需要时可以得到。记录应真实、准确、清晰，容易辨认。记录不得随意涂改，即使笔误必须更改时，也只能是画线更改并在画线处签署更改者姓名。记录的管理包括标识、储存、保护、检索、保存期限和超期后的地方处理作出规定，这些管理是为了确保记录能够发挥其作用。

3. 管理职责

（1）管理者承诺。最高管理者在建立、实施质量管理体系和改进质量管理体系有效性的过程中负有重要职责。管理者应承诺建立和实施质量管理体系，并通过持续的改进，使质量管理体系不断发展和完善。最高管理者应承诺以下活动：①组织最高管理者以顾客满意作为最终目的，采取必要措施，满足客户。同时，对于法律、法规要求的重要性，应为组织各级人员所理解并在工作中严格遵守。②质量方针和质量目标是最高管理者正式发布的该组织的总质量宗旨和方向，管理者应对承诺以书面方式确定质量方针和质量目标。③定期进行管理评审和修订，确保质量管理体系的实时性、同步性和有效性，以实现持续改进。④为了使质量管理体系有效进行，满足顾客的需要和期望，组织的管理者应针对每一项质量活动确定资源要求并提供充分的资源。

（2）以顾客为关注焦点。顾客满意是指“顾客对其要求已被满足的程度的感受”。顾客满意是组织质量管理活动的宗旨，是所有质量工作的目标。最高管理者应确保使顾客满意，以提高顾客满意为目标，为此，最高管理者应树立“以顾客为关注焦点”的管理理念；应就“识别顾客需求”到“使顾客满意”的过程，做出总体原则的安排。

（3）质量方针。质量方针是由组织的最高管理者正式发布的该组织总的质量宗旨和方向。质量管理的8项基本原则是制定质量方针的基础。质量方针在内容上应与组织的宗旨相适应。质量方针要对满足顾客要求和持续改进质量管理体系的有效性作出承诺。质量方针中必须作出持续改进质量管理体系有效性的承诺；质量方针提供制定和评审质量目标的框架。

（4）策划。策划包括组织质量目标的制定和质量管理体系的策划等内容。

质量目标是组织者在质量方针的基础上，在质量方面所追求的目的；质量目标可根据方针的要求或改进的要求进行适当的调整；质量目标应是可测量的，是具体的、有针对性的；质量目标内容上包括产品要求和满足产品要求所需的内容。总的质量目标是由许多过程目标组成，包括横向过程和纵向过程，横向目标是组织中各个部门或各个单位的目标；纵向过程要实现质量目标需要分阶段进行，每个阶段都有每个阶段的目标。

质量管理体系策划的任务是根据质量统计，建立质量目标：确定质量管理体系所需的过程，并按过程方法管理质量管理体系。质量管理体系策划一般是在建立质量管理体系、改进或更新现有的质量管理体系、或者是管理体系一体化时进行的。

（5）职责、权限与沟通。最高管理者应确保组织内的职责、权限得到规定和沟通。职责、权限的确定是质量管理体系运行的组织保障。严格划分职责、权限的界限，同时理解熟悉本岗位以及与其相关的其他部门职位的职责、权限的相互关系，使这个组织成为一个有机的整体。最高管理者应将组织内的部门设置及各部门的职责、权限及相互关系以文件的形式加以规定。组织的最高管理者从管理层中指定一名管理者代表，全权委托，要对质量管理体系的建立、实施和保持负责，书面明确其职责和权限。管理者代表职责是确保质量管理体系的过程得到建立、实施和保持；负责管理质量管理体系，包括促进组织内部人员质量意识的提高，可代表组织与顾客、供方、认证机构和其他方面就质量管理体系事宜进行联系，向最高管理者报告质量管理体系的业绩以及质量管理体系需要改进的情况。管理者代表应是具有足够能力的管理者任职。

沟通是指信息在发出者与接受者之间传送的过程。沟通可以是单向的，也可以是双向的、多向的。沟通的环节包括发送者、被传送的信息、用于携带信息的媒介、接受者、接受者对信息的反映。沟通目的在于使组织内各职能和层次间人员获得所需的信息，相互了解、相互信任，共同参与，以提高质量管理体系的有效性。因此，最高管理者应该在组织内部建立沟通的制度，以确保对质量管理体系的有效性进行沟通。沟通的对象有部门之间、部门内部的横向沟通，上下级之间的纵向沟通。沟通的手段可采用多种，如通过文件、记录、简报、内部刊物传递信息，也可以通过会议、对话活动等。

（6）管理评审。管理评审由最高管理者组织实施，其目的一方面是确保质量管理体系的适宜性、充分性、有效性，另一方面是识别改进的机会，确定变更的需要。管理评审的对象是质量方针、质量目标和质量管理体系。管理评审活动的输入应为评审质量管理体系提供充分和准确的信息，如有关产品质量和过程业绩、质量管理体系的运行情况和运行结果、顾客对组织的意见、顾客需求的提升、同行的竞争等。管理评审输出是管理的评审结果。组织管理者针对评审结果对质量管理体系提出的新要求、改进的措施、整改措施的实施要进行记录并保存。

管理评审的内容有：①质量方针是否适宜？实现程度如何？是否被全体员工所理解和贯彻？质量目标是否能够达到和适宜？②组织结构、管理职能是否合适和协调？过程及其相应文件是否需要修正？③内、外部质量审核；纠正和预防措施实施效果；过程控制情况；产品质量状况等各方面的信息。④顾客的满意情况，顾客的需求、期望及投诉。⑤质量管理体系适应环境变化的应变能力和改进的需要。⑥资源，如人员、资金、设施设备、技术方法等，是否配置得当？能否满足实现质量方针和质量目标的要求？

4. 资源管理

资源是质量管理体系的物质基础，包括人员、资金、设施设备、技术方法、工作环境等。组织应明确实施质量管理体系的战略目标所必需的资源，并提供资源。资源提供的目的是保持质量管理体系和持续改进以提高其效率，满足顾客的要求，提高顾客的满意程度。

（1）人力资源。人力资源是质量管理体系的主要资源。人力资源管理的目的是为了确保与产品质量有关的人员能够胜任其职责，具备完成特定职责所规定任务的能力。因此，组织应确定从事影响产品质量工作的人员所必要的能力，如教育、培训、技能和经验，提供培训或采取其他措施以满足这些需求，同时提高员工的素质，并使员工认识到所从事活动的相关性和重要性，明白如何为实现质量目标做贡献。

组织者应根据任职岗位、法律法规的要求和组织发展的需要，进行针对性的培训。首先要制订培训计划，确定培训的内容如岗位技能培训、质量意识培训、管理知识培训等。然后实施培训，培训期间应做好培训计划、记录等。最后，培训后要进行考核，并对培训的有效性评价，优秀的要给予表扬和奖励，不符合条件的采取措施，确保经过培训的人员具备了所需的能力。记录保存应保存每个员工的教育、培训、技能、经验和资格鉴定的记录；实施中存在的问题，如部分岗位人没有认识到培训的重要性，不能充分利用培训的机会提高自己、丰富自己的知识。

（2）基础设施。基础设施是组织运行所必需的设施、设备和服务的系统。组织应确定、提供并维护为达到产品符合要求所需要的基础设施。主要是为了实施、保持质量管理体系并持续改进其有效性的基础，也是为了符合产品要求，达到顾客满意的必备条件；维护则是为了保持基础设施能力。设施包括：a. 建筑物、工作场所和相关的设施，如厂房、车间、仓库、办公室、试验室以及供水、供电、供气设施等；b. 过程设备(硬件和软件)，如设计工具、硬件、软件、测量用仪器仪表、生产或服务提供所需的专用器具等；c. 支持性服务，如运输、通信设施、售后维修网点等。

组织应根据产品的特点识别、评价并维护相应的设施。①在质量策划中，识别需补充或更新的设施并及时提供。②在管理评审中，应评价设施配置是否适当，如不适当，应及时地采取措施予以补充或更新。③在拟订改进措施时，根据需要，适时补充或更新设施。④对设施的提供途径做出规定。⑤对设施的维护保养做出适当的规定。对设施进行维护保养，以保证设施始终能够满足实现产品符合性的要求。

（3）工作环境。工作环境是指作业时所处的一组条件，包括物理的、社会的、心理的和环境的因素。工作环境能对在环境中工作的人和物产生影响。组织应根据产品特点识别并管理对产品质量有影响的工作环境因素。主要包括：与人员有影响的环境因素，如适宜的工作方法，更利于发挥人员潜能，安全规范和防护设备的使用，人类工效学的应用等；与人和物均有影响的环境因素，如环境的温度、湿度、照明、通风、洁净度、噪声、振动和污染等。不同产品要求符合不同的环境条件，如生产食品的场所要求一定的温度和湿度，生产药品的要求超净环境等。

在质量策划中，应结合组织的具体产品的要求和实现过程的流程，进行工作环境因素的识别，就这些因素制定合理的要求并实施。在管理评审中，评价工作环境是否适当，如不适当，应及时地采取措施予以改善。在拟订改进措施时，根据需要，适时改进工作环境，确保工作环境处于受控状态且始终能满足实现产品符合性的要求。

5. 产品实现

产品实现包括产品实现的策划、与顾客有关的过程、产品的设计与开发、采购、产品生产与服务提供以及监视与测量装置的控制。产品实现实际上是若干有序的、相互关联的子过程构成的过程网络。

（1）产品实现的策划。组织应策划和开发产品实现所需的过程，并且产品实现的策划应与质量管理体系其他过程的要求相一致，策划的输出形式应适于组织的运作方式。

产品实现的策划的内容包括：①确定产品的要求和质量目标。也就是说要针对特定产品，明确其质量目标，需要具体地、有针对性地体现产品特性，从而满足顾客需求。②针对相应产品确定所需建立的过程、文件以及所需提供的资源需求。不同的产品具有不同的实现过程，即使同种产品不同质量，也有不同的过程和要求。③确定应进行的验证、确认、监控、检查和试验活动，制定产品接收准则。④确定产品实现过程中所必需的质量记录，用来证实过程适合于产品。

产品实现的策划的管理需要建立和保持产品实现的策划的程序文件。产品实现的策划的程序包括下列过程：识别策划的需要；策划的输入；策划的组织；策划的内容；策划的输出；产品的要求和质量目标；产品实现的过程及其控制方法；所需的文件和记录；产品的接收准则；所需提供的资源；产品验证、确认、监控、检查和试验的方法与要求；职责分配，必要的培训等。

（2）与顾客有关的过程。组织应了解顾客对产品的要求，调查本组织的产品是否能够满足顾客的要求，以及与顾客进行有效的沟通，以便随时了解顾客需求的变化。

在了解顾客对产品的要求基础上，初步确定对产品的要求。产品要求包括：a. 顾客规定的要求。顾客通过合同、协议、订单或口头要求提出的对产品及产品相关的要求，包括产品的交付和交付后活动的要求等。b. 顾客没有明确规定，但预期或规定用途所必要的产品要求；如顾客不能说出确切的指标，但是组织者应尽自己的最大努力去实现、满足顾客的需求。c. 产品必须符合有关的法律法规要求，如产品的安全性，食品的卫生要求等。整个系统过程必须遵守法律法规，保证其安全性。d. 组织确定的任何附加要求，如大型设备的运送、安装，组织者应主动提出免费送货上门等。

接着对初步确定的产品要求进行评审。评审的目的是保证组织者正确理解与产品相关的要求并有能力去实现这些要求。评审的时间在向顾客作出提供产品的承诺之前进行。评审的内容包括：a. 确保产品的各项要求得到规定，如规格、数量、交货期、交货地点、价格结算方式等；b. 确保与以前表述不一致的合同或订单要求得到解决；如果顾客没有以文件形式提出要求，可能口头上提出要求，组织应确保通过评审顾客的要求得到确认或在接受顾客口头要求之前对要求的确认，形成文件或做好录音记录；确定组织有无能力满足规定的要求，组织如果没有能力实现这些与产品有关的要求，需要承担的不仅仅是经济上的损失。评审结果存在两种可能的结果，一是没有出现问题，通过评审，签订合同、协议等提供产品的承诺；另一种情况是评审中发现一些问题，这些问题是如何解决的，无论哪种结果，都应做好相应的证据记录。

在产品实现的策划过程中保持与顾客的沟通十分重要。沟通是组织与顾客之间的双向行为，组织应做好售前（提供产品之前）、售中（提供产品之中）、售后（提供产品之后）的沟通。其目的是，使组织与顾客之间建立良好的联系，达到相互了解、相互信任的目的，防止并及时解决可能出现的差错和误解。沟通的内容包括：产品信息方面；询问合同或订单的处理，包括其修订；顾客反馈，掌握分析反馈的信息，尽快地解决顾客的抱怨、投诉等，以实现组织的持续改进。

（3）设计与开发。设计和开发是将要求转换为产品、过程或体系规定的特性或规范的一组过程。产品的设计与开发包括设计和开发的策划、输入、输出、评审、验证、确认以及更改的控制。

确定产品的要求和质量目标以后，应进行设计和开发策划。设计和开发策划的内容包括：根据产品类型、复杂程度、组织特点，确定与划分设计和开发过程的阶段。确定适合各阶段的设计评审、验证和确认活动；确定每项活动的职责和权限，避免出现漏洞或重复。设计和开发策划中，接口管理十分重要。应确定与产品要求有关的输入；应确保所提出的设计和开发的输出能够针对设计和开发的输入进行验证，并要在实施前得到批准。在设计的适当阶段，对该阶段设计活动的适宜性、充分性、有效性和效率进行系统性评价活动，以便评价设计和开发的结果满足要求的能力以及识别任何问题并提出必要的措施。设计评审的方法有传阅会签评审、会议评审等。为确保设计和开发输出满足输入的要求，应对依据所策划的安排设计和开发进行验证；验证通常由设计和开发人员来完成，有时可能会有其他辅助人员参加。为确保产品能够满足规定的使用要求或已知预期用途的要求，应依据所策划的安排对设计和开发进行确认；设计确认的目的通过检查和提供客观证据，确保产品能够满足预期的或规定的使用要求。确认的对象通常是最终产品，也可能是过程中的产品，也可能是模拟的产品、样件等。组织应识别设计和开发的更改，在适当时，应对设计和开发的更改进行评审、验证和确认，并在实施前得到批准。

在下列情况应进行设计更改：①在后续阶段发现了前一阶段发生的遗漏或错误；②所设计的产品难以制造、检验、维护；③应供应商、组织内部、客户的要求；④产品的功能或性能需改进；⑤有关健康、安全、使用方面的法规要求发生了变化；⑥设计评审、验证、确认后，提出要求改进、纠正和预防措施的。

（4）采购。组织所采购产品的质量直接影响到最终实现产品的质量，生产优质产品必须采购优良的原料，以保证顾客能买到所期望的合格的产品。应对全部采购活动包括采购过程、采购信息和采购品的验证进行管理。

采购过程是采购的重要组成部分，应严格控制。组织应对供应商满足组织要求的能力进行评估，并选择合格供应商。应制定选择、评价和重新评价的准则。制定评估准则时，应考虑下列一种或多种内容：提供质量保证能力；生产能力、技术水平和改进能力；服务状况等。

采购信息包括采购单、合同、招标书、技术规范、标准、质量保证协议书等。采购信息应反映拟采购品，包括产品、程序、过程和设备批准的要求，人员资格的要求；质量管理体系的要求。组织者进行采购时首先要明确所采购产品的要求，然后根据产品的要求制定相关的文件，包括质量保证文件、产品的批准程序、产品的生产程序、设备的批准要求、与采购人员有关的资料要求等。在与供方沟通前，组织应确保规定的采购要求是充分且适宜的，以确保采购品满足规定的采购要求。

产品验证是采购的主要步骤之一，目的是确保采购产品符合质量要求。采购产品的验证包括组织或顾客检验或用其他手段验证供方提供的产品。验证的方式很多，如在组织内进行检验、查问、测量、观察，也可以在供货源处进行验证。

采购物资一般分为三类：重要物资、一般物资和辅助物资。重要物资是指直接影响最终产品使用或安全性能、可能导致顾客投诉的物资。一般物资是不影响使用性能或即使稍有影响但可采取措施予以弥补的物资。辅助物资指包装材料及在生产过程中起辅助作用的物资。对重要物资，在选择评定时一般要进行书面调查、现场能力评估、样品测试、小批量试用，也可要求供应商随发运的货物提交控制记录，或要求供应商应进行100%检查。而对一般物资，则只需进行书面调查、样品测试即可。

（5）生产与服务提供。生产优质产品必须由本组织提供优质的生产和服务。提供生产和服务过程直接影响向顾客提供的产品的符合性，所以应对全部生产和服务提供的活动，包括生产和服务提供的控制、生产和服务提供过程的确认、标识与可追溯性、顾客财产以及产品防护进行管理。

组织必须具备控制生产和服务的能力，即应具有对生产和服务提供的过程进行识别、策划，使其处于受控制下的能力。首先组织应识别本组织的生产和服务的过程，并对这些过程进行策划。食品生产和服务的提供过程指加工制造、运输、销售及售后服务等。生产和服务提供的控制内容包括与产品特性相关的信息、人员、设备、设备运行和维护、操作步骤、质量要求、作业指导书、工艺参数、监测和测量装置、安全、文明等。

过程确认的对象是“特殊过程”，优质的生产和服务必须对特殊过程加以特别的关注。特殊过程是指过程的结果不能通过其后的测量或监控加以验证，或者过程结果的缺陷仅在后续的过程乃至产品的使用或服务交付后才能显露出来，或需要实施破坏性测试才能获得证实的过程。组织应对这样的过程实施确认。特殊过程确认的内容包括：对过程的评审和批准；对设备进行认可，对相关人员资格进行认定；规定作业方法和操作程序；保留相关的记录，找出需要改进和提高的地方；对变化过程的再确认等。

优质的生产和服务必须对产品特性有明确的标识和可追溯性要求。标识是指识别产品特性或状态的标志或标记。它的目的在于当有不同的产品或服务在生产和服务提供时，防止因不易区分而相混，造成混批或误用或服务差错。因此，对原材料、在制品、半成品、最终产品都需要进行标识。标识可分为产品标识(名称、类别、规格、批号等)、产品检验状态标识、产品过程状态标识等。产品标识的内容包括：产品的提供者、加工者、检验员等，产品某个过程、某种加工状态等，包括产品生产时间、批次等。产品可追溯性是指通过各种记录和标识，追溯产品原始记录，包括：明确可追溯性的要求；采用唯一性标识；记录唯一性标识；建立专门的控制系统。通常通过采用唯一性标识来识别产品的个体或批次，以确保产品经顾客消费后发现一些安全、卫生等质量问题时，组织者可以根据产品的过程记录进行追溯，并将销售到其他地方的货物召回。

组织应爱护在组织控制下或组织使用的顾客财产，应识别、验证、保护和维护供其使用或构成产品一部分的顾客财产。在内部处理和交付到预定的地点期间，组织应针对产品的符合性提供防护且防护应适用于产品的组成部分。

(6) 监视和测量装置的控制。监视和测量装置是用于监测过程或产品质量特性，或用于监视过程参数或过程产品特性的各类检测手段的总称。监视和测量装置包括：计量器具，检测仪器，仪表，试验设备，测量软件等。优质的产品实现离不开监视和测量，组织应确定需实施的监视和测量及其所需的监视和测量装置，提供证据，确保产品符合规定的要求。

6. 测量、分析和改进

(1) 总的要求。策划和实施测量、分析和改进是为了保证产品的符合性；保证质量体系的符合性；持续改进质量管理体系的有效性和效率。构成产品实现过程的各个过程都需要监视，某些过程的结果需要测量，某些过程的运行需要分析，以便加以改进。

(2) 监视与测量。监视和测量包括顾客满意、内部审核、过程及产品的监视和测量。作为对质量管理体系业绩的一种测量，组织应监视顾客关于组织是否满足其要求的相关信息，并确定获取和利用这种信息的方法。

1) 顾客满意。顾客满意指顾客对其要求已被满足程度的感受。评价顾客满意度是测量质量管理体系业绩的指标之一，可以用其来反映质量管理体系的有效性，也可为实现改进提供信息。组织应对顾客反映的这些信息进行收集、整理、分析和利用。顾客满意的程度越高，说明组织的产品不仅能满足顾客的外在期望值，也能满足顾客的潜在期望值。顾客满意与否信息获取的方法：问卷调查、走访、记录、数据分析、顾客的投诉与建议、行业报告会等。组织将搜集到的信息进行综合分析，得出顾客满意度的结论，将这些结论与相应的质量管理体系业绩的指标进行比较，用以评价质量体系的有效性，找出漏洞、缺陷、差距，采取改进措施。

2) 内部审核。内部审核是为获得证据并对其进行客观的评价，以确定满足审核准则的程度所进行的系统的、独立的并形成文件的过程。内部审核的目的是确定质量管理体系是否符合策划的安排、是否符合标准的要求及组织的实际情况、并确定是否得到有效实施与保持。审核方案是针对特定的目的和按特定的时间框架策划的一组(一次或多次)审核。组织应建立并实施审核的程序文件，在文件中对内部审核的策划、实施、审核结果的报告、审核记录的控制的职责和要求作出规定。

3）过程的监视和测量。过程的监视和测量包括过程人员操作规范的监视、设备工作能力、工艺过程参数的控制和过程完成能力、进度等。如果某过程出现问题不能达到标准，应该及时采取措施给予纠正弥补。

4）产品的监视和测量。产品的监视与测量的目的是对产品的特性进行监视和测量，以验证产品的要求是否得到满足。产品的监视和测量包括采购产品、半成品、成品。对食品企业而言，监视与测量有原料的进货检验、生产过程中的检验（工序检验）和成品检验等。监视和检测的项目应根据国家的相关法律、法规及合同的要求确定，根据要求确定检测的方法、检测的频率、检测的具体实施人员的要求、检测结果的统计与分析、结果的记录与保存、检测结果的处理等。只有规定的各阶段的监视和测量全部完成、监视和测量的结果符合规定的产品特性要求时，才能放行产品和交付服务。对于紧急放行，必须有授权人员的批准，否则不得放行。

（3）不合格品的控制。不合格是指产品或服务未能满足规定要求。组织应确保不符合产品要求的产品得到识别和控制，以防止其非预期的使用或交付。在建立 ISO 9000 质量管理体系时，不合格品控制及不合格品处置的有关职责和权限应在形成文件的程序中做出规定。在程序文件中，要规定不合格品的标识方法，记录不合格品的状况（时间、地点、批次、产品缺陷描述等），对出现的不合格进行评审的方法，不合格品的处置方法等。不合格品控制措施主要包括：a. 纠正，为消除已发现的不合格所采取的措施，包括返修、返工以及报废和其他消除不合格的措施。b. 让步，让步的过程必须确保产品是具有使用价值。c. 有些产品在交付或使用后，由组织、供方或顾客发现不合格，为防止因不合格而发生损失或减少已经发生的损失，组织要采取适当的措施，如停止提供、召回、停用、更换、致歉和赔偿等。

（4）数据分析。数据分析的目的是为了证实质量管理体系的适宜性和有效性，评估何处需要持续改进质量管理体系的有效性。数据的范围包括与顾客、产品、过程、体系有关的数据。主要有产品检验记录；顾客投诉记录；过程确认报告；生产过程中的数据；供应商的交货情况记录；顾客满意度评价结果；市场调查数据；内部审核、管理评审报告等。组织通过收集各种来源的数据，通过整理、分析和综合，建立数据与组织的计划、目标之间适当的关系，揭示事物的本质和规律，以评价组织的业绩并确定改进的领域。分析时可利用计算机分析统计软件进行，确保统计分析的可靠性。

组织应确定、收集和分析来自监视和测量的结果及其他有关来源的数据，得出相应的结果，用于确定顾客的满意度，产品的符合性，产品的特性及其趋势，以及采取措施的机会等。将数据分析的结果与组织的计划和目标进行对照，以评价组织质量管理体系的业绩、有效性和效率，并确定改进的领域。

（5）持续改进。改进是任何组织的核心部分，也是组织在市场中存在和发展的根本原因。质量的持续改进是质量管理的一部分，是致力于增强满足质量要求的能力。质量改进的目的是提高质量管理体系的有效性，并要求组织关注持续地提升其各过程的有效性和效率，以实现其方针和目标。质量改进包括持续改进、纠正措施和预防措施三方面的内容。

1）持续改进的活动主要包括：建立质量方针和质量目标，并根据持续改进的要求不断调整；利用审核与数据分析的结果，识别改进的领域；对质量管理体系进行管理评审，识别改进的机会，提出改进的措施；通过纠正和预防措施消除存在问题的原因或潜在的原因，防止出现不合格的现象。

2）纠正措施是为消除已发现的不合格或其他不期望情况的原因所采取的措施。实施纠正措施首先确定不合格信息的正确性与完整性，确定不合格的原因，采取纠正措施，并对纠正措施的有效性进行跟踪评审，确定纠正措施的有效性，确保实施措施后不再出现类似情况，并做好记录，包括原因分析、纠正措施的内容、完成情况、评审的结果等。

3）预防措施是指为消除潜在不合格或其他潜在不期望情况的原因的措施。预防措施是针对尚未发生但会发生的问题，预先采取措施，防止其发生。标准要求组织建立并保持文件化的程序，并在文件中规定：确定潜在的不合格及原因；针对潜在的不合格提出预防措施，对预防措施的有效性进行评审；确定并实施所需要的预防措施。

第四节　ISO 9000 质量管理体系的建立与实施

质量管理体系的建立和实施一般包括质量体系的确立、质量体系文件的编制、质量体系的运行和质量体系认证注册四个阶段。

一、质量体系的确立

1. 管理者决策和统一认识

建立和实施质量体系的关键是企业管理者的重视和直接参与。只有管理者统一了思想，下定决心并作出正确决策，才能使企业通过实施 ISO 9000 质量管理体系建立起有效的质量管理体系。

2. 组织落实和成立贯标小组

制定政策，选择合适的人员组成贯标小组。小组成员应包括与企业质量管理有关的各个部门的人员，选出小组长，企业最高管理者应任命管理者代表具体负责质量管理体系的建立和实施。

3. 制订工作计划、实施培训

质量管理体系是现代质量管理和质量保证的结晶，要真正领会这套标准并付诸实施，就必须制订全面而周密的实施计划。为了使员工了解质量管理体系的内容及实施质量管理体系的意义，需要对各级员工进行必要的培训。

4. 制定质量方针、确立质量目标

质量方针是企业进行质量管理，建立和实施质量体系、开展各项质量管理活动的根本准则。制定质量方针时应根据企业的具体情况、发展趋势和市场形势研究确定，制定出具有特色、生动具体的质量方针。质量目标是企业在一定时期内应达到的质量目标，包括产品质量、工作质量、质量体系等方面的目标。

5. 调查现状、找出薄弱环节

企业当前存在的主要问题就是建立质量管理体系时要重点解决的内容。广泛调查本企业产品质量形成中的各阶段、各环节的质量现状，存在的问题，各部门所承担的质量职责及完成情况，相互之间的协调关系及不协调情况。在调查过程中应收集的信息包括：有关质量管理体系的标准文件或相关资料以及在以往的合同中顾客所提的一些要求；同行中质量管理体系认证企业的资料；本企业应遵循的法律、规定，以及国际贸易中相关的规定、协定、准则和惯例等。

6. 根据企业实际情况对标准内容进行合理剪裁

将调查结果与质量管理体系的内容进行对照，对标准的内容进行合理的剪裁。

7. 进行职能分配、确定资源配置

职能分配是指将所选择的质量体系要素分解成具体的质量活动，并将完成这些质量活动的相应的职责和权限分配到各职能部门。职能分配的通常做法是：一个职能部门可以负责或参与多项质量活动，但不应让多个职能部门共同负责一项质量活动。资源是质量管理体系的重要组成部分，企业应根据设计、开发、检验等活动的需要，积极引进先进的技术设备，提高设计、工艺水平，确保产品质量满足顾客的需要。

二、质量体系文件的编制

ISO 9000 族标准认为，质量体系是有影响的系统，具有很强的操作性和检查性。因此，质量管理的中心任务是建立并实施文件化的质量体系。质量体系文件由 4 部分构成：质量手册、程序文件、质量计划和质量记录。

1. 质量手册

质量手册是企业开展质量活动的纲领性文件，是企业建立、实施和保持质量体系应长期遵循的文件。它根据组织的质量方针，规定质量体系的基本结构，对质量体系及其各要素做出系统、具体、充分而又纲领性的阐述。质量手册是建立实施质量体系的主要依据，是实施和保持质量体系应长期遵循的最根本文件。因此，一个组织的质量手册要反映出组织质量体系的全貌。企业的质量手册至少包括以下内容：企业的质量方针，对质量有影响的相关人员的职责、权限和相互关系，质量体系程序文件和说明，有关质量手册本身的信息。

2. 质量体系程序文件

质量体系程序文件是质量体系文件的重要组成部分，上接质量手册，下接质量计划文件。程序文件是根据质量手册的要求编写的，为了控制每个过程的质量，对如何进行各项质量活动规定有效的措施和方法，是有关职能部门使用的文件。编制程序文件的最佳办法就是对企业现有的文件和规章制度进行整理，然后按标准的要求加以修订和补充。ISO 9000 要求建立的质量体系程序文件有文件控制程序、记录控制程序、内部审核程序、不合格品控制程序、纠正措施程序和预防措施程序。每个程序文件应包括的内容：程序文件的目的和范围，应做什么，由谁来做，何时、何地及如何去做，应使用什么材料和设备，以及如何进行控制等。质量体系程序文件有一定的格式，其格式包括：文件编号和标题、目的和适用范围、引用文件和术语、职责、工作流程、质量记录。

3. 质量计划的编制

质量计划是针对特定的产品、项目和合同，规定专门的质量措施、资源和活动顺序的文件。它由一系列文件组成，为证明产品符合要求和质量体系有效运行所必需的质量记录，包括面向产品的质量记录和面向质量体系的质量记录两大类。当企业已建立了文件化的质量体系，在编制计划时就可根据需要，对质量手册和程序文件中包含的大多数通用文件进行选择、采用或补充。当企业尚未确立明确的质量体系时，质量计划可作为一套独立的文件，对企业的质量管理作出具体的规定和要求。所有质量记录的设计应与程序文件的编制同步进行，并妥善保存。

4. 质量记录的编制

质量记录是为已完成的活动或达到的结果提供客观证据的文件。产品记录可反映产品质量形成过程的真实状况，为正确、有效地控制和评价产品质量提供客观证据。质量体系记录可如实记录企业质量体系中每个要素、过程和活动的运行状态和结果，为评价质量体系的有效性，进一步健全质量体系提供依据。

总体而言，对质量体系文件内容的基本要求是“该做的要写到，写到的要做到，做的结果要有记录，即写所需，做所写，记所做”。

三、质量体系的实施运行

质量体系的实施运行实质上是指执行质量体系文件并达到预期目标的过程，其根本问题就是把质量体系中规定的职能和要求，按部门、按专业、按岗位加以落实，并严格执行。企业可通过全员培训、组织协调、内部审核和管理评审来达到这一目的。

1. 全员培训

在质量体系的运行过程阶段，首先对全体员工进行培训，了解各自的工作要求和行为准则。通过培训，在思想上认识到新的质量体系是对过去质量体系的变革，建立新的质量体系是为了适应国际贸易发展的需要，是提高企业竞争能力的需要。

2. 组织协调

组织协调主要解决质量体系在运行过程中出现的问题。新建立的质量体系在全面实施运行之前可试运行。对于发现的问题，要及时研究解决，并对质量手册和程序文件中的内容作出相应的修改。质量体系的运行是动态的，而且涉及企业各个部门的各项活动，相互交织，因此协调工作就显得尤为重要。

3. 内部审核和管理评审

内部审核和管理评审是质量管理标准的重要内容，是质量体系运行的关键环节，也是保证质量体系有效运行的重要措施和手段。内部审核是指企业自己来确定质量活动及其有关结果是否符合计划安排，以及这些安排是否有效并适合于达到目标的有系统的独立的审查。其中心内容是：审核质量体系程序文件是否与质量手册相协调，是否执行了文件中的有关规定，是否根据规定要求、自身要求和环境变化采取了应对措施，是否需要改进所进行的综合评价。管理评审由企业最高管理者主持定期进行。

四、质量管理体系认证注册

（一）质量体系认证概述

质量认证是第三方根据程序对产品、过程和服务符合规定要求给予书面保证。质量认证是随着现代工业的发展作为一种外部质量保证的手段逐步发展起来的。起初一般采取“合格声明”的方式，以取得买方对产品质量的信任。

企业的“合格声明”并不总是可信，因此由第三方来证实产品质量的现代质量认证制度便应运而生。国际标准化委员会 1970 年建立了认证委员会，1985 年改名为合格评定委员会(CASCO)。其主要任务是研究评定产品、过程、服务和质量体系符合适用标准或其他技术规范的方法，制定有关认证方面的国际指南，促进各国和各地区合格评定制度的相互承认。

质量体系认证是由第三方公开发布质量体系标准，对企业的质量体系实施评定，评定合格的颁发质量体系认证证书，并予以注册公布，证明企业在特定的产品范围内具有必要的质量保证能力。

质量管理体系认证是依据质量管理体系标准和相应管理要求，经认证机构审核确认并通过颁发质量管理体系注册证书来证明某一组织质量管理体系运作有效，其质量保证能力符合质量保证标准的质量活动。

（二）质量管理体系认证的程序与规则

1. 认证申请、认证机构初审和签订合同

（1）认证的申请

质量管理体系认证申请方如已具备两个条件，均可自愿向某一国家认可的质量体系认证机构提出质量管理体系认证申请：持有法律证明文件(如有营业执照等)；已按质量管理体系标准(按族标准或其他公认的质量管理体系标准)建立了文件化的质量管理体系，并已有效运作至少达 3 个月。

申请人坚持自愿申请原则，向认证机构提出书面申请，并提交有关文件资料。任何组织在决定申请质量管理体系认证时应考虑两个问题：①认证的质量管理体系覆盖的产品范围，可以是全部产品，也可以是部分主导产品。②在综合考虑质量管理体系认证机构的权威性、信誉、费用等因素的基础上选择合适的质量管理体系认证机构。

然后要填报《质量管理体系认证申请书》，并提交规定的文件资料。申请人提交一份正式的应由其授权代表签署的申请书，申请书或其附件应包括：①申请方简况，如组织的性质、名称、地址、法律地位以及有关人力和技术资源。②申请认证覆盖的产品或服务范围。③法人营业执照复印件，必要时提供资质证明、生产许可证复印件。④咨询机构和咨询人员名单。⑤最近一次国家产品质量监督检查情况。⑥有关质量体系及活动的一般信息。⑦申请人同意遵守认证要求，提供评价所需要的信息。⑧对拟认证体系所适用的标准的其他引用文件说明。

（2）认证机构初审。质量管理体系认证机构在收到认证申请书之日起60日内必须进行初审，以确定是否受理认证申请，并根据申请人的需要提供有关公开文件。如确定受理认证申请，则应向申请方发出《受理申请通知书》，约定签订认证合同时间；如确定不受理，也应当书面通知申请方，说明不受理的具体理由，以确保：

1）认证的各项要求规定明确，形成文件并得到理解。

2）认证中心与申请方之间在理解上的差异得到解决。

3）对于申请方申请的认证范围、运作场所及一些特殊要求，如申请方使用的语言等，认证机构有能力实施认证。

4）必要时认证中心要求受审核方补充材料和说明。

（3）签订认证合同。质量管理体系认证合同一般包括下列内容。

1）认证依据的质量管理体系标准包括 ISO 9001 标准剪裁的说明。

2）认证时间、地点及主要工作内容，如文件审查范围，现场审核范围，获证条件，以及注册后监督检查方式、频次和内容等。

3）甲乙双方的责任和义务，互相配合要求。

4）体系审核费、注册费、差旅费、监督检查费等费用金额及其收取方式。

5）争议与仲裁方式。

6）违约处理等。

7）认证合同经双方法人代表签字盖章后即生效，申请方即应预付部分认证费用。

当某一特定的认证计划或认证要求需要做出解释时，由认证中心代表负责按认可机构承认的文件进行解释，并向有关方面发布。

2. 现场审核前的准备

在签订认证合同后，认证机构应成立审核组，审核组成员名单和审核计划一起向受审核方提供，由受审核方确认。审核组一般由 2 ~ 4 人组成，其正式成员必须是注册审核员，其中至少有一名熟悉申请方生产技术特点的成员。对于审核的组成人员，若申请方认为会与本企业构成利益冲突时，可要求认证机构作出更换。

（1）组成审核组。质量管理体系认证合同生效后，认证机构应立即依据申请方的具体行业、产品等实际情况，选聘审核员，组成审核组。认证机构应将审核组名单通知委托方或受审核方，得到他们的确认。

1）审核组长。认证机构指定审核组长，组建审核组，并将申请方的资料交给审核组长。审核组长应由认证机构指定，通常应由国家注册高级审核员担任。审核组长的职责是：负责文件审查；协助审核机构选择审核员及审核组其他成员；编制审核计划，分配审核任务；指导编制审核文件，控制审核过程；及时进行组内以及与受审核方领导的信息沟通；提交审核报告；组织跟踪审核。

2）审核员职责。审核组成员由国家注册审核员担任。审核员职责：在组长指导下编制审核文件；完成所承担的审核任务：搜集证据，提交不合格报告，报告审核结果；配合和支持审核组长工作；验证所采取纠正措施的有效性。

（2）文件审核。审核组长或指定的审核员应对受审核方提交的质量管理体系文件进行评审，并与委托方、受审核方就体系文件的符合性达成一致意见。文件审核一般由审核组长负责。

质量体系文件审核的主要对象是申请方的质量手册及其他说明质量体系的材料，审核的内容包括：了解申请方的基本情况；企业产品及生产特点、人员、设备、检验手段，以往质量保证能力的业绩等；判定质量手册描述的质量体系在总体上是否符合相应的质量标准的要求；是否具有明确的质量方针和质量目标；审核质量职能的落实情况；审核质量体系要素包含了质量标准要求证实的全部质量体系要素等；了解质量体系文件的总体构成状况。

文件审核结论包括：合格，可以进行现场审核；局部不合格，要求受审核方加以改正后再进行现场审核；不合格，退回申请方直到满足要求为止。质量体系文件审核合格后，审核组到场检查之前，质量体系文件不允许做任何修改。

（3）确定审核日期。认证中心应准备在文件审核通过以后，与受审核方商定审核日期并考虑必要的管理安排。在初次审核前，审核组长应与受审核方建立联系渠道，受审核方应至少提供一次内部质量审核和管理评审的实施记录，并就审核的初步安排达成一致意见。

3. 现场审核

现场审核是审核组按事先编制的检查表所制定的检查项目，并根据现场情况适当调整后，对受审核方质量体系的具体情况和实际运行的有效性进行的深入细致的检查取证和评价的过程。审核组到申请方进行现场审核，是质量管理体系认证的关键环节，其目的是通过查证质量手册的实际执行情况，对质量体系符合性、适宜性及运行的有效性作出评价，最后判定是否真正具有满足相应质量标准的能力。审核组依据受审核方选定的认证标准在合同确定的产品范围内评定受审核方的质量管理体系，在确定的范围内申请组织质量体系，主要程序如下。

（1）召开首次会议

1）审核组应准时到达审核现场，召开一次正式的首次会议。

2）原则上要求组织的中层以上管理人员参加。

3）介绍审核组成员及分工。

4）明确审核目的、依据文件、方法和范围。

5）说明审核方式，确认审核计划及需要澄清的问题。

（2）实施现场审核。现场审核应以事实为依据，以标准或其他文件为准绳，进行信息的收集和验证，形成审核报告，作出客观公正的判断。

搜集证据对不符合项写出不符合报告单，对不符合项类型评价的原则是：

1）严重不符合项主要指质量体系与约定的质量体系标准或文件的要求不符，造成系统性、区域性严重失效的不符合或可造成严重后果的不符合，可直接导致产品质量不合格。

2）轻微的(或一般的)不符合项主要指独立的人为错误；文件偶尔未被遵守造成后果不严重，对系统不会产生重要影响的不符合等。

(3) 召开末次会议。现场审核以末次会议结束。在末次会议上，审核组应报告审核结果，宣读不合格报告，要求受审核方制定纠正措施计划；同时提交现场审核报告，并请组织对报告提出意见。

(4) 审核组编写审核报告，作出审核结论。审核报告是现场审核结果的证明文件，由审核组编写，经组长签署后，报认证机构。其审核结论有三种情况：建议通过认证；要求进行复审；要求进行重审。审核组完成内部审核后，与受审核方举行末次会议，报告审核过程总体情况、发现的不合格项、审核结论、现场审核结束后的有关安排等。

(5) 认证中心跟踪受审方对不符合项采取纠正措施的效果并加以验证。整个跟踪过程应在正式审核后3个月内完成。

4. 审批发证

认证机构根据认证评定的结论，批准给予受审核方注册，并颁发认证证书，证书由认证机构的最高管理者或授权人签发，并注明证书注册编号。

(1) 批准注册。认证机构在收到审核组提交的建议注册的质量管理体系审核报告(包括不符合报告验证材料)后，应由技术委员会进行全面的审查与评定，经审定通过后由总经理批准注册，向申请方颁发国家统一制发的质量管理体系认证证书，并予以注册。

(2) 颁发认证证书。质量管理体系认证证书上应有注册号、获准认证企业名称和地址、证书编号、涉及的产品范围、发证日期、有效年限、发证机构及其代表签名等内容。申请方可以用其(一般为质量管理体系认证证书上的质量管理体系认证机构标志和国家认可标志)做宣传，表明其已具备的质量保证能力，但不能标示在产品上，也不准以其他可能被误解为获取产品合格认证的方式使用，否则，将被处罚，甚至撤销认证注册资格。

根据规定，质量管理体系认证机构应在有关报刊或其他方式公布获准认证的组织的注册名录，包括认证合格企业名单及相应信息(注册号、体系标准号、涉及的产品范围、邮政编码、联系电话等)。

对不能批准认证的企业，认证中心要给予正式通知，说明未能通过的理由，企业再次提出申请，至少需经6个月后才能受理。

5. 获准注册后的监督

(1) 监督审核认证。证书有效期为3年。至于有些认证公司说它的证书长期有效，实际上是有前提的，就是每年两次的监督性检查，所以和有效期3年无实质上的区别，企业也不会少花钱。

在3年有效期内，认证机构应对获证组织的质量管理体系实施监督检查，每年不少于一次。监督审核的过程与初次现场审核相似，但在检查内容上有很大精简，重点检查：①上次审核或检查中发现的不合格项纠正状况；②质量管理体系是否有更改及这些更改对质量管理体系的有效性是否有影响；③随机抽查部分质量管理体系文件及部分管理部门、生产现场，是否存在不合格项；④质量管理体系中关键项目的执行情况。

（2）如监督检查中发现不合格情况，就应根据其不合格程度分别做出纠正后保持注册资格、暂停注册资格乃至撤销注册的决定。

（3）复审。当获证组织的质量管理体系发生重大变化，如体系认证范围的扩大、缩小和认证标准的变更，或相关质量事件的发生，产生较大影响等情况时，由认证机构组织复审，根据复审结果，作出换发证书或认证撤销的决定。

6. 复评

质量管理体系认证证书持有者如需在证书有效期满后继续保持注册资格时，应按认证机构的规定，在期满前规定时间内提出复评申请，认证机构要进行全面复评，以便重新确认组织的质量管理体系是否持续有效，决定是否再次颁发认证证书。质量管理体系认证机构复评合格后，换发新的质量管理体系认证证书。其复评所需的人数在认证基础无更改的情况下可比初次审核略少，大致相当于初次审核的2/3。

（1）复评的目的。复评是为验证获证组织的质量管理体系整体的持续有效性，为认证决定做出结论。

（2）复评的要求

1）复评应对获证组织在证书三年有效期内的运行情况进行评审。

2）安排复评的审核方案时应充分考虑上述评审的结果，并至少包括一次文件审核、一次现场审核。

3）复评的审核内容与初次认证相同，除此还应检查组织投诉、申诉及其所采取纠正措施的记录，并验证上次审核的不合格项的纠正措施情况。

复评应确保：

1）体系中所有要素间有效的相互影响。

2）运作变化时质量体系的整体有效性。

3）证实保持质量体系有效性的承诺。

（3）复评结论。认证机构根据复评结果，作出是否再次颁发证书的决定。

复习思考题

1. ISO 9000：2008 质量管理标准体系由哪几部分构成？

2. ISO 9000：2008 质量管理标准体系特点有哪些？

3. ISO 9000：2008 的文件包括哪些内容？

4. 质量手册应包括哪些内容？

5. 在 ISO 9000 中要求必须编制文件进行控制的程序有哪些？

6. ISO 9000 标准体系的认证程序有哪些？

第六章 食品良好生产规范（GMP）

（1）了解食品 GMP 的产生、发展、完善的过程以及在我国的实施情况；

（2）掌握食品良好生产规范的基本理论和主要内容；

（3）了解企业制定和实施良好生产规范的程序和措施。

第一节 良好生产规范概述

一、GMP 与食品 GMP

GMP(Good Manufacturing Practice)的中文意思是“良好生产规范”。它是一种特别注重在产品生产加工全过程中实施对食品安全与卫生的管理体系，也是一套贯穿于生产全程的措施、方法和技术要求。GMP 要求食品生产企业应具备良好的厂内外环境、生产设备，合理的生产过程，完善的质量管理和严格的检测系统，分别要求企业从原辅料、人员、设施设备、生产加工、包装、储藏、运输、销售和消费等产品生产全过程必须达到有关法律法规的安全卫生质量要求，确保最终产品质量稳定和安全卫生，符合法规要求。

GMP 在食品工业管理中应用，称为食品 GMP。食品 GMP 是一种具有专业特性的质量保证体系和生产管理体系。食品 GMP 要求食品加工的原料、加工的环境和设施、加工储存的工艺和技术、加工的人员等的管理都符合 GMP。它的主要目的是为了降低食品加工过程中人为的错误，防止食品在生产加工过程中受到污染或质量劣变下降，促进食品加工企业建立自主性的质量保证体系。我国食品 GMP 在发达国家食品质量管理先进方法和成功经验总结的基础上，政府以法规形式对所有食品制定了一个通用的 GMP，同时，还针对各种主要类别的食品制定一系列的专用 GMP。

二、食品 GMP 的产生、发展与完善

食品的 GMP 是从药品生产的 GMP 中发展而来的。最初药品的质量主要是通过放行前检测来保证，20 世纪 60～70 年代频繁发生的重大药物灾难，尤其是 1961 年的“畸形的原因是催眠剂反应停”事件，使人们认识到“成品抽样检验”为中心的传统质量控制方法存在诸多缺陷，它无法保证生产的药品都安全并符合质量要求，仅仅依靠检测是不能完全确保产品的质量的，还必须对生产的整个过程进行有效控制。在此背景下，1962 年美国修改了《联邦食品、药品、化妆品法》，把药品质量管理和质量保证的概念引入其中，并将全面质量管理和质量保证的概念变成法定的要求。随后，美国 FDA 根据该法的规定，组织坦普尔大学的 6 名教授编写并于 1963 年经国会颁布了世界上第一部药品良好生产规范(GMP)。

药品 GMP 在规范药品生产、提高药品质量、保证药品安全等方面取得了明显成效，FDA 将药品 GMP 的观点引入到食品生产中，于 1969 年经国会颁布了世界上第一部食品 GMP——《食品制造、加工、包装、储存的现行良好操作规范(CGMP)》，GMP 也就很快被应用于食品卫生管理中。CGMP 的发布并强制实施，对规范食品生产加工、确保食品质量与安全卫生起到了重要作用。在 CGMP 颁布后，FDA 除了对其进行修订完善外，还相继制定了 21 CFR Part 113(适用于低酸性罐头食品)等多个食品 GMP 并要求本国食品加工企业强制性执行。国际食品法典委员会(CAC)在参照 CGMP 的基础上于 1969 年发布了《食品卫生通则》(CAC/RCP 1—1969)，此后除了对该通则进行修订完善外，还相继发布了《水果蔬菜罐头的卫生操作规程》(CAC/RCP 8—1969)等 40 多个食品 GMP 并推荐给各成员国使用。欧共体理事会和欧盟委员会对食品 GMP 都非常重视，发布了 91/493/EEC 欧共体理事会指令《水产品生产和投放市场的卫生条件》、93/43/EEC 欧共体理事会指令《食品卫生》等一系列类似食品 GMP 的卫生规范和要求。于是日本、英国、新加坡和很多工业先进国家也积极采纳并制定了本国的食品 GMP，并大力推广实施。食品 GMP 已经成为国际上食品生产和质量卫生管理的基本准则。

三、GMP 在中国的发展与实施情况

自 20 世纪 80 年代以来，我国已基本建立了食品企业卫生规范和良好生产规范，极大地提高了我国食品企业的整体水平，推动了食品产业的发展。为适应我国参加 WTO 后的形势，我国进一步地加大制定和推广 GMP 的力度。

（一）卫生部颁布的国标 GMP

到目前为止，我国卫生部共颁布 20 个国标 GMP，其中 1 个通用 GMP 和 19 个专用 GMP，作为强制性标准予以发布。“食品企业通用卫生规范(GB 14881—1994)”为通用 GMP，它的主要内容包括主题内容与适应范围、引用标准、原材料采购和运输的卫生要求、工厂设计与设施的卫生要求、工厂的卫生管理、生产过程的卫生要求、卫生和质量检验的管理、成品储存和运输的卫生要求、个人卫生与健康的要求。19 个专用 GMP 是罐头、白酒、啤酒、酱油、食醋、食用植物油、蜜饯、糕点、乳品、肉类加工、饮料、

葡萄酒、果酒、黄酒、面粉、饮用天然矿泉水、巧克力、膨化食品、保健食品、速冻食品良好生产规范等。

（二）原国家商检局和国家质量监督检验检疫总局颁布的 GMP

1984 年由原国家商检局制定了类似 GMP 的卫生法规《出口食品厂、库最低卫生要求》，对出口食品生产企业提出了强制性的卫生要求。该要求经过修改，于 1994 年由原国家进出口商品检验局发布了《出口食品厂、库卫生要求》，又陆续发布了 9 个专业卫生规范，共同构成了我国出口食品 GMP 体系。

国家质量监督检验检疫总局于 2002 年 4 月颁布《出口食品生产企业卫生注册登记管理规定》，自 2002 年 5 月 20 日起施行。同时废止原国家进出口商品检验局 1994 年发布的《出口食品厂、库卫生注册细则》和《出口食品厂、库卫生要求》。《出口食品生产企业卫生注册登记管理规定》附件 2 相当于我国出口食品 GMP，其主要内容共 19 条，其核心是“卫生质量体系”的建立和有效运行，主要包括下列基本内容：卫生质量方针和目标，组织机构及其职责，生产、质量管理人员的要求，环境卫生的要求，车间及设施卫生的要求，原料、辅料卫生的要求，生产、加工卫生的要求，包装、储存、运输卫生的要求，有毒有害物品的控制，检验的要求，保证卫生质量体系有效运行的要求。

（三）国家环保局发布的有机食品 GMP

国家环保局颁布的《有机(天然)食品生产和加工技术规范》，共有 8 个部分：有机农业生产的环境；有机(天然)农产品生产技术规范；有机(天然)食品加工技术规范；有机(天然)食品储藏技术规范；有机(天然)食品运输技术规范；有机(天然)食品销售技术规范；有机(天然)食品检测技术规范；有机农业转变技术规范等。

（四）农业部发布的 GMP

农业部颁布的 GMP 有《水产品加工质量管理规范》（SC/T3009—1999，1999 年颁布，2001 年 1 月生效）；绿色食品生产技术规程；无公害食品生产规程；一些农产品生产技术规程等。

四、我国推广和实施 GMP 的意义

世界各国的生产经验和实践证实，GMP 能有效地提高食品行业的整体素质，确保食品的质量，保证产品安全卫生，保障消费者的身心健康。GMP 要求食品企业必须具备良好的生产设备，科学合理的生产工艺，完善先进的检测手段，高水平的人员素质，严格的管理体系和制度。因此，食品企业在推广和实施 GMP 的过程中必然要对原有的落后的生产工艺、设备进行改造，对操作人员、管理人员和领导干部进行重新培训，无疑对食品企业的整体素质的提高有极大的推动作用。食品加工良好生产规范充分体现了保障消费者权利的观念，保证食品安全也就是保障消费者的安全权利。有明确 GMP 标志，保障了消费者的认知权利和选择权利。同时该制度提供了消费者申述意见的途径，保障了消费者表达意见的权利。推广和实施 GMP 是国际食品贸易的必备条件，因此实

施 GMP 能提高食品产品在全球贸易的竞争力。实施 GMP 也有利于政府和行业对食品企业的监管，强制性和指导性 GMP 中确定的操作规程和要求可以作为评价、考核食品企业的科学标准。

第二节　我国良好生产规范(GMP)的主要内容

食品 GMP 是对食品加工过程各个环节实行全面质量控制的具体技术要求，是保证食品质量与安全卫生的措施和准则。对《食品安全法》归纳总结，可以看出，食品良好生产规范的主要内容包括 6 个方面：①食品工厂的组织和制度；②食品工厂设计和设施的良好生产规范；③食品原材料采购、运输和储藏的良好生产规范；④食品生产过程的良好生产规范；⑤食品生产经营人员个人卫生的良好生产规范；⑥食品检验的良好生产规范等。但是，值得注意的是，GMP 所规定的内容仅仅是要求食品生产企业必须达到的最基本条件而不是最高标准。

一、食品工厂的组织和制度

《食品安全法》规定，“食品生产经营企业应当有食品安全专业技术人员、管理人员和保证食品安全的规章制度。”因此，食品生产经营企业应当建立健全本企业或单位的食品安全管理制度，同时，加强对员工关于食品安全等方面的知识培训，配备食品安全管理和质量检验人员，做好食品质量管理和检验工作。

（一）食品质量安全管理机构

食品生产经营企业应成立专门的食品安全或食品质量检验部门，并由企业高层专门负责食品质量安全工作，把食品质量安全的日程管理工作始终贯彻于整个食品生产的各个环节。食品质量安全管理机构的主要职责是：①贯彻执行《食品安全法》及相关的质量管理体系、食品卫生标准等，切实保证食品生产过程的质量、安全和卫生的控制；②制定和完善本单位的各项质量与安全管理制度，组织开展食品质量和安全培训、检查等活动；③执行国家食品召回制度。

（二）食品生产设施的安全管理制度

在食品生产企业中，一些大型基建设施，如给水排水系统、能源系统、各种机械设备等均应按相关规定使用、清洗和保养。在食品生产过程中，所有生产设备设施应保持良好的卫生状况，整齐清洁卫生，不污染食品。与食品直接接触的机械、传送带、管道、用具、容器等用前用后清洗消毒。主要生产设备应每年至少一次维修和保养。企业厂区内卫生设施应齐全，设立数量和位置应符合一般原则要求，每名工作人员应配套 2 ~ 3 套工作服，并派专人对工作服进行定期的清洗消毒工作。

（三）食品生产废弃物和有害物的管理制度

食品生产废弃物主要是指食品生产过程中形成的废气、废水和废渣，废弃物处理不当或处理不及时会造成食品的污染或环境的污染。食品有害物包括有害生物和有害的化学物质两大类。老鼠、苍蝇、蟑螂等对食品生产具有极大的危害，被这些生物污染了的食品上带有大量细菌、病毒和寄生虫。对食品生产废弃物应严格按照国家有关“三废”排放的规定进行处理，采用三废治理技术，对产生的废物要经过合理的处理后方可进行排放，并尽量减少废物排放总量。对食品有害物，应严加控制。在食品生产场所使用的杀虫剂、洗涤剂、消毒剂包装应完全、密闭不泄漏，并应经省级卫生行政部门批准；在储藏场所标明，做到专柜储藏，专人管理，严格按照其使用方法使用。

（四）食品召回制度

《食品安全法》明确规定，“食品生产者发现其生产的食品不符合食品安全标准，应当立即停止生产，召回已经上市销售的食品，通知相关生产经营者和消费者，并记录召回和通知情况。食品经营者发现其经营的食品不符合食品安全标准，应当立即停止经营，通知相关生产经营者和消费者，并记录停止经营和通知情况。食品生产者认为应当召回的，应当立即召回。食品生产者应当对召回的食品采取补救、无害化处理、销毁等措施，并将食品召回和处理情况向县级以上质量监督部门报告。食品生产经营者未依照本条规定召回或者停止经营不符合食品安全标准的食品的，县级以上质量监督、工商行政管理、食品药品监督管理部门可以责令其召回或者停止经营。”召回的食品中，如果通过修改标签、标识、说明书等补救措施能够保证食品安全的，可以在采取补救措施后继续销售。

二、食品工厂设计和设施的良好生产规范

对于食品工厂的设计和设施方面，《食品安全法》规定，“食品生产经营应当符合食品安全标准，并符合下列要求：具有与生产经营的食品品种、数量相适应的食品原料处理和食品加工、包装、储存等场所，保持该场所环境整洁，并与有毒、有害场所以及其他污染源保持规定的距离；具有与生产经营的食品品种、数量相适应的生产经营设备或者设施，有相应的消毒、更衣、盥洗、采光、照明、通风、防腐、防尘、防蝇、防鼠、防虫、洗涤以及处理废水、存放垃圾和废弃物的设备或者设施。”

（一）食品工厂厂址的选择

在食品工厂厂址选择方面，企业应当做到：①防止厂区因周围环境的污染而造成企业污染，厂区周围不得有粉尘、烟雾、有害气体、放射性物质和其他扩散性污染物，不得有垃圾场、污水处理厂、废渣场等；②防止企业污水和废弃物对居民区的污染，应设有废水和废弃物处理设施；③要建立必要的卫生防护带，如屠宰场距居民区的最小防护带不得少于500 m，酿造厂、酱菜厂、乳品厂等不得少于300 m；④要有足够、良好的水源、能承载较高负荷的动力电源；厂址选择，有利于经处理的污水和废弃物的排出；⑤要有足够可利用的面积和较适宜的地形，以满足工厂总体平面合理布局和今后发展的要求；⑥厂区应通风、采光良好、空气清新，交通要方便。

（二）对食品工厂建筑设施的要求

食品工厂建筑设施应做到：①建筑物和构筑物的设置与分布应符合食品生产工艺的

要求，保证生产过程的连续性。②厂房应按照生产工艺流程及所要求的清洁级别进行合理布局，同一厂房和邻近厂房不得相互干扰，做到人流、物流分开，原料、半成品、成品以及废品分开，生食品和熟食品分开，杜绝交叉污染。③生产区、生活区和厂前区的布局应合理。④厂区建筑物之间的距离应符合采光、通风、防火、交通运输的需要。⑤生产车间的附属设施应齐全。⑥厂区应设有一定面积的绿化带。⑦给排水系统管道的布局要合理，生活用水与生产用水应分系统独立供应。⑧废弃物存放设施应远离生产和生活区，应加盖存放，尽快处理。

食品加工设备、工具和管道方面应做到：①在选材上，凡直接接触食品原料或成品的设备、工具或管道应无毒、无味、耐腐蚀、耐高温、不变形、不吸水，要求质材坚硬、耐磨、抗冲击、不易破碎。②在结构方面，要求食品生产设备、工具和管道要表面光滑、无死角、无间隙、不易积垢、便于拆洗消毒。③在布局上，生产设备应根据工艺要求合理定位，工序之间衔接要紧凑，设备传动部分应安装有防水、防尘罩，管线的安装尽量少拐弯、少交叉。④在卫生管理制度上，要定期检查、定期消毒、定期疏通，设备应实行轮班检修制度。

（三）对食品加工建筑物的要求

食品加工建筑物应做到：①食品工厂的厂房的高度应能满足工艺、卫生要求以及设备安装、维护、保养的要求。②生产车间的空间要便于设备的安装与维护，车间地面应平整、无裂缝、稍高于运输通道和道路路面，应做到不渗水、不吸水、无毒、防滑，便于冲洗、清扫和消毒，有特别要求的地板应做特殊处理。墙壁要用浅色、不吸水、耐清洗、无毒的材料覆盖。在离地面 1.5 ~2.0 m 的墙壁上应用白色瓷砖或其他防腐蚀、耐热、不透水的材料设置墙裙。墙壁表面应光滑平整、不脱落、不吸附，墙壁与地面的交界面要呈漫弯形，便于清洗，防止积垢。③门窗的设计不能与邻近车间的排气口直接对齐或毗邻。车间的外出门应有适当的控制，必须设有备用门。另外，在水蒸气、油烟和热量较集中的车间，屋顶应根据需要开天窗排风，天花板最低高度应在 2.4 m 以上。④防护门要求能两面开，自动关闭。车间内的通道应人流和物流分开，通道要畅通，尽量少拐弯。存放、搬运食品时，避免食品与墙体、地面和工作人员的接触而造成食品的污染。生产车间应有充足的自然光和人工照明，应备有应急照明设备。对于经常开启的门窗或天窗应安装纱门、纱窗等，防止灰尘和其他污染物进入车间。车间的空气要清洁，要求有适当的通风，可采用自然通风和机械通风，尽量要求自然通风。对一些特别食品要求对车间空气进行净化，尤其是生产保健食品的车间必须按照工艺和产品质量的要求达到不同的清洁程度。食品生产车间的清洁级别可参考药品生产 GMP 要求。⑤仓库地面要考虑防潮，加隔水材料。屋面应不积水、不渗漏、隔热，天花板应不吸水、耐温，具有适当的坡度，利于冷凝水的排除。

（四）对食品工厂卫生设施的要求

食品工厂卫生设施方面应做到：①在车间的进口处和车间内的适当地方应设置洗手设施，大约每 10 人 1 个水龙头，并在洗手设施旁边设有干手设备。在饮料、冷食等卫生要求较高的生产车间的入口应设有消毒池，一般设在通向车间的门口处。消毒池壁内侧与墙体呈45°坡形，池底设有排水口，池深15～20cm，大小应以工作人员必须通过消毒池才能进入车间为宜。食品从业人员应勤剪指甲，必要时用酒精对手进行消毒。②食品从业人员在进入车间时必须在更衣室换上清洁的隔离服，戴上帽子，以防头发上的尘埃及脱落的头发污染食品。更衣室应设在便于工作人员进入车间的位置，应有必要的更衣通风设施，并安装紫外线灯。为保持食品从业人员的个人卫生，食品工厂设置淋浴器是十分必要的，按每班工作人员计，每20～25人设置1个。③食品工厂厂区厕所应设置在生产车间的下风侧，应距生产车间25 m以外，车间的厕所应设置在车间外，其入口不能与车间的入口直接相对，一般设在淋浴室旁边的专用房内。其数量应与生产人员人数相匹配。厕所应装有洗手设施和排臭装置，厕所的排水管道应与车间分开，厕所应定期进行蚊蝇消灭处理，消毒。便池应为水冲式，并备有洗手液或消毒液，厕所每天每班清洗。

（五）对水源的要求

水源的选择应考虑2个方面：①水量必须满足生产的需要，用水量包括生产用水和非生产用水。②不同食品对水质和卫生的要求不一样，一般说来，自来水是符合卫生要求的，但自来水源多是地表水，容易受季节变化的影响，水质不稳定，如水源是地下水则不会受季节性变化的影响。对一些水质要求较高的食品，需要进行特殊的水处理。食品生产用水的净化消毒方法和安全标准请参看有关资料和国家标准。

三、食品原材料采购、运输和储藏的良好生产规范

食品加工所用原材料的质量是决定食品最终产品质量的主要因素。食品加工的原材料大多数是动、植物体生产出来的，在种植、饲养、收获、运输、储藏等过程中都会受到很多有害因素的影响而改变食物的安全性。因此，食品加工者必须从原材料采购、运输和储藏环节加强安全卫生管理。

（一）采购

对食品原材料采购的安全卫生要求主要包括对采购人员的要求、对采购原料质量的要求以及对采购原料包装物或容器的要求。

（1）采购人员的要求。采购人员应熟悉本企业所用各种食品原料、食品添加剂、食品包装材料的品种、安全标准和安全管理办法，清楚各种原材料可能存在或容易发生的安全质量问题。食品原辅材料的采购应根据企业食品加工和储藏能力有计划地进行。采购的原辅料必须验收合格后才能入库，按品种分批存放。

（2）采购原辅材料的要求。《食品安全法》规定，“食品生产者采购食品原料、食品添加剂、食品相关产品，应当查验供货者的许可证和产品合格证明文件；对无法提供合格证明文件的食品原料，应当依照食品安全标准进行检验；不得采购或者使用不符合食品安全标准的食品原料、食品添加剂、食品相关产品。食品生产企业应当建立食品原料、食品添加剂、食品相关产品进货查验记录制度，如实记录食品原料、食品添加剂、

食品相关产品的名称、规格、数量、供货者名称及联系方式、进货日期等内容。食品原料、食品添加剂、食品相关产品进货查验记录应当真实，保存期限不得少于2年。”

《食品安全法》还规定，“食品经营者采购食品，应当查验供货者的许可证和食品合格的证明文件。食品经营企业应当建立食品进货查验记录制度，如实记录食品的名称、规格、数量、生产批号、保质期、供货者名称及联系方式、进货日期等内容。食品进货查验记录应当真实，保存期限不得少于2年。实行统一配送经营方式的食品经营企业，可以由企业总部统一查验供货者的许可证和食品合格的证明文件，进行食品进货查验记录。”

通常食品原辅材料的安全标准检查由以下四个部分组成：①感官检查：感官质量是食品重要的质量指标，而且检查简单易行，结果可靠；②化学检查：食品原辅材料在质量发生劣变时都伴随有其中的某些化学成分的变化，所以常常通过测定特定的化学成分来了解食品原辅材料的安全质量；③微生物学检查：食品可因某些微生物的污染而使其新鲜度下降甚至变质，主要指标有细菌总数、大肠杆菌群、致病菌等。当然有些食品原材料的主要检查对象有所不同，如花生常常要检测黄曲霉；④食品原辅材料中有毒物质的检测。

（二）运输、储藏

食品在运输时，特别是运输散装的食品原辅材料时，严禁与非食品物资共用运输工具。食品原辅材料的运输工具应要求专用，不得使用未经清洗的运输工具。运输食品原辅材料的工具最好设置篷盖，防止运输过程中由于雨淋、日晒等造成原辅材料的污染或变质。不同的食品原辅材料应依其特性选择不同的运输工具。

食品企业必须创造一定的条件，采取合理的方法来储藏食品原辅材料，确保其卫生安全。对食品原辅材料储藏的卫生要求主要有以下几点：①储藏设施：不同原辅材料分批分空间储藏，同一库内储藏的原辅材料应不会相互影响其风味，不同物理形态的原辅材料也要尽量分隔放置。储藏不宜过于拥挤，物资之间保持一定距离，便于进出库搬运操作，利于通风。食品原辅材料储藏设施的要求依食品的种类不同而不同。②储藏作业：储藏设施的安全卫生制度要健全，应有专人负责，职责明确。原料入库前要严格按有关的安全卫生标准验收合格后方能入库，并建立入库登记制度，做到同一物资先入先出，防止原料长时间积压。应当按照保证食品安全的要求储存食品。库房要定期检查、定期清扫、消毒，及时清理变质或者超过保质期的食品。储藏温度应适宜。

四、食品生产过程的良好生产规范

食品生产过程就是原料到成品的过程，根据食品加工方式不同或成品要求的不同，食品原料要经过各种不同的加工工艺，加工好的食物经包装后就形成成品。由于食品的加工需要经过多个环节，这些环节可能会对食品造成污染，因此要求食品生产的整个过程要处于良好的卫生状态，尽量减少加工过程中食品的污染。因此必须了解不同食品生产加工工艺过程中可能造成食品污染的物质来源，指定相对应的生产过程卫生管理制度，提出必要的卫生要求，才可能较好地防止食品在加工过程中造成污染。

以下举例讲解两种食品的良好生产规范。

1. 食品罐制

原料要精心挑选，杜绝使用已腐烂或变质的原料，进行彻底整理和清洗，去掉不可食部分。对原料的杀青处理一定要充足，保证食品不会因为杀青不彻底而导致营养成分损失和风味变劣。罐制的排气、杀菌、封口一定要严格按照工艺条件进行，排气时罐中心温度一定要达到相应规定的标准，杀菌也要彻底。成品的储藏环境要求一定的温度和湿度，不宜过高。

2. 食品冷藏

冷冻之前食品要经过一定的处理，如杀青、预冷等。冷冻所用的冷水和冰必须符合饮用水的标准。使用的制冷剂绝对不能有泄漏。冷冻一定要彻底，也就是食品的中心温度一定要达到冷冻所需要的温度要求。冷冻成品在加工后的储藏和销售过程中要保持相应的温度要求。

五、食品生产经营人员个人卫生的良好生产规范

对食品生产人员个人卫生的要求，《食品安全法》规定，“食品生产经营人员应当保持个人卫生，生产经营食品时，应当将手洗净，穿戴清洁的工作衣、帽；销售无包装的直接入口食品时，应当使用无毒、清洁的售货工具。”因此，食品生产人员个人卫生应做到：①培养良好的个人卫生习惯。食品从业人员应勤剪指甲、勤洗澡、勤理发，不要用手经常接触鼻部、头发和擦嘴，不随地吐痰；不戴手表、戒指、手镯、项链、耳环。进入车间不宜化浓艳妆、涂指甲油、喷香水。上班前不准酗酒，工作时不得吸烟、饮酒、吃零食。生产车间中不得带入和存放个人日常生活用品。进入车间的非生产性人员也应完全遵守上述要求。②保持双手清洁和工作服整洁。在工作之前、大小便之后、接触不干净的生产工具之后、处理了废弃物之后必须洗手，洗手时要求使用肥皂，用流水清洗，必要时用酒精或漂白粉消毒，洗完后应烘干，指甲要经常修剪，保持清洁。进入车间必须穿戴整洁的工作服、帽、鞋等，防止头发、头屑等污染食品。工作服要求每天清洗更换，不能穿戴工作服进入废弃物处理车间和厕所。

对食品生产人员健康的要求，我国《食品安全法》规定，“食品生产经营者应当建立并执行从业人员健康管理制度。患有痢疾、伤寒、病毒性肝炎等消化道传染病的人员，以及患有活动性肺结核、化脓性或者渗出性皮肤病等有碍食品安全的疾病的人员，不得从事接触直接入口食品的工作。食品生产经营人员每年应当进行健康检查，取得健康证明后方可参加工作。”

六、食品检验的良好操作规范

《食品安全法》规定，“食品生产经营企业可以自行对所生产的食品进行检验，也可以委托符合本法规定的食品检验机构进行检验。”食品生产经营企业应成立专门的产品质量检验科，严格把关，有效预防，监督和保证出厂产品的质量，促进食品安全和质

量的不断提高。按生产的流程可将食品卫生和质量检验分为原料检验、过程检验和成品检验。原料检验是对进入加工环节的原辅料进行检验，保证原料以绝对好的状态进入加工。过程检验是在加工的各个环节对中间的半成品或制品进行检验，及时剔除生产中出现的不合格产品，将损耗降低到最低限度。成品检验是食品卫生和质量检验的最后环节，包括对成品外观检查、理化检验、微生物检验、标签和包装检验等。食品生产企业应当建立食品出厂检验记录制度，查验出厂食品的检验合格证和安全状况。食品出厂检验，应当按照有关检验规定保留样品。食品出厂检验记录应当真实，保存期限不得少于2年。

复习思考题

1. 简述在我国实施食品 GMP 的意义。
2. 简述 GMP 的定义。
3. 简述 GMP 的主要内容和具体要求。
4. 怎样协助一个食品企业建立 GMP?

第七章　卫生标准操作程序(SSOP)

(1) 理解卫生标准操作程序基本概念;

(2) 掌握卫生标准操作程序的具体内容;

(3) 能针对食品工厂案例依据 SSOP 的要求查找存在的卫生问题。

第一节　概　　述

建立、维护和实施一个良好的卫生计划是实施 HACCP 计划的基础和前提，如果没有对食品生产环境的卫生控制，即使实施 HACCP 管理，仍会导致食品不安全。无论是从人类健康的角度来看，还是从食品贸易要求来看，都需要食品生产者在一个良好的卫生条件下生产食品，必要的卫生条件是保证食品安全的基础，也是法律法规的要求。事实上，对于导致食品不安全或不合法的污染源，卫生计划就是控制它的预防措施。

一、SSOP 的定义

SSOP(Sanitation Standard Operation Procedures)是卫生标准操作程序的简称，是食品企业为了满足食品安全的要求，确保加工过程中消除不良因素，使加工的食品符合卫生要求而制定的程序。SSOP 用于指导食品生产加工过程中如何实施清洗、消毒和卫生保持等。

二、SSOP 的起源和发展

20 世纪 90 年代，美国频繁爆发食源性疾病，造成每年 700 万人次感染和 7000 人死亡。调查数据显示，其中有大半感染或死亡的原因与肉、禽产品有关。这一结果促使美国农业部(USDA)重视肉、禽产品的生产状况，并决心建立一套涵盖生产、加工、运输、销售所有环节在内的肉禽产品生产安全措施，从而保障公众的健康。1995 年 2 月颁布的《美国肉、禽产品 HACCP 法规》中第 1 次提出了要求建立一种书面的常规可行程序卫生标准操作程序（SSOP），确保生产出的食品安全。同年 12 月，美国 FDA 颁布的《美国水产品的 HACCP 法规》中进一步明确了 SSOP 必须包括的 8 个方面及验证等相关程序，从而建立了 SSOP 的体系。

SSOP 一直作为 GMP 和 HACCP 的基础程序加以实施，成为完成 HACCP 体系的重要前提条件。

三、SSOP 的基本内容

SSOP 强调食品生产车间、环境、人员及与食品接触的器具、设备中可能存在危害的预防以及清洗的措施。为确保食品在卫生状态下加工，充分保证达到 GMP 的要求，加工厂针对产品或生产场所制订并且实施一个书面的 SSOP 文件，其内容根据美国 FDA 推荐要求，至少包括八个方面：①加工用水和冰的安全性；②食品接触表面的清洁卫生；③防止交叉污染；④洗手、手消毒和卫生间设施的维护；⑤防止污染物（杂质等）造成的不安全；⑥有毒化合物（洗涤剂、消毒剂、杀虫剂等）的储存、管理和使用；⑦加工人员的健康状况；⑧虫、鼠的控制（防虫、灭虫、防鼠、灭鼠）。

四、实施 SSOP 的意义

SSOP 是由食品加工企业在食品生产中为满足 GMP 的要求而实施的过程卫生控制措施，SSOP 的正确制定和有效实施，可以减少 HACCP 计划中的关键控制点（CCP）数量，使 HACCP 体系将注意力集中在与食品或其生产过程中相关的危害控制上，而不是在生产卫生环节上。但这并不意味着生产卫生控制不重要，实际上，食品中的危害是通过 SSOP 和 HACCP 计划控制措施的组合共同予以控制的，没有谁重谁轻之分。例如，舟山冻虾仁被欧洲一些公司退货，是因为欧洲一些检验部门从部分舟山冻虾仁中查出了氯霉素超标。经调查发现，是一些员工在手工剥虾仁过程中，因为手痒，用含氯霉素的消毒水止痒，结果将氯霉素带入了冻虾仁。员工手的清洁和消毒方法、频率，应该在 SSOP 中予以明确的制定和控制。出现上述情况的原因，有可能是 SSOP 规定得不明确；或者员工没有严格按照 SSOP 的规定去做并且没有被发现。因此 SSOP 的失误，同样可以造成不可挽回的损失。

五、制定 SSOP 的要求

SSOP 必须形成文件，SSOP 的制定切忌原则性的、抽象的论述，一定要具体，具有可操作性。对各项卫生操作，都应记录其操作方式、场所、由谁负责实施等，还应考虑卫生控制程序的监测方式、监控频率、记录方式、纠正的方法等。

第二节　卫生标准操作程序(SSOP)的主要内容

一、加工用水(冰)的安全

加工用水(冰)的卫生质量是影响食品卫生的关键因素。对于任何食品的加工，首要的一点就是要保证水(冰)的安全。一个食品加工企业完整的SSOP计划，首先要考虑与食品接触或与食品接触物表面接触的水(冰)的来源与处理应符合有关规定，还要考虑非生产用水及污水处理的交叉污染问题。

(1) 食品加工者必须提供在适宜的温度下足够的饮用水(符合国家饮用水标准)。对于自备水井，通常要认可水井周围环境、深度，井口必须斜离水井以促进适宜的排水，它们也应密封以禁止污水的进入。对储水设备(水塔、储水池、蓄水罐等)要定期进行清洗和消毒。无论是城市供水还是自备水源都必须有效地加以控制，有合格证明后方可使用。

(2) 对于公共供水系统必须提供供水网络图，并清楚标明出水口编号和管道区分标记。合理地设计供水、废水和污水管道，防止饮用水与污水的交叉污染及虹吸倒流造成的交叉污染。检查期间内，水和下水道应追踪至交叉污染区和管道死水区域。

在加工操作中易产生交叉污染的关键区域如下：

水管及龙头需要一个典型的真空中断器或其他阻止回流装置以避免产生负压情况。如果水管中浸满水，而水管没有防止回流装置保护，污水可能被吸入饮用水中。

清洗/解冻/漂洗槽。水边缘之间有两倍于进水管直径的空气间隙，水位不应低于此间隙，以防止回吸。

要定期对大肠菌群和其他影响水质的成分进行分析。企业至少每月1次进行微生物监测，每天对水的pH和余氯进行监测，当地主管部门对水的全项目的监测报告每年2次。水的监测取样，每次必须包括总的出水口，一年内做完所有的出水口。取样方法：先进行消毒并放水5分钟。

对于废水排放，要求地面有一定坡度易于排水，加工用水、台案或清洗消毒池的水不能直接流到地面，地沟(明沟、暗沟)要加篦子(易于清洗、不生锈)，水流向要从清洁区到非清洁区，与外界接口要防异味、防蚊蝇。

当冰与食品或食品表面相接触时，它必须以一种卫生的方式生产和储藏。由于这些原因，制冰用水必须符合饮用水标准，制冰设备卫生、无毒、不生锈，储存、运输和存放的容器卫生、无毒、不生锈。食品与不卫生的物品不能同存于冰中。冰必须防止由于人员在其上走动引起的污染，应对制冰机内部检验以确保清洁并不存在交叉污染。

若发现加工用水存在问题，应终止使用，直到问题解决。水的监控、维护及其他问题处理都要记录并保存。

二、食品接触面的状况和清洁

保持食品接触表面的清洁是为了防止污染食品。与食品接触表面形式一般包括：直接(加工设备、工器具和台案、加工人员的手或手套、工作服等)和间接(未经清洗消毒的冷库、卫生间的门把手、垃圾箱等)两类。

(1) 食品接触表面在加工前和加工后都应彻底清洁，并在必要时消毒。加工设备和器具的清洗消毒：首先必须进行彻底清洗(除去微生物赖以生长的营养物质，确保消毒效果)，再进行冲洗，然后进行消毒(可用82℃水，消毒剂如次氯酸钠，物理方法如紫外线、臭氧等)。加工设备和器具的清洗消毒的频率：大型设备在每班加工结束之后，加工器具每2～4小时，加工设备、器具(包括手)被污染之后应立即进行。

(2) 检验者需要判断是否达到了适度的清洁，为达到这一点，他们需要检查和监测难清洗的区域和产品残渣可能出现的地方，如加工台面下或在桌子表面的排水孔内等，是产品残渣聚集、微生物繁殖的理想场所。

(3) 设备的设计和安装应易于清洁，这对卫生极为重要。设计和安装应无粗糙焊缝、破裂和凹陷，表里如一，以避开清洁和消毒化合物。在不同表面接触处应具有平滑的过渡。另一个相关问题是虽然设备设计得好，但已超过它的可用期并已刮擦或坑洼不平以致它不能被充分地清洁，那么这台设备应被修理或替换掉。

设备必须用适于食品表面接触的材料制作。要耐腐蚀、光滑、易清洗、不生锈。多孔和难于清洁的木头等材料，不能用作食品接触表面。食品接触表面是食品可与之接触的任意表面。若食品与墙壁相接触，那么这堵墙是一个产品接触表面，需要一同设计，满足维护和清洁要求。

其他的产品接触表面还包括那些人员的手接触后不再经清洁和消毒而直接接触食品的表面，例如不能充分清洗和消毒的冷藏库、卫生间的门把、垃圾箱和原材料包装。

(4) 手套和工作服也是食品接触表面，手套比手更容易清洗和消毒，如使用手套的话，每一个食品加工厂应提供适当的清洁和消毒的程序。不得使用线手套，且不易破损。工作服应集中清洗和消毒，应有专用的洗衣房，洗衣设备、能力要与实际相适应，不同区域的工作服要分开，并每天清洗消毒。不使用时它们必须储藏于不被污染的地方。

工器具清洗消毒注意事项：固定的场所或区域；推荐使用热水，注意蒸汽排放和冷凝水；要用流动的水；注意排水问题；注意科学程序，防止清洗剂、消毒剂的残留。

在检查发现问题时应采取适当的方法及时纠正，如再清洁、消毒、检查消毒剂浓度、培训员工等。记录包括检查食品接触面状况、消毒剂浓度、表面微生物检验结果等。记录的目的是提供证据，证实工厂消毒计划充分，并已执行。发现问题能及时纠正。

三、防止交叉污染

交叉污染是通过生的食品、食品加工者或食品加工环境把生物或化学的污染物转移到食品的过程。此方面涉及预防污染的人员要求、原材料和熟食产品的隔离和工厂预防污染的设计。

（1）人员要求。适宜地对手进行清洗和消毒能防止污染。手清洗的目的是去除有机物质和暂存细菌，消毒能有效地减少和消除细菌。但如果人员戴着珠宝或涂抹手指，佩戴管形、线形饰物或缠绷带，手的清洗和消毒将不可能有效。有机物藏于皮肤和珠宝或线带之间，是导致微生物迅速生长的理想部位，也是污染源。

个人物品也能导致污染，需要远离生产区存放。它们能从加工厂外引入污物和细菌，存放设施不必是精心制作的小室，但可以是一些小柜子，只要远离生产区。

禁止在加工区内吃、喝或抽烟等行为，这是基本的食品卫生要求。

皮肤污染也是一个相关点。未经消毒的肘、胳膊或其他裸露皮肤表面不应与食品或食品接触表面相接触。

（2）隔离。防止交叉污染的一种方式是工厂的合理选址和车间的合理设计布局。一般在建造以前应本着减少问题的原则反复查看加工厂草图，提前与有关部门取得联系。这个问题一般是在生产线增加产量和新设备安装时发生。

食品原材料和成品必须在生产和储藏中分离以防止交叉污染。可能发生交叉污染的例子是生、熟品相接触，或用于储藏原料的冷库储存了即食食品。原料和成品必须分开，原料冷库和熟食品冷库分开是解决这种交叉污染的最好办法。产品储存区域应每日检查。另外注意人流、物流、水流和气流的走向，要从高清洁区到低清洁区，要求人走门、物走传递口。

（3）人员操作。不正确的加工操作也能导致产品污染。当人员处理非食品的表面，然后手又未清洗和消毒就处理食品时易发生污染。

食品加工的表面必须维持清洁和卫生。这包括保证食品接触表面不受一些行为的污染，如把接触过地面的货箱或原材料包装袋放置到干净的台面上，或因来自地面或其他加工区域的水、油溅到食品加工的表面而污染。

若发交叉污染要及时采取措施防止再发生；必要时停产直到改进；如有必要，要评估产品的安全性；记录采取的纠正措施。记录一般包括每日卫生监控记录、消毒控制记录、纠正措施记录。

四、手的清洗与消毒，厕所设施的维护

手清洗和消毒的目的是防止交叉污染。一般的清洗方法和步骤为：清水洗手，擦洗洗手皂液，用水冲净洗手液，将手浸入消毒液中进行消毒，用清水冲洗，干手。

手的清洗和消毒台需设在方便之处，且有足够的数量，如果不方便的话，它们将不会被使用，流动消毒车也是一种不错的方式。但它们与产品不能离得太近，不应构成产品污染的风险。需要配备冷热混合水、皂液和干手器，或其他干手设备。手的清洗台的建造需要防止再污染，水龙头以肘动式、电动感应式或脚踏式较为理想。检查时应该包括测试一部分的手清洗台以确信它能良好地工作。清洗和消毒频率一般为：每次进入车间时；加工期间每 0.5 ~1 小时进行 1 次；当手接触了污染物、废弃物后等。但操

作过程中工作人员手或设备消毒时，必须冲洗干净，防止消毒剂的残留，成为一个污染源。

卫生间的设施要求：卫生间需要进入方便、卫生并良好维护；具有自动门，位置可与车间相连，但门不能直接朝向车间；通风良好，地面干燥，整体清洁；数量要与加工人员相适应；使用蹲坑厕所或不易被污染的坐便器；清洁的手纸和纸篓；洗手及防蚊蝇设施；进入厕所前要脱下工作服和换鞋。

五、防止食品污染

食品加工企业经常要使用一些化学物质，如润滑剂、燃料、杀虫剂、清洁剂、消毒剂等，生产过程中还会产生一些污物和废弃物，如冷凝物和地板污物等。下脚料在生产中要加以控制，防止污染食品及包装。关键卫生条件是保证食品、食品包装材料和食品接触面不被生物的、化学的和物理的污染物污染。

加工者需要了解可能导致食品被间接或不被预见的污染，而导致食用不安全的所有途径，如被润滑剂、燃料、杀虫剂、冷凝物和有毒清洁剂中的残留物或烟雾剂污染。工厂的员工必须经过培训，达到防止和认清这些可能造成污染的间接途径。可能产生外部污染的原因如下：

（1）有毒化学物的污染。非食品级润滑油被认为是污染物，因为它们可能含有毒物质；燃料污染可能导致产品污染；只能用被允许的杀虫剂和灭鼠剂来控制工厂内害虫，并应该按照标签说明使用；不恰当地使用化学品、清洗剂和消毒剂可能会导致食品外部污染，如直接的喷洒或间接的烟雾作用。当食品、食品接触面、包装材料暴露于上述污染物时，应被移开、盖住或彻底地清洗；员工们应该警惕来自非食品区域或邻近的加工区域的有毒烟雾。

（2）不卫生的冷凝物和死水产生的污染。被污染的水滴或冷凝物中可能含有致病菌、化学残留物和污物，导致产品被污染；缺少适当的通风会导致冷凝物或水滴滴落到产品、食品接触面和包装材料上；地面积水或池中的水可能溅到产品、产品接触面上，使得产品被污染；脚或交通工具通过积水时会产生喷溅。

水滴和冷凝水较常见，且难以控制，易形成霉变。一般采取的控制措施有：顶棚呈圆弧形；良好通风；合理用水；及时清扫；控制车间温度稳定；提前降温等。

（3）包装材料污染。控制方法常用通风、干燥、防霉、防鼠；必要时进行消毒；内外包装分别存放。食品储存时物品不能混放，且要防霉、防鼠等。化学品的正确使用和妥善保管等。

建议在开始生产时及工作时间每 4 小时检查 1 次，并记录每日卫生控制情况。避免任何可能污染食品或食品接触面的掺杂物掺入。

六、有毒化学物质的标记、储存和使用

食品加工需要特定的有毒物质，这些有害有毒化合物主要包括：洗涤剂、消毒剂（如次氯酸钠）、杀虫剂、润滑剂、实验室用药品（如氰化钾）、食品添加剂（如亚硝酸

钠）等。使用时必须小心谨慎，按照产品说明书使用，做到正确标记、安全储存，否则会导致企业加工的食品被污染的风险。

所有这些物品需要适宜的标记并远离加工区域，应有主管部门批准生产、销售、使用的证明；主要成分、毒性、使用剂量和注意事项；带锁的柜子；要有清楚的标志、有效期；严格的使用登记记录；自己单独的储藏区域，如果可能，清洗剂和其他毒素及腐蚀性成分应储藏于密闭储存区内；要有经过培训的人员进行管理。

七、员工的健康与卫生控制

食品加工者（包括检验人员）是直接接触食品的人，其身体健康及卫生状况直接影响食品卫生质量。加强对患病、有外伤或其他身体不适的员工进行管理。员工的健康要求一般包括：①不得患有碍食品卫生的传染病（如肝炎、结核等）；②不能有外伤、化妆、佩戴首饰和带入个人物品；③必须具备工作服、帽、口罩、鞋等，并及时洗手消毒。

应持有效的健康证，制订体检计划并设有健康档案，包括所有和加工有关的人员及管理人员，应具备良好的个人卫生习惯和卫生操作习惯。

涉及有疾病、伤口或其他可能成为污染源的人员要及时隔离。

食品生产企业应制订有卫生培训计划，定期对加工人员进行培训，并记录存档。

八、虫害的防治

害虫主要包括啮齿类动物、鸟和昆虫等携带某种人类疾病源菌的动物。通过害虫传播的食源性疾病的数量很多，因此虫害的防治对食品加工厂是至关重要的。害虫的灭除和控制包括加工厂（主要是生产区）全范围，甚至包括加工厂周围，重点是厕所、下脚料出口、垃圾箱周围、食堂、储藏室等。食品和食品加工区域内保持卫生对控制害虫至关重要。

去除昆虫、害虫的滋生地，如废物、垃圾堆积场地、不用的设备、产品废物和未除尽的植物等。重点控制厂房的窗、门和其他开口，如开的天窗、排污洞和水泵管道周围的裂缝等。采取的主要措施包括：清除滋生地和预防进入的风幕、纱窗、门帘，适宜的挡鼠板、翻水弯等；还包括产区用的杀虫剂、车间入口用的灭蝇灯、粘鼠胶、捕鼠笼等。但不能用灭鼠药。

家养的动物，如用于防鼠的猫和用于护卫的狗或宠物不允许在食品生产和储存区域。由这些动物引起的食品污染构成了与动物害虫引起的类似风险。

第三节　卫生标准操作程序（SSOP）的实例

根据美国果蔬汁 HACCP 法规要求的 SSOP 八个方面结合果蔬汁生产加工的实际，对果蔬汁生产加工过程中的卫生标准操作程序（SSOP）介绍如下。

一、加工用水的安全

1. 控制和监测

（1）加工厂内用水若取自可靠的城市供水系统，城市供水费单表明水源是安全的。每年应按国家饮用水标准全项对水质分析检测一次。

监测频率：每年一次。

（2）加工厂用水若取自自备水源（如地下水、冷凝水），地下水水源应远离居民或其他有污染可能的区域50m以上，以防止地下水受到污染，每天须进行消毒，使其符合生活饮用水标准。每年不少于两次全项目水质分析检测。

监测频率：每年两次。

（3）储水压力罐应密封、安全，保证水源不受污染。对储水压力罐每年不少于两次清洗、消毒。其程序为：清除杂物→水冲洗→200μg/g次氯酸钠喷洒→水冲洗。

监测频率：每年两次。

（4）由本厂质控部门每天进行一次余氯测定，余氯含量保持在0.03～0.5μg/g。每周进行一次细菌总数、大肠菌群检测。

监测频率：每天一次/每周一次。

（5）加工厂的水系统应由被认可的承包商设计、安装和改装，不同用途的水管用标识加以区分，备有完备的供水网络图和污水排放管道分布图以表明管道系统的安装正确性。应对加工车间水龙头进行编号。

监测频率：水管系统进行安装或改装。

（6）车间水龙头及固定进水装置（如有必要或装有软管的水龙头）应安装防虹吸装置。

监测频率：每班生产前。

2. 纠正措施

（1）加工厂用水涉及的城市供水系统、自备水系统发生故障、储水压力罐损坏或受污染时［上述（1）～（3）项］，企业应停止生产，判断何时发生故障或损坏，并将该段时间内生产的产品进行安全评估，以保证食品的安全性。

（2）水质检验结果不合格，质控部门应立即制定消毒处理方案，并进行连续监控，只有当水质符合国家饮用水质标准时，才可重新生产。

（3）如有必要，应对输水管道系统采取纠正措施，并且只有当水质符合国家饮用水质标准时，才可重新生产。

（4）不能使用未安装防虹吸装置的水龙头和固定进水装置（如有必要或装有软管的水龙头）。

3. 记录

（1）加工厂用水涉及的城市供水费单和/或水质检测报告、定期的卫生记录。

（2）储水压力罐检查报告和定期的卫生记录。

（3）水中余氯/细菌总数、大肠菌群检测记录。

（4）供、排水管道系统检查报告和定期的卫生记录。

（5）每日卫生控制记录。

二、果蔬汁接触面的状况和清洁

1. 控制和监测

（1）车间内所有生产设备、管道及工器具均应采用不锈钢材料或食品级聚乙烯材料制造，完好无损且表面光滑无死角，车间地面、墙壁、果池内表面应平滑，易于清洗和消毒。卫生监督员应对上述设备及设施进行检查，以确定是否充分清洁。

监测频率：每月一次。

（2）果蔬汁接触面的清洗、消毒

1）换班间隙，应将设备上的黏附物冲洗处理干净。每生产加工 24 小时，须对所有管道设备进行一次清洗消毒。清洗的步骤是：先用 85℃ 的热水将设备、管道清洗干净，再用浓度为 1%～3% 的热碱液清洗，最后用 85℃ 热水清洗。清洗后水检测 pH 为 7 左右。卫生监督员在使用消毒剂前应对其种类、剂量、浓度等进行检查，并负责检查是否进行了清洗和消毒。

监测频率：每班开工前。

2）加工用工器具每 4 小时清洗消毒一次。清洗消毒步骤：水洗→100μg/g 次氯酸钠溶液清洗→85℃ 热水清洗干净。卫生监督员负责检查消毒剂浓度以及是否清洗和消毒过。

监测频率：每班开工前/每 4 小时一次。

3）脱胶罐、批次罐等每次排完料后，需用 85℃ 热水清洗消毒 20 分钟以上备用。卫生监督员负责检查是否清洗消毒。

监测频率：每次清洗消毒后。

4）休息间隙，应用水冲洗地面、墙壁。每周对地面和墙壁进行一次清洗消毒。清洗消毒步骤是：水洗→400μg/g 次氯酸钠溶液清洗→85℃ 热水清洗干净。卫生监督员负责检查消毒剂浓度和是否清洗与消毒。

监测频率：每班开工前。

（3）员工应穿戴干净的工作服和工作鞋。捡果工序的工作人员还应穿戴干净的手套和防水围裙。企业管理人员在加工区也应穿戴干净的工作服和工作鞋。卫生监督员应监督员工手套的使用和工作服的清洁度。

监测频率：每班开工前。

2. 纠正措施

（1）彻底清洗与果蔬汁接触的设备和管道表面。

（2）重新调整清洗消毒浓度、温度和时间，对不干净的果蔬汁接触面进行清洗消毒。

（3）对可能成为果蔬汁潜在污染源的手套、工作服应进行清洗消毒或更换。

3. 记录

（1）定期卫生记录。

（2）上述（2）、（3）项的每日卫生控制记录。

三、防止交叉污染

1. 控制和监测

（1）原料果蔬不能夹杂大量泥土和异物，烂果率控制在5%以下。原料果蔬的装运工具应卫生。原料验收人员负责检查原料果蔬及其装运工具的卫生。

监测频率：每次接收原料果蔬。

（2）车间建筑设施完好，设备布局合理并保持良好。粗加工间、精加工间和包装间应相互隔离。原料、辅料、半成品、成品在加工、储存过程中要严格分开，防止交叉污染。

监测频率：每班开工前/生产、储存过程。

（3）卫生监督员和工作人员应接受安全卫生知识培训，企业管理人员应对新招聘的卫生监督员和工作人员进行上岗前的食品安全卫生知识和操作培训。

监测频率：雇佣新的卫生监督员或工作人员上岗前。

（4）工作人员的操作不得导致交叉污染（穿戴的工作服、帽和鞋，使用的手套，手的清洁，个人物品的存放，工作人员在车间的吃喝、串岗，工作鞋的消毒、工作服的清洗消毒等）。

1）进入车间的工作人员须穿戴整齐洁净的工作衣、帽、鞋；不得戴首饰、项链、手表等可能掉入果蔬汁、设备、包装容器中的物品；严禁染指甲和化妆。

2）工作人员应戴经消毒处理的无害乳胶手套，如有必要应及时更换。

3）开工前、每次离开工作台或污染后，工作人员都应清洗并消毒手或手套。

4）与生产无关的个人物品不得带入生产车间内。

5）工作人员不得在生产车间内吃零食、嚼口香糖、喝饮料和吸烟等。

6）各工序的工作人员不得串岗。

7）工作人员在进入加工车间之前，应在盛有200μg/g次氯酸钠消毒液的消毒池中对其工作鞋进行消毒。

8）加工结束后，所有的工作衣、帽统一交卫生监督员进行清洗消毒。

9）每天保证对更衣室及工作衣帽用紫外灯或臭氧发生器消毒30分钟以上。

10）卫生监督员应及时认真监督每位工作人员的操作。

监测频率：每班开工前/每4小时1次。

（5）榨汁后的残渣应及时清除出生产车间。检出的腐烂果、杂质等应放置于具有明显标志的带盖容器内，并及时运出车间。该容器应用200μg/g次氯酸钠溶液进行消毒并用水冲洗净后方可再次带入车间使用。卫生监督管理员负责监督检查残渣、腐烂果及杂质的清理情况和容器的卫生状况。

监测频率：每班开工前/每 4 小时 1 次。

（6）厂区排污系统应畅通、无积淤，并设有污水处理系统，污水排放符合环保要求。车间内地面应有一定的坡度并设明沟以利排水，明沟的侧面和底面应平滑且有一定弧度。车间内污水应从清洁度高的区域流向清洁度低的区域，工作台面的污水应集中收集通过管道直接排入下水道，防止溢溅，并有防止污水倒流的装置。卫生监督员检查污水排放情况。

监测频率：每班开工前/每 4 小时 1 次。

（7）车间内不同清洁作业区所用工器具，应有明显不同的标识，避免混用。卫生监督员应检查是否正确使用。

监测频率：每班开工前/每 4 小时 1 次。

2. 纠正措施

（1）拒收带有过多泥土、异物及腐烂严重的原料果蔬。

（2）卫生监督员应对可能造成污染的情况加以纠正，并要评估果蔬汁的质量。

（3）新上岗的卫生监督员及员工应接受安全卫生知识培训和操作指导。

（4）工作人员在工作衣帽穿戴、发和须防护、首饰佩戴、手套使用、手的清洗、个人物品带入车间、车间内有吃喝现象、进入车间时工作鞋的消毒等方面存在问题时，应对其及时予以纠正。

（5）清除残渣、腐烂果及杂质。重新清洗消毒容器。

（6）请维修人员对排水问题加以解决。

（7）卫生监督员及时纠正工器具混用问题。

3. 记录

（1）原料验收记录。

（2）每日卫生控制记录。

（3）定期的卫生控制记录和人员培训记录。

（4）上述的（4）~（7）项的每日卫生控制记录。

四、手的清洗、消毒及卫生间设施的维护

1. 控制和监测

（1）卫生间应与更衣室、车间分开，其门不得正对车间门。卫生间应设有非手动门并应维护其设施的完整性。每天下班后须进行清洗和消毒。卫生监督员负责检查卫生间设施及卫生状况。

监测频率：每班开工前/生产过程每 4 小时 1 次。

（2）车间入口处、卫生间内及车间内须有洗手消毒设施。洗手设施包括：非手动式水龙头、皂液容器、50μg/g 次氯酸钠消毒液和干手巾（最好为一次性）等，并有明显的标示。应在开工前、每次离开工作台后或被污染时清洗和消毒手。卫生监督员负责检

查洗手消毒设施、消毒液的更换和浓度。

监测频率：每班开工前/生产过程每4小时1次。

2. 纠正措施

（1）重新清洗消毒卫生间，必要时进行修补。

（2）卫生监督员负责更换洗手消毒设施和更换、调配消毒剂。

3. 记录

每日卫生控制记录。

五、防止污染物造成的危害

1. 控制和监测

（1）果蔬汁生产加工企业所用清洁剂、消毒剂和润滑剂应附有供货方的使用说明及质量合格证明，其质量应符合国家卫生标准，并须经质检部门验收合格后方可入库。卫生监督员负责检查包装物料的验收情况。

监测频率：每批清洁剂、消毒剂和润滑剂。

（2）与产品直接接触的包装材料必须提供供货方的质量合格证明，其质量应符合国家卫生标准，并须经质检部门验收合格后方可入库。卫生监督员负责检查包装物料的验收情况。

监测频率：每批包装材料。

（3）包装材料和清洁剂等应分别存放于加工包装区外的卫生清洁、干燥的库房内。内包装材料应上架存放，外包装材料存放应下有垫板、上有无毒盖布，离墙堆放。卫生监督员负责检查。

监测频率：每天1次/每4小时1次。

（4）应在灌装室内安装臭氧发生器，必要时安装空气净化系统。于每次灌装前进行不低于半小时的灭菌。灌装间应通风良好，防止冷凝物污染产品及其包装材料。加工车间应使用安全性光照设备。卫生监督员负责检查。

监测频率：每班开工前。

（5）设备应维护良好，无松动、无破损、无丢失的金属件，卫生监督员负责检查设备情况。

监测频率：每班开工前。

（6）果汁灌装结束，应按不同品种、规格、批次加以标识，并尽快存放于0～5℃的冷藏库内。冷藏库配有温度自动控制仪和记录仪，应保持清洁，定期进行消毒、除霜、除异味。卫生监督员负责检查冷藏库的温度及卫生情况。

监测频率：灌装结束/24小时1次。

（7）生产用燃料（煤、柴油等）应存放在远离原料和成批果品果蔬汁的场所。卫生监督员检查。

监测频率：每天1次。

（8）车间应通风良好，不得有冷凝水。卫生监督员检查。

监测频率：生产中每4小时1次。

2. 纠正措施

（1）无合格证明的清洁剂、消毒剂、润滑剂和包装材料［上述（1）（2）项］拒收。

（2）存放不当的包装材料和清洁剂等应正确存放。

（3）对可能造成产品污染的情况加以纠正并评估产品质量。

（4）必要时进行维修。

（5）对违反冷库管理及消毒规定的情况，应及时加以纠正。

（6）生产用燃料（煤、柴油等）接近原料和成批果品果蔬汁时应及时纠正。

（7）车间若通风不畅，集结有冷凝水时应加大排风换气。

3. 记录

上述（1）与（2）项的清洁剂、消毒剂、润滑剂和包装材料验收记录。

上述（3）~（7）项的每日卫生控制记录。

六、有毒化合物的标记、储藏和使用

1. 控制和监测

（1）生产加工中（清洗用的强酸强碱、生产中和实验室检测用有关试剂等）使用的所有有毒化合物必须有生产厂商提供的产品合格证明或含有其他必要的信息文件。

监测频率：每批有毒化合物。

（2）所有有毒化合物应在明显位置正确标记并注明生产厂商名、使用说明。储存于加工和包装区外的单独库房内，须由专人保管。并不得与食品级的化学物品、润滑剂和包装材料共存于同一库房内。卫生监督员应检查其标签和仓库中的存放情况。

监测频率：每天1次。

（3）须严格按照说明及建议操作使用。由专人进行分装操作，应在分装瓶的明显位置正确标明本化学物的常用名，并不得将有毒化学物存放于可能污染原料、果蔬汁或包装材料的场所。卫生监督员负责检查标识和分装、配制情况。

监测频率：每次分装、配制、使用。

2. 纠正措施

（1）无产品合格证明等资料的有毒化合物拒收，资料不全的应先单独存放，直到获得所需资料方可接受。

（2）标记或存放不当的应纠正。

（3）未合理使用有毒化学物的工作人员应接受纪律处分或再培训，可能受到污染的果蔬汁应销毁，分装瓶标识不明显时应予以更正。

3. 记录

（1）定期的卫生控制记录。

（2）上述（2）、（3）项的每日卫生控制记录。

七、员工的健康

1. 控制和监测

（1）发现工作人员因健康可能导致果蔬汁污染时，应及时将可疑的健康问题汇报给企业管理人员。

（2）卫生监督员应检查工作人员有无可能污染果蔬汁的受感染的伤口。

监测频率：每天开工前/生产中每 4 小时 1 次。

（3）从事果汁加工、检验及生产管理人员，每年至少进行一次健康检查，必要时做临时健康检查。新招聘人员必须体检合格后方可上岗。企业应建立员工健康档案。

监测频率：每年 1 次/新招聘工作人员上岗前。

2. 纠正措施

（1）应将可能污染果蔬汁的患病工作人员调离原工作岗位或重新分配其不接触果蔬汁的工作。

（2）受伤者应调离原工作岗位或重新分给其不接触果蔬汁的工作。

（3）未及时体检的员工应进行体检，体检不合格的，调离原工作岗位或不许上岗。

3. 记录

（1）上述（1）、（2）项的每日卫生控制记录。

（2）上述（3）项的定期卫生控制记录。

八、鼠、虫的灭除

1. 控制和监测

（1）加工车间、储存库、物料库入口应安装塑料胶帘或风幕；车间下水管道须装水封式地漏，排水沟须备有不锈钢防护罩并在与外界相通的污水管道接口处安装铁纱网；车间的窗户、通(排)风口应安装有铁纱网；加工车间、储存库、物料库入口和通(排)风口应安装捕鼠设备。上述各设施必须完好，以防鼠、虫侵入。卫生监督员负责检查。

监测频率：每天开工前。

（2）厂区和车间地面不应存在可招引鼠、虫的垃圾、废料等污物。生产区大门应关闭。卫生监督员负责检查有无鼠、虫的存在。卫生监督员应及时向企业管理人员报告鼠害状况。

监测频率：每天开工前、生产中、生产结束。

（3）生产加工企业应定期灭除老鼠和害虫。卫生监督员负责检查。

监测频率：每月 1 次。

2. 纠正措施

（1）完善防鼠、虫的设施。

（2）及时清理招引鼠、虫的污物。
（3）定期捕灭鼠、虫。

3. 记录

（1）上述（1）、（2）项的每日卫生控制记录。
（2）上述（3）项的定期卫生控制记录

九、环境卫生

1. 控制和监测

（1）厂区应无污染源、杂物，地面平整不积水。卫生监督员负责检查。
监测频率：每天1次。
（2）应保持车间、库房、果棚干净卫生。卫生监督员负责检查。
监测频率：每天1次。
（3）应定期清理打扫厂区环境卫生和清除厂区杂草。卫生监督员负责检查。
监测频率：每周1次。

2. 纠正措施

（1）及时清理污染源、杂物，整修地面。
（2）车间、库房、果棚发现污染物、异物及时清理。
（3）定期清理打扫。

3. 记录

（1）上述（1）、（2）项的每日卫生控制记录。
（2）上述（3）项的定期卫生控制记录。

十、检验检测卫生

1. 控制和监测

（1）各生产工序的检查监督人员所使用的采样器具、检测用具应干净卫生。
监测频率：每次。
（2）实验室应干净卫生，无污染源，不得存放与检验无关的物品。
监测频率：每天1次。

2. 纠正措施

（1）使用前后及时发现及时清洗消毒。
（2）及时清理。

3. 记录

（1）上述（1）、（2）项的每日卫生控制记录。每日卫生控制记录和定期卫生控制记录格式如表7－1与表7－2。

表 7－1　每日卫生控制记录

公司名称：　　　　　　　　　　　　　　　　　　　　　　日期：
地址：　　　　　　　　　　　　　　　　　　　　　　　　班次：

控制内容		开工前	4 小时后	8 小时后	备注/纠正
一、加工用水的安全	水质余氯检测报告/微生物检测报告	* *			
	水龙头及其固定进水装置有防虹吸装置	* *			
二、食品接触面的状况	碱液浓度(%)/设备能达到清洁消毒的目的	* *			
	消毒液浓度(mg/kg)/工器具能达到清洁消毒的目的	* *	* *	* *	
	脱胶罐、批次罐清洁				
	消毒液浓度(mg/kg)/地面、墙壁能达到清洁消毒的目的	* *			
	接触食品的手套/工作服清洁卫生	* *			
三、预防交叉污染	工厂建筑物维修良好，原料、辅料、半成品、成品严格分开	* * * *			
	工人的操作不能导致交叉污染(穿戴工作服、帽和鞋，使用手套，手的清洁，个人物品的存放，吃喝，串岗，鞋消毒，工作服的清洗消毒等)	* *	* *	* *	
	果渣、腐烂果及杂质的清除，盛装容器的卫生	* * * *			
	厂区排污顺畅、无积水，车间地面排水充分，无溢溅、无倒流	* * * *			
	各作业区工器具标识明显，无混用	* *			
四、手的清洗消毒和卫生间设施维护	卫生间设施卫生，状况良好	* *	* *	* *	
	洗手用消毒剂浓度(mg/kg)，手清洗和消毒设施	* * * *	* * * *	* * * *	
五、防止污染物的危害	包装材料、清洁剂等的存放	* *			
	灌装间的冷凝物，加工车间光照设备的安全	* * * *			
	设备状况良好，无松动、无破损	* *			
	冷藏库的温度/卫生状况	* *			
六、有毒化合物标记	有毒化合物的标签、存放	* *			
	分装容器标签和分装操作程序正确	* *			

续表

控制内容		开工前	4小时后	8小时后	备注/纠正
七、员工健康	职工健康状况良好	＊＊			
	职工无受到感染的伤口	＊＊			
八、鼠虫的灭除	加工车间防虫设施良好	＊＊			
	工厂内无害虫	＊＊			
九、环境卫生	厂区应无污染源、杂物，地面平整不积水	＊＊			
	应保持车间、库房、果棚干净卫生	＊＊			
十、检验检测卫生	各生产工序的检查监督人员所使用的采样器具、检测用具应干净卫生	＊＊			
	实验室应干净卫生，无污染源，不得存放与检验无关的物品	＊＊			

卫生监督员： 审核：

表7－2 定期卫生控制记录

公司名称：

地址： 日期：

	项目	满意(S)	不满意(U)	备注/纠正
一、加工水的安全	城市水费单和/或水质检测报告(每年1次)			
	自备水源的水质检测报告(每年2次)			
	储水压力罐检查报告(每年2次)			
	供排水管道系统检查报告(安装、调整管道时)			
二、食品接触面的状况和清洁	车间生产设备、管道、工器具、地面、墙壁和果池内表面等食品接触面的状况(每周1次)			
三、防止交叉污染	卫生监督员、工人上岗前进行基本的卫生培训(雇用时)			
五、防止污染物的危害	清洁剂、消毒剂、润滑剂需有质量合格证明方可接收(接收时)			
	包装材料需有质量合格证明方可接收(接收时)			
六、有害化合物的标记	有害化合物需有产品合格证明或其他必要的信息文件方可接收(接收时)			
七、员工健康	从事加工、检验和生产管理人员的健康检查(上岗前/每年1次)			
八、害虫去除	害虫检查和捕杀报告(每月1次)			
九、环境卫生	清理打扫厂区环境卫生和清除厂区杂草			

卫生监督人： 审核：

复习思考题

1. 什么是 SSOP?
2. SSOP 的基本内容有哪些?
3. 怎样防止交叉污染?
4. 怎样防止虫害?
5. 员工的健康要求有哪些?

第八章　食品生产的危害分析与关键控制点(HACCP)

(1) 掌握 HACCP 的基本原理;

(2) 掌握 HACCP 的具体实施步骤;

(3) 理解 GMP、SSOP、HACCP 及 ISO 9000 族标准之间的相互关系。

第一节　概　　述

"危害分析与关键控制点"(HACCP)是一项国际认可的技术，是一种以科学为基础，通过系统性地确定具体危害及其控制措施，以保证食品免受生物性、化学性及物理性危害的预防体系，还是一种食品安全的全程控制方案，其根本目的是由企业自身通过对生产体系进行系统的分析和控制来预防食品安全问题的发生。通过食品的危害分析(hazard analysis，HA)和关键控制点(critical control points，CCP)控制，分析和查找食品生产过程的危害，确定具体的控制措施和关键控制点并实施，有效监控将食品安全预防、消除、降低到可接受水平。食品生产企业可以通过 HACCP 体系来减低、甚至防止各类食品生物性、化学性和物理性三方面的污染。

HACCP 体系涉及食品安全的所有方面，是一种从原料种植(养殖)、收获(屠宰)、加工销售到最终产品使用的体系化方法，实施该体系可将食品安全控制方法从滞后型的最终产品检验方法转变为预防性的质量保证方法。任何一个 HACCP 系统均能适应设备设计的革新、加工工艺或技术的发展变化，它是一个涉及从农田到餐桌全过程食品安全卫生的预防体系，可以适用于各类食品企业的简便、易行、合理、有效的控制体系。

一、HACCP 体系的起源与发展

1959 年美国皮尔斯柏利(Pillsbury)公司与美国航空和航天局(NASA)纳蒂克(Natick)的实验室在联合开发航天食品时形成了 HACCP 食品安全管理体系。宇航员在航天飞行中使用的食品必须安全。要想明确判断一种食品是否能为空间旅行所接受，必须做极为大量的检验。除了费用以外，每生产一批食品的很大部分都必须用于检验，仅留下小部分提供给空间飞行。这些早期的开发工作导致逐渐形成了“危害分析与关键控制点(HACCP)”体系的意识。

皮尔斯柏利公司检查了 NASA 的“无缺陷计划”（zero - defect program)，发现这种非破坏性检测系统对食品安全性采取的是一种全新的监测控制体系，这种非破坏性检验并没有直接针对食品与食品成分，而是将其延伸到整个生产过程的控制。皮尔斯柏利公司因此提出新的概念——HACCP 体系，专门用于控制生产过程中可能出现危害的位置或加工点，而这个控制过程应包括原料生产、储运过程直至食品消费。HACCP 体系被纳蒂克实验室采用及修改后，用于太空食品生产。

1971 年，皮尔斯柏利公司在美国第一次国家食品安全保护会议上首次提出了 HACCP 管理概念。1972 年，美国食品药品管理局(FDA)采纳并决定首先在低酸罐头食品生产过程中使用 HACCP 系统以防止腊肠毒菌感染，有效地控制了低酸性罐头中微生物的污染。1973 年，FDA 将 HACCP 体系应用于罐头食品生产的控制，发布了相应的法规。

几年后，FDA 将 HACCP 体系作为低酸性罐头食品法规的制定基础。1974 年以后，HACCP 概念用于食品工业已大量出现在科技文献中。1989 年，美国食品微生物咨询委员会(NACMCF)起草了《用于食品生产的 HACCP 原理的基本准则》并将它用于食品工业培训和执行 HACCP 原理的法规。1992 年以来，美国对《用于食品生产的 HACCP 原理的基本准则》做了修改和完善，形成了现行的 HACCP 七个基本原理。

美国成为最早应用 HACCP 体系的国家，并出台了一系列有关 HACCP 体系执行的法律法规，诸如《食品生产 HACCP 原理》、《HACCP 评价程序》、《冷冻食品 HACCP 一般规则》、《用于食品工业的 HACCP 进展》等，对 HACCP 体系在食品工业的实施进行强制性监督和立法。

1993 年，国际食品法典委员会推荐 HACCP 系统为目前保障食品安全最经济有效的途径。1997 年，国际食品法典委员会修改《食品卫生通则》，将 HACCP 体系应用于所有食品安全控制，并提出 HACCP 体系与质量管理体系 ISO 可兼容。

1998 ~ 2000 年，中国、加拿大、澳大利亚、丹麦、荷兰、日本、新西兰等政府和相关协会积极推动 HACCP 体系在本国食品生产企业中的应用。加拿大和日本放弃了原有的安全质量 QMP 体系，将 HACCP 体系应用于食品安全卫生控制。全球食品零售协会也发布了以 HACCP 体系为基础，包括 GMP/GDP/GAP 和 ISO 部分要素的食品安全卫生零售业准入标准。

HACCP 管理体系近十几年来在世界范围内得到广泛的应用。一些发达国家或地区，相继制定或着手制定与 HACCP 管理相关的技术性法规或文件。作为食品企业强制性的管理措施或实施指南，我国已开始进行该方面的认证工作，以保证政府推行的食品放心工程及食品质量安全市场准入制度的全面实施。2002 年，中国国家认证监管委员会发布了 HACCP 体系认证管理规定，对规范 HACCP 体系认证行为，促进 HACCP 体系在中国的应用，具有重要的意义。

二、HACCP 体系在各国食品企业中的应用

HACCP 系统作为一种有效预防和控制食品中的危害，保证食品的安全的体系，已成为世界公认的食品安全生产控制体系。

（一）HACCP 体系在美国

HACCP 体系 20 世纪 60 年代初起源于美国。1971 年美国第一届国家食品保护会议首次公布了 HACCP 体系，随之应用于低酸罐头食品生产过程中。美国食品安全检验处于 1989 年 10 月发布《食品生产的 HACCP 原理》；于 1991 年 4 月提出《HACCP 评价程序》。1992 年，美国微生物标准顾问委员会正式采纳了食品加工生产的 HACCP 体系的七个基本要素。1994 年 8 月 4 日，美国食品药品管理局（FDA）公布用于食品安全保证措施《用于食品工业的 HACCP 进展》，同时组织有关企业进行一项 HACCP 推广应用的计划，以使 HACCP 的应用扩大到其他食品企业。由于美国一半以上的海产品主要依靠国外进口，因此其对海产品生产、进口的要求和控制特别严格。1995 年 12 月，FDA 发布《安全与卫生加工、进口海产品的措施》，要求海产品的生产者执行 HACCP。该法规于 1997 年 12 月 18 日生效，即在此时间以后，凡出口到美国的海产品需提交 HACCP 执行计划等资料并符合 HACCP 要求。此外，对不同食品生产与进口的 HACCP 法规相继出台。1996 年 USDSA 颁布了畜禽肉的 HACCP 体系；美国农业部发布最后法规，要求对每种肉禽产品都执行书面卫生标准操作措施（SSOP）及改善其产品安全的 HACCP 控制系统，并指出该 SSOP 于 1998 年 1 月 26 日生效。1998 年 4 月 24 日，FDA 发布果汁加工者执行 HACCP 法规，并对果汁食品标记提出明确要求。2000 年美国 USDSA 禽肉 HACCP 法规生效。2001 年美国 FDA 发布了果蔬汁 HACCP 法规，该法规于 2002 年生效，对于中小型企业分别在 2003 年和 2004 年生效。另外对蛋品的生产，USDSA 和 FDA 联合提出包括 HACCP 在内的强制性和非强制性管理方案。FDA 还将 HACCP 体系应用到各种有关零售食品、街头食品的管理法规中。

（二）HACCP 体系在欧盟

1993 年 6 月 14 日，欧共体理事会发布有关食品卫生的指令（93/43/EEC），要求食品工厂要建立以 HACCP 为基础的体系以确保食品安全的要求。该指令第 6 条指出，如各成员国认为适宜，也可向食品工厂推荐应用欧洲标准 EN29000 系列（ISO 9000），以便使通用的卫生原则、准则在实践中付诸实施。

欧共体委员会于 1994 年 5 月 20 日发布了 94/356/EC 决议《应用欧共体理事会 91/493/EEC 指令对水产品作自我卫生检查的规定》，要求在欧洲市场上销售的水产品必须是在 91/493/EEC 规定卫生条件下，应用 HACCP 体系实施安全控制所生产的产品。

近年欧盟在经历一系列食品安全问题后，如何努力解决食品安全问题，恢复消费者对欧洲食品的信心，成为欧盟当前面对的一项重要而又棘手的任务。2000 年 1 月 12 日欧盟委员会发布了“食品安全白皮书”，为新的食品安全政策制订了一系列计划，加强从农场到餐桌的管理，增强科学在体系中的能力，确保能够高水平地保障人类健康。欧盟食品安全管理体系正在逐步形成，新的食品安全法律框架更加注重对农畜产品和新型食品质量的要求。

（三）HACCP 体系在日本

日本在 20 年前就在国内对 HACCP 系统做了介绍，1993 年，日本厚生省发表了《食用鸡加工厂 HACCP 卫生管理指南》。同年，日本政府对水产品采取“HACCP 管理办法”提出了实施方案。1998 年 5 月 8 日，日本发布了《食品制造过程高度化管理临时措施法》，将 HACCP 管理体系纳入了法规，从乳及乳制品等管理对象开始实施 HACCP 体系管理。同年 7 月 1 日，日本制定《食品制造过程高度化管理的基本方针》，对如何实施 HACCP 体系进行了详细的阐述，规定在国内的食品企业中实施“综合卫生管理制造过程 HACCP 体系认证制度”，凡通过 HACCP 体系认证的企业在税收等方面给予政策优惠。到 2000 年 6 月，已有包括乳及乳制品在内的 524 家企业通过了认证。目前日本已对约 27 种食品的 HACCP 进行了研究，包括：饮用牛奶、奶油、发酵乳、乳酸菌饮料、奶酪、冰淇淋、生面条类、豆腐、鱼糕、鱼肉火腿、炸肉、马铃薯、蛋制品、沙拉类、脱水菜、调味品、蛋黄酱、盒饭、饭团、冰冻炸虾、冷冻汉堡包、冷冻炸丸子、罐头及咖喱牛肉食品、糕点类、清凉饮料等。

（四）HACCP 体系在中国

我国从 20 世纪 80 年代开始对 HACCP 体系进行了学习和研究，并在出口食品企业试运行 HACCP 管理体系。

1990 年 3 月，国家商检局组织了包括水产品、肉类、禽类和低酸性罐头食品等在内的“出口食品安全工程的研究和应用计划”研究项目，有二百多家食品生产企业参加了这一计划。1993 年 3 月国家水产品质检中心与 FAO、中国农业部联合在青岛举办全国首次水产品质检系统 HACCP 体系培训班。1996 年 10 月，FDA 官员对山东省三个试点水产品工厂进行了考察，高度评价了工厂建立的 HACCP 体系。1997 年有 139 个企业的 HACCP 体系和 SSOP 计划及其实施获得国家商检局的批准，并于年底提交美国 FDA。FDA 对我国水产品企业 HACCP 体系的实施表示乐观，为我国水产品对美国的出口奠定了基础，此后我国水产品加工企业对欧盟的注册工作也获得了突破。

2001 年，包括 HACCP 体系认证在内的认证认可工作实现了统一管理，为全面实施 HACCP 体系提供了组织保障。2002 年 3 月 20 日，国家认监委发布第 3 号公告《食品生产企业危害分析与关键控制点 HACCP 体系管理体系认证管理规定》，并于 2002 年 5 月 1 日起施行，该规定规范了食品生产企业实施 HACCP 体系的认证监督管理工作，HACCP 体系认证管理工作实现了有法可依。

2002 年 4 月 19 日，中国国家质量监督检验检疫总局发布了第 20 号令，明确提出

《卫生注册需评审HACCP体系的产品目录》，第一次强制性要求某些食品生产企业建立和实施HACCP管理体系，将HACCP管理体系列为出口食品法规的一部分。为了适应社会的需求、国际市场的变化，我国政府于2002年5月20日起，由国家技术监督检验总局开始强制推行HACCP体系，要求凡是从事罐头、水产品（活品、冰鲜、晾晒、腌制品除外）、肉及其制品、速冻蔬菜、果蔬汁、含肉或水产品的速冻方便食品的生产企业在新申请卫生注册登记时，必须先通过HACCP体系评审，而目前已经获得卫生注册登记许可的企业，必须在规定时间内完成HACCP体系建立并通过评审。

三、HACCP体系的基本术语

《HACCP体系及其应用准则》中规定的基本术语如下。

（1）危害分析（hazard analysis）。指收集和评估有关的危害以及导致这些危害存在的资料，以确定哪些危害对食品安全有重要影响因素而需要在HACCP计划中予以解决的过程。

（2）关键控制点（critical control point，CCP）。指能够实施控制措施的步骤。该步骤对于预防和消除一个食品安全危害或将其减少到可接受水平非常关键。

（3）必备程序（prerequisite programs）。为实施HACCP体系提供基础的操作规范，包括良好生产规范（GMP）和卫生标准操作程序（SSOP）等。

（4）流程图（flow diagram）。指对某个具体食品加工或生产过程的所有步骤进行的连续性描述。

（5）危害（hazard）。指对健康有潜在不利影响的生物、化学或物理性因素或条件。

（6）显著危害（significant hazard）。有可能发生并且可能对消费者导致不可接受的危害；有发生的可能性和严重性。

（7）HACCP计划（HACCP plan）。依据HACCP原则制定的一套文件，用于确保在食品生产、加工、销售等食物链各阶段与食品安全有重要关系的危害得到控制。

（8）步骤（step）。指从产品初加工到最终消费的食物链中（包括原料在内）的一个点、一个程序、一个操作或一个阶段。

（9）控制（control）。为保证和保持HACCP计划中所建立的控制标准而采取的所有必要措施。

（10）控制点（control point，CP）。能控制生物、化学或物理因素的任何点、步骤或过程。

（11）控制措施（control measure）。指能够预防或消除一个食品安全危害，或将其降低到可接受水平的任何措施和行动。

（12）关键限值（critical limits）。区分可接受和不可接受水平的标准值。

（13）操作限值（operating limits）。比关键限值更严格的，由操作者用来减少偏离风险的标准。

（14）偏差（deviation）。指未能符合关键限值。

（15）纠偏措施（corrective action）。当针对关键控制点（CCP）的监测显示该关键控制点失去控制时所采取的措施。

（16）监测（monitor）。为评估关键控制点（CCP）是否得到控制，而对控制指标进行有计划的连续观察或检测。

（17）确认（validation）。证实 HACCP 计划中各要素是有效的。

（18）验证（verification）。指为了确定 HACCP 计划是否正确实施所采用的除监测以外的其他方法、程序、试验和评价。

四、HACCP 体系的特点

HACCP 是一个质量保证体系，是一种预防性策略，是一种简便、易行、合理、有效的食品安全保证系统，有如下特点。

（1）HACCP 体系是建立在企业良好的食品卫生管理系统的基础上的管理体系，不是一个孤立的体系。

（2）HACCP 体系是预防性的食品安全控制体系，要对所有潜在的生物的、物理的、化学的危害进行分析，确定预防措施，防止危害发生。

（3）HACCP 体系强调关键控制点的控制，在对所有潜在的危害进行分析的基础上确定哪些是显著危害，找出关键控制点。

（4）HACCP 体系的具体内容因不同食品加工过程而异，每个 HACCP 计划都反映了某种食品加工方法的专一特性。

（5）HACCP 体系是一个基于科学分析而建立的体系，需要强有力的技术支持，最重要的是企业运行实践和数据分析。

（6）HACCP 体系不是僵硬的、一成不变的、理论教条的、一劳永逸的，而是随实际工作的发展变化而不断完善的体系。

（7）HACCP 体系并不是零风险体系，而是能减少或者降低食品安全中的风险。作为食品生产企业，仅仅有 HACCP 体系是不够的，还要有相关的检验、卫生管理等手段来配合共同控制食品生产安全。

（8）HACCP 体系需要一个“实践→认识→再实践→再认识”的过程，而不是搞形式主义，走过场。企业在制定 HACCP 体系计划后，要积极推行，认真实施，不断对其有效性进行验证，在实践中加以完善和提高。

五、实施 HACCP 体系的意义

首先，我国有着丰富的食品资源和广阔的食品工业发展空间。同时我国也是农业大国，出口食品的生产、加工、销售，关系到上亿农民、尤其是为数不少的贫困地区农民的切身利益。面对国际市场竞争的日益激烈，国际技术壁垒与贸易壁垒高筑的严峻形势，HACCP 体系的推广，无疑可以使我国食品的国际贸易冲破各种壁垒约束，成功走向世界，使众多食品企业获得全新的大发展，也使广大的农民能从中获益匪浅。

其次，推行 HACCP 体系，为我国食品行业的安全卫生管理与国际接轨和促进其持续、稳定、健康发展有着极其深远的意义。

再次，HACCP 体系可以通过简单、直观、操作性强且快速的监控方法，在安全问题出现之前或对食品链中潜在的危害采取预防或纠偏措施，进行积极主动的控制与防御。

另外，推行 HACCP 体系，是我国质量监督检验检疫系统按照国际惯例和通行做法，符合国家对安全、卫生、健康、环保、反欺诈等事关国计民生等重要商品加强管理的要求，是利国利民的大事好事。

最后，在国际上，由于食品供应全球化，也使食品安全问题成为全球性的焦点与忧虑，HACCP 体系被认为是针对由食品引起疾病的最经济有效的控制系统。

第二节　HACCP 体系的基本原理

HACCP 经过多年的实际应用与修改，已被国际食品法典委员会（CAC）确认为由 7 个基本原理组成，即：

（1）危害分析（hazard analysis）。

（2）关键控制点（CCP）的确定。

（3）确保关键控制点受控的关键极限值（CL）的确定。

（4）关键控制点（CCP）监控措施的确定。

（5）纠偏措施的确定。

（6）建立健全 HACCP 体系有效运行的验证审核程序。

（7）建立 HACCP 体系原理及应用的记录文件保持系统。

一、危害分析（HA）

食品中的危害因素来自于物理性、化学性、生物性 3 个方面。危害还分为明显危害与普通危害，前者是指极有可能发生，如果不加以控制，就有可能导致消费者出现不可接受的健康或风险的危害，危害程度较大；后者是指即使发生了危害，也是消费者能够接受的健康或风险的危害，也就是所发生危害的程度相对较小。

危害分析就是针对食品原辅料选购、加工过程、产品储运、销售等方面，确定出食品各阶段潜在的危害因素，分析其可能发生的危害及危害程度大小，以及应该采取的相应控制措施。危害分析要求分析出明显危害，并加以控制；危害分析还应该避免分析出过多的危害导致顾此失彼。

危害分析以危害分析报告单和文字性分析报告的形式出现，在分析对象名称一栏中应注明成分、外来材料、加工、产品流向等有关的危害。

在任何食品的加工操作中，都不可避免地存在一些具体的危害，这些危害因原辅料、配方、操作方法、人员的生产经验和知识水平、人员的工作态度、设备器具、储存条件等不同而不同。因此，危害分析应针对具体属于哪一种危害，有的放矢地进行，才是有效的。

二、关键控制点(CCP)的确定

关键控制点(CCP)的意思是：为了将存在的危害因素降低到允许水平以下或为了能够防止、消除危害因素，采取的对食品链全程中的某一点、某一步骤、某一工序进行控制和防范。它含有3层意思，即：

(1) 预防。就是防止发生，例如，改进食品配方，防止食品添加剂这一化学性危害；又例如，调整食品pH在4.6以下或添加防腐剂，可以使致病菌无法生长；冷藏、冷冻能防止细菌生长等。

(2) 消除。就是全部彻底根除，例如，热杀菌，杀死所有的致病性细菌和腐败菌；-38℃冷冻，可以杀死寄生虫；又例如，金属探测器能消除金属这一类的物理危害。

(3) 降低到允许水平以下。意味着有些危害不能完全防止或消除掉，只能降低或减少到一定(安全)水平以下，例如，生吃或半生吃贝类，它对人体的化学性或生物性危害并不能消除，但可以通过贝类管理机构对开放性水域以及捕捞者的控制和加强管理，使这些危害降低到人体可以接受的水平以下。

关键控制点最明显的特征是给食品安全造成明显危害，换言之，只有潜在的明显危害出现的那些步骤或工序，才被视为关键控制点。它们的确定取决于危害分析的结果。例如，针对细菌性危害，在食品生产的实际中，根据食品种类的不同，一般常确定的关键控制点就有：清洗、加热、蒸煮、冷却、发酵、pH控制、添加防腐剂、干燥等工序。

已经确定的关键控制点，并非不可改变。如果出现厂址、配方、加工过程、设备器具、原辅料供应商、加工人员、卫生控制或其他支持性计划改变以及用户要求、法律法规变动，关键控制点都有可能随之而调整或改变。

另外，某些时候一个关键控制点可以同时控制多个危害。例如，实际生产中的加热杀菌工序，可以钝化生物酶、杀死对食品品质有害的微生物、消灭致病菌和寄生虫，起到控制多重危害的作用；冷冻、冷藏可以防止致病性微生物生长，也可以防止鱼、肉组织中组胺的形成。相反，有些危害则需要多个关键控制点联合起来共同完成控制。例如，鲭鱼罐头生产中，组胺生成这一危害因素，需要原料收购、缓化、切分三个关键控制点共同控制才能防范。由此可见，关键控制点具有变化的特点；而且，值得注意的是食品中危害的引入点不一定就是危害的控制点。

三、确保关键控制点受控的极限值(CL)的确定

关键控制点被确定以后，等于确定了食品容易受到潜在危害的工序，怎样使关键控制点受到控制，取决于相关的工艺参数值。对每个关键控制点需要确定一个标准值，以确保每个关键控制点都被限制，并且不超出安全值范围。这些极限值一般是温度、时间、水分活度、pH、有效余氯等的参数值，称之为关键限值(CL)。

好的关键限值应有下面几个特征。

(1) 直观，便于监测。

(2) 仅仅基于食品安全而定。

（3）允许在规定时间内。例如，罐头杀菌公式中升温时要求：在规定时间内必须达到规定的温度值。

（4）经济及时。换言之，就是只需要销毁或处理少量产品就采取纠偏行动。

（5）不能打破常规方式，打乱生产程序。

（6）不能违背或背离法律、法规。

操作者在实际工作中，为了减少偏离关键限值的风险，通常制定出比关键限值更严格的判断标准或最大、最小参数，即操作限值（OL）。它的特点是：生产中一旦发现可能有偏离关键限值（CL）的趋势，在还没有发生偏离时就调整加工或操作，使控制参数重新恢复到安全范围以内，这样就不需要采取纠偏措施了。

四、关键控制点监控措施的确定

如何保证关键控制点已受到控制，而且被控制在安全值范围以内，确定有力的措施就极为重要，监控记录和监控评价是最有效的措施。

监控的定义是：按照制定的计划，进行观察和测量，来判断一个CCP是否处于受控中，并且准确、真实地记录下来，用于以后的验证。监控措施是一系列有计划、有序的观察或测定，通常可以借助物理或化学的方法来连续监控关键控制点是否在控制范围以内。根据监控记录我们可以知道控制措施是否有效、及时。

五、纠偏措施的确定

当监控记录显示关键控制点偏离关键限值时，要及时找准原因，立即采取纠偏措施。这也可以是对偏离进行补救的一些措施。对每一个关键控制点都有合适的纠偏计划，消除偏差，恢复到安全值范围以内，同时进行纠偏行动的记录。

纠偏措施一般分为两步，第一步是纠正或消除发生偏离的原因，重新进行加工控制；第二步是确定和隔离在偏离期间生产的产品并决定如何处理。必要时，还应验证纠偏措施是否有效。

六、建立健全HACCP体系有效运行的验证审核程序

验证的目的是通过严谨、科学、系统的方法确认HACCP体系的有效性，验证活动包括确认HACCP体系、验证CCP、验证HACCP体系。建立健全HACCP体系的验证审核程序，能够确证HACCP体系处在正常运行中。是否已经控制住了确定的危害，可以通过验证和审核关键限值来判断。HACCP体系计划中任何一点的执行情况均能从验证审核中检验到。所以，验证审核程序是对HACCP体系计划执行最有力的监督。

七、建立HACCP体系原理及应用的记录文件保持系统

HACCP体系需要建立有效的文件管理程序，使HACCP体系文件化。记录是采取措施的书面证据，它包含了CCP的监控、偏差、纠偏措施等过程中发生的历史性信息和产品流程的档案以及生产过程控制。

对 HACCP 体系记录总的要求是所有记录都必须包括下面的内容：加工者和供应商的姓名、地址；记录所产生的工作日期与时间；操作者的签字和署名；产品的特性及代码；加工过程中的其他信息。

HACCP 体系小组的人员要对所有 CCP 记录、采取纠正措施的记录、加工控制检验的记录、设备的校正记录和中间产品的检验记录等关键性记录进行定期审核。

要把列有确定的危害性质、关键控制点、关键限值和书面的 HACCP 体系计划的准备、执行、监控等记录以及与 HACCP 体系有关的信息、数据、文件和其他措施等完整地、详细地记录并采用有效手段保存下来。记录的形式一般有文字性记录、表格式记录、图形记录等，可以采用微缩胶卷、计算机等方式归档保存下来。

第三节 HACCP 体系实施的基本步骤

一、HACCP 体系实施的必备程序与条件

要实施 HACCP 体系计划必须具备一些必备程序和基本条件，必备程序有：GMP 和 SSOP、管理层的支持、人员的素质要求和培训、校准程序、产品的标志的可追溯性、产品回收计划的实施。除此之外，还应该在生产设备、过程方法等方面具备一定条件。

1. 生产设备

在实施 HACCP 体系计划的过程中，要求拥有合适而完整的生产设备，企业需要考虑现行的设备是否符合工艺要求、能否满足 HACCP 体系计划的需要、是否需要添置新的设备等现实性的问题。很好地解决这些问题，就能为 HACCP 体系计划的实施铺平道路。

2. 统计技术方法

在建立监控和验证体系时，统计过程控制（SPC）是常用的方法。HACCP 计划中要求确认关键限值，对于不同的工艺，有不同的关键限值，有时关键限值是某个控制参数的最高值（冷藏温度），有时关键限值是某个控制参数的最低值（热处理中对温度和时间的控制），还有时关键限值是某个控制参数的最低值与最高值（腌制猪肉时所添加的亚硝酸盐的含量）。在正常操作下，必须能保持 CCP 真正稳定地维持在规定范围内，这时利用统计技术可以分析得知某个过程是否可行。

3. 加工能力

一个稳定的过程总是处在统计控制的范围内。为了建立某个过程处于特定范围内的置信度（概率）而进行的统计证明称为加工能力。

通过对随机抽取的一系列样品，在停止所有过程控制的状态下进行过程测量，获得一系列的数据，采用这些数据做出的图形必须呈符合数学定义的正态分布（钟形分布）形态。此时加工能力通常能够帮助我们判断出：这种类型的分布是否将整个过程包含在限定的范围内。若得出的结果是肯定的，说明该过程是在统计过程控制中运行的，即该

过程能被控制。

在正态分布范围内，数据自然波动的程度能用统计分析的方法将其定量表示出来，这种测量方法称为“标准偏差”；根据标准偏差，我们应用加工能力通常可以判断出该过程能否在规定的范围内符合规定的控制标准。

4. 过程控制图

以加工时间或批次为基础，研究变量的几何分布图，称为过程控制图。一旦完成某个加工过程的统计分析，也就证明了该过程能达到可接受的操作水平，由此建立起来的统计简图可用作制定过程控制图。利用加工简图提供的信息，过程控制仪在控制图的帮助下，能够分辨或测定某个加工参数是固定的还是随机形成的，或者这些变量是否具有明显的统计意义。这样做的好处是可以及时发现加工过程中存在的缺陷并及时调整加工过程。

加工过程图能从平均值与值域（或标准偏差）两个方面对加工参数进行分析，因此提高了加工过程中的准确性和精确性。通常，人们会根据加工能力分析和统计过程控制表得出的数据，在控制图中适当的位置标出上、下控制线，有时也会标出上、下警告线。分析各个测量结果的变化范围，高于或低于控制线的结果以及偏离出警告线却仍然在控制线以内的那些结果，都要引起足够重视，因为这意味着应该适当调整加工过程。

统计过程控制原理的运用，是实施 HACCP 非常有力的工具，它有助于确保临界控制点得到有效监测和控制。

5. 微生物计数的应用

微生物分析结果通常需要几天的时间才能得到，而 CCP 监控结果能很快就得到，所以，微生物计数法获得的结果不适合用于控制 CCP。但是，一段时间以来对微生物的测定结果和繁殖趋势进行监测所积累的数据，以及单位重量样品是否存在流动的平均百分数，或者每克计数样品是否达到规定水平的百分率，在观察结果变化趋势和减少波动方面是非常有效的。微生物计数对研究和核查样品中微生物水平是否过高也是非常有效的。

另外，还有诸如加工过程中需要的一些特殊设施（如废料处理系统）以及监测监控人员能很好地胜任各自的工作等，也是实施 HACCP 计划的基本条件。

二、组建 HACCP 计划实施小组

HACCP 体系涉及的学科内容有食品方面的生产、技术、管理、储运、采购、营销、环境、统计等，因而 HACCP 计划实施小组应由多个成员组成。组建一支相互支持、相互鼓励、团结协作、专业素质好、业务能力强、技术水平高的 HACCP 计划实施小组，是有效实施 HACCP 系统及体系的核心保障。

实施小组的主要职责是：负责编写 HACCP 体系计划文件、制订 HACCP 体系实施计划、监督实施 HACCP 体系计划、审核关键限值及其偏离的偏差、完成 HACCP 体系计划的内部审核、执行验证和修改 HACCP 体系计划、对企业的其他员工进行 HACCP

体系培训等。

实施小组的成员必须具备以下基本条件：

（1）具备良好的组织、协调、沟通、领导能力。

（2）熟悉企业情况、工作认真负责。

（3）具有产品和生产工艺以及 HACCP 体系知识与经验。

（4）能确认潜在的危害并提出控制解决办法。

实施小组的成员必须具备以下基本专业素养：

（1）原辅料采购与产品储运、营销知识。

（2）微生物学、化学和物理危害、毒理学知识。

（3）统计过程控制知识。

（4）生产和操作经验与知识。

（5）安全、设计、生产设备、环境方面的实践经验和知识。

（6）开展 HACCP 体系计划研究的经验和能力。

实施小组的成员组成可以是经过严格培训的技术人员、管理人员、质量保证及质量控制专家、部门负责人、企业负责人、食品工程方面的专家学者、公共卫生健康方面的专家、研究微生物或微生物危害方面的专家学者等，有必要的话，可以从外部聘请兼职专家。

实施小组的人数多少没有统一的规定，以便于开展工作为原则，可以由各企业从根据实际而确定。组成 HACCP 计划实施小组后，应进行正规的培训，培训内容为 HACCP 体系原理及应用、HACCP 体系的内部审核、HACCP 体系的监控与纠偏措施、HACCP 体系文件管理等。

三、产品描述

产品描述是 HACCP 计划实施小组对产品的名称、成分、产品的重要性能等进行说明。描述包括与食品安全有关的特性（含盐量、酸度、水分活度等）、加工方式（热处理、冷冻、盐渍、烟熏等）、计划用途（主要消费对象、分销方法）、食用方法、包装形式、保质期、销售点、标签说明、特殊储运要求（环境湿度、温度）、装运方式等，尤其对某些产品应该有警示声明，如“本产品未经巴氏杀菌，可能含有导致儿童、老人和免疫力差人群疾病的有害细菌”。

产品描述实例见表 8－1。

表 8－1　桑果浓缩汁的产品描述

产品名称	桑果浓缩汁
重要特征（含水量、pH、矿物质、主要维生素量）	固形物：50° Bx ＋1° Bx，总酸：11～16g/100g，维生素 C；有机酸；pH <4.6

续表

产品名称	桑果浓缩汁
食用方式	即时用水调配（13° Bx）饮用或与其他饮料调配饮用
包装方式	复合袋密封罐装
货架寿命	18 个月
销售地点及对象	批发、零售；销售对象无特殊规定
标签说明	开封后，请冷藏保存
特殊分销控制	储藏温度：－18℃

对产品进行必要的描述，可以帮助消费者或后续的加工者识别产品在形成过程中以及包装材料中可能存在的危害，便于考虑易感人群是否接受该产品。

四、确定产品预定用途以及销售对象

确定产品预定用途以及销售对象是确定产品的预期消费者和消费者如何消费产品（如该产品是直接食用、还是加热后食用或者再加工后才能食用等）、产品的销售方法等。对于不同的用途和不同的消费者，食品的安全保证程度不同。尤其是婴儿、老人、体弱者、免疫功能不全者等社会弱势群体以及对该产品实行再加工的食品企业，更要充分了解和把握产品的特性。

五、绘制生产流程图

生产流程图由 HACCP 计划实施小组制定，是对从原辅料购入到产品储存的全过程所做的简单明了而且全面的情况说明。它概括了整个生产、产品储存过程的所有要素和细节，准确地反映了从原辅料到产品储存全过程中的每一个步骤。流程图表明了产品形成过程的起点、加工步骤、终点，确定了危害分析和制定 HACCP 计划的范围，是建立和实施 HACCP 体系计划的起点和焦点。

一张完整的实用型流程图，要有以下一些必要的技术性资料作支持：

（1）原辅料及包装材料的物理、化学、微生物学方面的数据。

（2）加工工艺步骤及顺序。

（3）所有工艺参数。

（4）生产中的温度—时间对应图。

（5）产品的循环或再利用线路。

（6）设备类型和设计特征，有无卫生或清洁死角存在。

（7）高、低危害区的分隔。

（8）产品储存条件。

有必要的话，可以像加拿大食品安全促进计划中一样，配套一张全厂（包括车间）

的人流、物流走向图。

生产流程图无统一格式要求，以简明扼要、易懂、实用、无遗漏、清晰、准确为原则，形式可以多样化，通常见的是由简洁的文字表述配以方框图和若干的箭头按顺序组成。

生产流程图是危害分析的基础，要能反映出每一个技术环节。流程图中对应的加工步骤，应有适当的文字性工艺表述，这样有利于对危害的识别。对于一些用流程图描述不太清楚的技术内容，如环境或加工过程中出现的其他危害(冰、水、清洗、消毒过程、工作人员、厂房结构、设备特点)，要以文字性的形式附在流程图后面，作为流程图的补充内容列出。

企业应制定包括食品安全体系涉及的所有产品的生产实际流程图。若一个企业同时生产多种产品，而不同产品的加工工序存在明显区别时，企业应分别制定流程图，分别进行危害分析和分别制定 HACCP 计划。

六、生产流程图的现场确证

HACCP 计划实施小组对于已制作的流程图进行生产现场确认，以验证流程图中表达的各个步骤与实际是否一致。发现有不一致或有遗漏，就应对流程图做相应的修改和补充。

现场确认可分为：

(1) 对比阶段。将拟定的生产流程图与实际操作过程做对比，在不同的操作时间查对工艺过程与工艺参数、生产流程图中的有关内容，检验生产流程图对生产全过程的实效性、指导性、权威性。

(2) 查证阶段。查证与实际生产不吻合的部分，对生产流程图做适当修改。

(3) 调整阶段。在出现配方变动或设备变换时，也要适时调整生产流程图，以确保生产流程图的准确性和完整性，使之更具可操作性和科学性。

(4) 确认阶段。通过前面三个阶段的工作，对生产流程图作出客观的确认与定夺，作为生产中的执行规范下发企业各个部门和所有人员，并监督执行。

七、危害分析的确定(原理 1)

(一) 危害分析与危害程度判别

危害是指一切使食品变得不安全的因素，一般来自于生物、化学、物理三方面。HACCP 体系计划实施小组进行的危害分析就是：要确定食品中每一种潜在的危害及其可能出现的诞生点，尤其要注意危害具有变动性的特征；而且，还应对危害达到什么样的程度做出评价。

一般来说，食品中的危害通常来自于下面几个方面：

(1) 原辅材料，如食品生产所用动植物原辅材料的生长环境会带来物理性(土块、石屑、杂草、玻璃、金属等异物)、化学性(农药、抗生素、杀虫剂)、生物性(微生物、致病菌)污染。

（2）加工引起的食品成分理化特性变化，如微生物或制品中酶类的存在及加工条件等使食品特性发生变化，造成毒素的生成、颜色的改变、酸度的增加等。

（3）车间设施及设备，如设备、仪器仪表运行不正常时出现机油渗漏、碎玻璃、金属碎片等，以及设备消毒不彻底，卫生未达标。

（4）人员健康状况：如个人卫生不符合要求、操作不符合卫生规范等。

（5）包装方面，包装材料及包装方式不卫生，包装标签内容含糊不清。

（6）食品的储运与销售，如光照、不密封等，不适当的储运条件往往导致危害产生或加重危害程度。

（7）消费者对食品不正确的消费行为也会导致危害产生或加重危害的程度。

（8）消费对象的身体健康状况和体质特异性或体质差异，同样会导致或显现出危害。

可以借鉴美国食品微生物标准咨询委员会（NACMCF）的做法，将存在潜在危害的食品分为六大类。

第一类食品：非杀菌产品以及供给婴儿、老年人、体质特异者（体弱、免疫缺陷）食用，也称为特殊性食品。第一类食品属于第一级别的危害，又称为最高潜在危害性食品（危害最高）。

第二类食品：含有某些容易感染微生物的成分的食品。这类食品的水分含量高而且营养价值也高，如鲜肉、牛奶等。

第三类食品：生产过程中无有效杀死有害微生物的环节，如无热处理鲜肉食品。

第四类食品：产品在加工后、包装前容易遭受污染，如大批量杀菌后再分装的某些食品。

第五类食品：在产品储运、销售环节中，容易因为商家或消费者操作不当而存在潜在危害，如应冷藏的食品，却在常温或高温下长时间放置。

第六类食品：消费者在食用前无需进行加热处理，如方便食品、即食食品等。

第二级别的危害由上述第二类~第六类食品构成；第三级别的危害由上述第二类~第六类食品中的任意四类构成；第四级别的危害由上述第二类~第六类食品中的任意三类构成；第五级别的危害由上述第二类~第六类食品中的任意两类构成；第六级别的危害由上述第二类~第六类食品中的任意一类构成；第七级别的危害由不存在上述第一类~第六类食品特征的其他食品构成（危害最轻）。

从以上的分类和分级不难看出，第七级别的危害，其危害程度最小；顺序推之，第一级别的危害，其危害程度最大。也就是说，危害的级别数越大，其危害程度越小；危害的级别数越小，其危害程度越大；因此必须关注第一级别的危害。HACCP计划实施小组对危害程度大小进行评价时可以作为参考。

（二）危害分析的顺序

危害分析一般遵循以下顺序。

（1）确定产品品种和加工地点。

（2）根据流程图，确认加工工序的数量。当存在两个以上不同加工工序时，应分别进行危害分析。

（3）复查每一个加工工序对应的流程图是否准确，对存在偏差的，要做出调整。

（4）列出污染源。对照加工工序，从生物性、化学性、物理性污染三个方面考虑并确定在每一个加工步骤上可能引入的、增加的或受到限制的食品危害，属于 SSOP 范畴的潜在危害也应一并列出。

（5）明显危害的判定。判定原则为潜在危害风险性和严重性的大小。属于 SSOP 范畴的潜在危害若能由 SSOP 计划消除的，就不属于明显危害，否则，将对其进行判定。判定的依据应科学、正确、充分，应针对每一个工序和每一个步骤进行。

（6）预防措施的建立。对已确定的每一种明显危害，要制定相应的预防控制措施，要求是列出控制组合、描述控制原理、确认控制的有效性。

危害分析的确定是一个 HACCP 计划实施小组广泛讨论、广泛发表科学见解、广泛听取正确观点、广泛达成共识的集思广益、经历思维风暴的必然过程。

按照危害分析的顺序，完成分析过程后，形成危害分析结果。经过确定后，可以以危害分析工作单的形式记录下来。表 8－2 是美国 FDA 推荐的一份表格式危害分析工作单。

表 8－2　危害分析工作单(FDA)

企业名称：　　　　　　　　　　　　　　　　　　　　企业地址：

加工步骤	食品安全危害	危害显著(是/否)	判断依据	预防措施	关键控制点(是/否)
	生物性				
	化学性				
	物理性				
	生物性				
	化学性				
	物理性				
	生物性				
	化学性				
	物理性				

危害分析报告单形成后，纳入 HACCP 记录。

（三）危害分析与预防控制措施的技术报告

危害分析的技术报告内容如下。

（1）危害特性的分析与描述：对照加工工序，从生物性、化学性、物理性污染三个方面，考虑并确定在每一个加工步骤上引入的、增加的或受到限制的食品危害的特性，进行分析描述。

（2）明显危害判断的科学依据、推理和结论。

预防控制措施的技术报告内容有：

（1）对明显危害制定的预防控制措施的描述。

（2）控制原理。

（3）危害与相应的控制措施的对应关系描述：一项措施控制多项危害或多项措施控制一项危害的描述。

八、关键控制点（CCP）的确定（原理2）

控制点（CP）是指食品整个过程中那些能防止物理性、化学性、生物性危害产生的任意一个步骤或工艺，它也包括对食品的风味、色泽等非安全危害要素的控制。而关键控制点（CCP）专指食品中存在的威胁到食品安全的明显危害（对人体的危害）。关键控制点的数量取决于产品或生产工艺的性质、复杂性、研究范围等。如果生产中控制太多的点，往往容易失去重点控制，反而削弱了对影响食品安全的关键控制点的控制。

关键控制点判定的一般原则：

（1）在某点或某个步骤中存在SSOP无法消除的明显危害。

（2）在某点或某个步骤中存在能够将明显危害防止、消除或降低到允许水平以下的控制措施。

（3）在某点或某个步骤中存在的明显危害，通过本步骤中采取的控制措施的实施，将不会再现于后续的步骤中；或者在以后的步骤中没有有效的控制措施。

（4）在某点或某个步骤中存在的明显危害，必须通过本步骤中与后续步骤中控制措施的联动才能被有效遏制。

只有符合上述判断原则中的某几条以及同时符合上述四条的点或加工步骤，才能判断为关键控制点（CCP）。

根据关键控制点的概念，通常将其分为一类关键控制点（CCP1）和二类关键控制点（CCP2）两种。CCP1是指可以消除或预防危害的控制点；CCP2是指可以将危害最大限度地减少或降低到能够接受的水平以下的控制点。

虽然CCP往往是危害介入的那一点，但也需要留意远隔明显危害介入点几个加工步骤以外的点，若这些点具有预防、消除或降低危害到允许水平以下的措施，那么也属于CCP。

要注意的是，当企业内外因素发生变化时，关键控制点也会随之而变，预防控制措施也应随之而变，CCP就要因地制宜地重新确定。

九、关键控制点极限值的确定（原理3）

关键控制点的极限值又称为关键限值（CL），是指所用措施达到使危害消除、防止或减低到允许水平以下的最大或最小参数值，也即食品安全无危害的生产、销售全过程中的最大或最小参数值。

关键限值（CL）确定的原则是能尽可能地有效、简捷、经济。有效是指此限值确实能将危害防止、消除或降低到允许水平以下。便于操作，可以在不停产的情况下快速监控，这就是简捷。投入较少的人力、物力、财力即为经济。

关键限值确认步骤是：

（1）确认在本 CCP 上需要控制的明显危害与相应措施的对应关系。

（2）分析明确此项措施对明显危害的控制原理。

（3）根据原理，确定实现关键限值的最佳载体和种类，如温度、纯度、酸度、水分活度、厚度、残留农药限量等。

（4）确定关键限值（CL）的数值。关键限值可以是根据法规、法典和权威组织公布的数据，如残留农药限量；也可根据科学文献和科技书籍的记载；还可以根据现场实验的准确结论而得。

在实际生产中，由于考虑到产品消费的安全性，最大限度地减少经济损失，也考虑到弥补设备和监测仪器自身存在的固有误差，还顾及生产条件的瞬间变化设立缓冲区等因素，可以对生产过程的监控采用比关键限值（CL）更为严格的操作限值（OL）。

操作限值（OL）是实际操作人员在操作中为了降低偏离关键限值风险而采取的控制操作标准参数，包括水分含量、水分活度、温度、时间、流速、有效余氯量、重量、pH、含盐量等化学参数。一旦发现有可能偏离关键限值的趋势，就立即进行调整，使 CCP 始终处于受控状态，可避免因超过关键限值而采取的纠偏行动。

关键限值（CL）的确定是建立在对产品全过程的分析研究、实验结果、科学理论指导、操作意见汇总的基础之上产生的，它直观合理、容易监测、可操作性强、方便实用。

完成关键限值（CL）的确定后，应紧接着进行关键限值技术报告的编制，并把它纳入 HACCP 支持文件。

十、关键控制点监控措施的建立（原理 4）

监控就是针对关键控制点实施有效的监督与调控的过程，通过监控了解 CCP 是否处于控制当中。

监控措施应起到这样的作用，即跟踪各项操作，及时发现有偏离关键限值的趋势，迅速进行调整；查明 CCP 出现失控的时刻和操作点；提交异常情况的书面文件。

监控对象常常是 CCP 的某一个或某几个可测量或可观察的特征，如酸度是 CCP，pH 值就是监控对象；温度是 CCP，监控对象就是加工或储运的温度；蒸煮或加热、杀菌是 CCP，温度与时间就是监控对象。

监控过程受限于每一个具体的 CCP 的关键限值、监控设备、监测方法。监测方法一般有在线（生产线上）检测和不在线（离线）检测两种。在线检测可以连续地随时提供检测情况，如温度、时间的检测；离线检测是离开生产线的某些检测，可以是间歇的，如 pH、水分活度等的检测。与在线检测比较，离线检测稍显得有些滞后，不如在线检测那么及时。

监控的频率由 CCP 的性质和监控过程的类型决定，HACCP 实施小组应该为每个监控过程确定恰当的监控频率，如金属探测器，它的监控频率定为 30 分钟/次。最佳的监控方式是连续性的，当不可能连续监控一个 CCP 时，常常需要缩短监控的间隔、加快监控的频率，以便及时发现操作限值或关键限值的偏离程度。还有几种情况也应该加快监控频率：

（1）监控的参数出现较大变化。

（2）监控参数的正常值与关键限值很接近。

（3）出现超过关键限值的监控参数。

执行 CCP 监控的人员应该是具备一定知识和能力、接受过有关 CCP 培训、对工作高度认真负责、流水线上的技术人员、设备的操作人员、质量监督人员、设备的维修人员等。

监控结果应快速准确，及时反映出 CCP 的真实状态，并留下记录资料。

十一、纠偏措施的建立（原理 5）

纠偏措施是当发现 CCP 出现失控（CL 发生偏离）时，找到原因并为了让 CCP 重新恢复到控制状态所采取的行动。

纠偏措施包括：

（1）列出每个关键控制点对应的关键限值。

（2）寻查偏离的原因、途径。

（3）为纠正和消除偏离的原因和途径所采用的措施，防止再次出现偏离。当生产参数接近或刚超过操作限值不多时，立即采取纠偏措施。例如在牛奶的巴氏杀菌中，没有达到杀菌温度的牛奶，通过开启的自动转向阀，重新进入杀菌程序。

（4）启用备用的工艺或设备，如生产线某处出现故障后，启用备用的工艺或设备继续进行生产。

（5）对有缺陷的产品（CCP 出现失控时的产品）应及时处理，如缺陷产品的返工或销毁。对经过返工程序的食品，其安全性要有正确的评估，无危害性的才可以流入市场。

必须预先制定每一个关键控制点偏离关键限值的书面纠偏措施，形成《纠偏措施技术报告》。纠偏工作要紧紧围绕 CCP 恢复受控进行，HACCP 实施小组应研究纠偏措施的具体步骤，建立适当的纠偏程序，并记录下来。在《纠偏措施技术报告》中明确指定出防止偏离和纠正偏离的具体负责人，以减少或避免纠偏行动中可能出现的混乱和争论，影响纠偏的效果。

应当引起重视的是，当在某个关键控制点上，纠偏措施已被正确实施却仍反复发生偏离关键限值的情况，就需要重新评价 HACCP 计划，并对整个 HACCP 计划做出必要的调整和修改。

《纠偏措施技术报告》要纳入 HACCP 支持文件。

十二、建立验证审核程序（原理 6）

验证审核是指通过严谨科学的方法，确认 HACCP 体系是否需要修正、是否得到切实可行的落实、是否有效的过程。验证审核的对象是 HACCP 体系的计划。

验证审核的内容包括：确认 HACCP 体系；HA 的确认；CCP 的验证审核；HACCP 体系的验证审核；执法机构对 HACCP 体系的审核验证。

1. 确认 HACCP 体系

确认 HACCP 体系就是复查消费者投诉，确定是否与 HACCP 计划的实施有关，是否存在未确定的关键控制点，确认 HACCP 体系建立的充分性和必要性，HACCP 体系是否能有效控制危害因素对食品安全性的侵袭。由 HACCP 计划实施小组或受过适当培训以及有丰富经验的人员，针对 HACCP 体系中的每一个环节，结合基本的科学原理、应用实际生产中检测的数据和生产全过程中获得的观察检测结果，进行有效性评估，得出 HACCP 体系运行是否正确的结论。

2. 危害分析(HA)的确认

危害分析(HA)的确认是对危害分析的可靠性进行确认，当企业有内外因素变化波及 HA 时，要重新进行危害分析确认。

3. CCP 的验证审核

CCP 的验证审核有 3 个过程。

(1) 校准及校准记录的复查。要对监控设备进行校准，确保设备灵敏度符合要求，对设备校准记录(校准日期、校准方法、校准结果、校准结论)进行复查，确定设备灵敏度是否有效。

(2) 针对性的样品检测。对有怀疑的样品、中间产品、成品抽样检测，查看实际结果与标准的吻合程度。

(3) CCP 的记录复查。着重复查关键控制点的记录和纠偏记录，如监控仪器的校准记录、监控记录、纠偏措施记录、产品大肠杆菌等的微生物检验记录等。查看 CCP 是否始终处于安全参数范围内运行，发生与操作限值偏离的情形时，是否进行了纠偏行动。

4. HACCP 体系的验证审核

验证审核是为了检验 HACCP 体系计划与实际操作之间的符合率和 HACCP 体系的有效性。收集验证活动所需的所有信息，对 HACCP 体系及记录进行现场观察和复核，来完成对 HACCP 体系的验证审核工作。

审核 HACCP 体系的验证活动应包括以下内容：

(1) 检查产品说明和生产流程图的准确性。

(2) 检查生产中是否按照 HACCP 体系计划监控了 CCP。

(3) 检查所有参数是否在关键限值以内。

(4) 记录结果是否在规定的时间间隔完成和记录是否属实。

(5) 监控活动是否按照 HACCP 体系计划规定的频率执行。

(6) 当出现 CCP 偏离时，是否有纠偏措施。

(7) 设备仪器是否按照 HACCP 体系计划进行校准。

5. 执法机构对 HACCP 体系的审核验证

执法机构对 HACCP 体系的审核验证通常分为内部验证和外部验证两类。内部验证由企业内 HACCP 计划小组进行，又称为内审；外部验证由政府检验机构或有资格的有关人士进行，又称为审核。

执法机构验证内容有：对 HACCP 体系计划及其修改的复核；对 CCP 监控记录的复查；对纠偏记录的复查；对验证记录的复查；现场检查 HACCP 体系计划实施状况；复核 HACCP 体系计划的记录保存情况；随机抽样分析复核。

HACCP 体系计划的确认每年至少一次，当出现影响 HACCP 体系计划的因素时，应及时进行确认。若确认结论表明 HACCP 体系计划的有效性不符合要求时，应立即对原来的 HACCP 体系计划进行修订，使之符合要求。

十三、建立记录和文件的有效管理程序（原理 7）

（一）HACCP 体系记录

企业是否有效地执行了 HACCP 体系计划，HACCP 体系计划的实施对食品安全性是否有效，最具有说服力的就是 HACCP 体系计划的记录和文件等书面证据。所以，HACCP 体系计划的每一个步骤和与 HACCP 体系计划相关的每一个行为都要求有详尽翔实的记录，并有效地保存下来。

HACCP 体系记录编制的原则：

（1）题目与内容。题目应简洁明了，内容能体现记录活动的关键特征；内容应完整、准确、简洁。

（2）形式统一。一般采用表格式，表格各项目之间逻辑正确。

（3）容易识别。便于企业和部门的识别，应注明操作人员的签字和记录日期。

HACCP 体系记录包括：

（1）执行 SSOP 的记录。

（2）执行 HACCP 体系计划的记录，包括：监控记录、纠偏记录、HACCP 体系验证记录、HACCP 计划确认记录、危害分析记录、HACCP 计划表等。

（3）书面危害分析和 HACCP 计划的批准：由企业最高管理者或其代表签署批准；当发生修改、验证、确认时，由企业最高管理者或其代表重新签署批准。

保存的记录应涵盖这样一些项目：说明 HACCP 体系的各种措施；危害分析采用的所有数据；HACCP 体系实施小组会议报告和决议；监控方法和数据记录；偏差及纠偏记录；验证记录；验证审核报告；危害分析工作表和 HACCP 体系计划表（表 8－3）等各类表格。

表 8-3 HACCP 体系计划表

产品名称：　　　　生产地址：　　　　储运、销售方式：

计划用途和消费者：　　　　负责人：　　　　日期：

关键控制点	显著危害	关键限值	监控程序				纠偏措施	HACCP 记录	验证程序
			内容	方法	频率	人员			

记录中应反映的内容有：产品名称与生产地址；记录产生的日期和时间；操作者签字或署名；产品全过程监控情况的实际数据、观测资料和其他信息资料。

重要的记录有：

（1）HACCP 体系计划及支持性材料，包括 HACCP 体系实施小组成员及其职责、建立 HACCP 体系的基础工作，如有关科学研究、实验报告和实施 HACCP 体系的先决程序（GMP、SSOP）等。

（2）确定关键限值的依据和验证关键限值的记录。

（3）CCP 的监控记录。

（4）纠偏措施的记录。

（5）验证记录，包括监控设备的检查记录、半成品与产品检验记录、验证活动的结果记录等。

（6）修改 HACCP 体系计划（原辅料、配方、工艺、设备、包装、储运）后的确认记录。

（7）产品回收的记录。

（8）人员培训的记录。

（9）HACCP 体系计划的验证审核记录。

记录的方式有表格式（表 8-3）、文字式（各种报告）、图形式（生产流程图、监控检测图）等。所有的记录应该完整、准确、真实；每周审核记录一次，由审核人签名，注明日期。

记录的保存期限：冷藏产品，至少保存一年；冷冻或货架期稳定的产品，至少保存两年；其他说明加工设备与加工工艺等方面的研究报告、科学评估结果，至少保存两年。

记录应归档放置在安全、固定的场所，便于查阅。记录应专人保存，有严格的借阅手续。记录保存的工具一般可采用计算机或档案室。所有记录一律要求采用档案化保存。

（二）HACCP 体系文件

HACCP 体系文件编制的原则是：

（1）采用过程方法编制，明确过程运行的预期结果；分析表达各个过程之间的关系。

（2）全体员工执行 HACCP 手册的规定。将 HACCP 体系转化为具体的执行程序，要求员工的操作与 HACCP 手册规定保持一致。

（3）具有针对性和可操作性。要将 HACCP 体系理论与企业实际相结合。

（4）与支持性文件和记录保持有机的、完整的联系。要对执行 HACCP 体系所需要的支持性文件和记录提出具体要求。

执行 HACCP 体系文件的组成：

（1）文件控制程序。

（2）GMP 与 SSOP 控制程序。

（3）设备维修保养控制程序。

（4）产品回收控制程序。

（5）产品识别代码控制程序。

（6）HACCP 体系计划预备步骤控制程序。

（7）HACCP 体系计划所有实施步骤的控制程序。

HACCP 体系文件的内容包括目的、范围、职责、程序图（过程描述、相关记录、相关文件）。

HACCP 体系支持性文件的组成是相关的法律和法规；相关的技术规范、标准、指南；相关的研究报告和技术报告（危害分析报告）；加工过程的工艺文件（作业指导书、设备操作规程、监控仪器校准规程、产品验收准则）；人员岗位职责和任职条件；相关管理制度。

HACCP 体系支持性文件是 HACCP 体系建立和实施的技术资源、技术保证、科学依据，也是进行食品无危害生产、保证食品安全的有力工具、标准及行为准则。

第四节　GMP、SSOP、HACCP 体系及 ISO 9000 族间的相互关系

一、GMP 与 SSOP 的关系

GMP 规定了在生产、加工、储运、销售等方面的基本要求，是政府食品卫生主管部门用法规性、强制性标准形式发布的。GMP 的规定是原则性的，包括软件（人员管理）和硬件（环境管理、设施管理、设备管理）两个方面，是食品企业必须达到的基本条件。

GMP 是一套食品生产全过程中确保产品具有高度安全性的良好生产管理系统。它利用微生物学、化学、物理学、毒理学、食品工艺学、食品工程等原理，规定出在食品链相关活动过程中，有关食品安全卫生方面可能出现的质量问题，以及处理的方式和方法，从而达到控制食品生产全过程中污物、化学、微生物及其他形式污染产生的目的，

以确保生产出安全卫生的食品。

将 GMP 法规中有关卫生方面的要求具体化，使其转化为具有可操作性的作业指导文件，就构成了 SSOP 的主要内容，即 SSOP 是以 GMP 法规的要求为基础，通过书面的 SSOP 计划来描述卫生问题、控制厂内卫生操作程序和监测要求，确保企业卫生状况达到 GMP 的要求。SSOP 的规定主要是指导卫生操作和卫生管理的具体实施办法，相当于 ISO 9000 族中的“作业文件”，没有 GMP 所具有的政府强制性。

制定 SSOP 计划的依据是 GMP，GMP 是 SSOP 的法律基础，尽管 SSOP 与 GMP 的概念相近，但它们分别详细描述了为确保卫生条件而必须开展的一系列不同的活动。因此，就管理方面而言，GMP 指导 SSOP 的开展。GMP 是政府制定的、强制性实施法规或标准，而 SSOP 是企业根据 GMP 要求和企业的具体情况自己制定的标准或规程，它没有统一的格式，关键在于方便遵守和实施。

二、SSOP 与 HACCP 的关系

SSOP 与 HACCP 计划中的 CCP 这两个部分均需要实施监控、纠偏、保持记录并进行验证。但是，两者之间也存在一些差别。首先 HACCP 体系中需要监测、纠偏和记录的关键控制点是一个可以控制的工序步骤，其作用是预防、消除某个食品安全危害或将其降低到允许水平以下；而 SSOP 是企业为了维持卫生状况而制定的程序。它与整个加工设施或某个区域有关，不仅仅只限于某个特定的加工步骤或关键控制点。其次，HACCP 体系是建立在危害分析基础之上的，书面的 HACCP 计划不但规定了具体加工过程中的各个关键控制点，而且还具体描述了各个关键控制点的关键限值、监测方法、纠偏措施、验证程序和记录保存方法，以确保关键控制点能得到有效控制。实施 SSOP 的目的之一就是简化 HACCP 计划，突出关键控制点。

SSOP 具体列出了卫生控制的各项目标，包括了食品加工过程中的卫生、工厂环境的卫生和为达到 GMP 的要求所采取的行动。正确制定和有效执行 SSOP，实施对加工环境和加工过程中各种污染或危害的有效控制，那么 HACCP 按产品工艺流程进行危害分析而实施的关键控制点(CCP)的控制就能集中到对工艺过程中的食品危害的控制方面，而不是在生产卫生环境上，使 HACCP 计划更加体现特定的食品危害控制属性。采用 FDA 的说法，就是“确定哪些危害是由加工者的卫生监控计划来控制的，将它们从 HACCP 计划中划出去，只余下少数需要在 HACCP 计划中加以控制的显著危害”。因此，HACCP 计划中 CCP 的确定受到 SSOP 有效实施的影响。

把某一危害归类到 SSOP 控制而不列入 HACCP 计划内控制丝毫不意味着对其控制的重要性有所降低，而只因为 SSOP 是控制该危害的最佳方法。事实上，生产中的危害是通过 SSOP 和 HACCP 的 CCP 共同予以控制的。此外，有时需要同时采用 HACCP 和 SSOP 共同控制某种危害，如由 HACCP 控制病源性微生物的杀灭，由 SSOP 控制病源微生物的二次污染。

区别 HACCP 和 SSOP 监控内容的一般原则是：已经鉴别出的危害是与产品或其加工过程中某个加工步骤有关的危害，就由 HACCP 控制；已经鉴别出的危害是与加工环

境或人员有关的危害，则由 SSOP 控制。有时某种危害究竟是用 HACCP 还是用 SSOP 来控制，并没有十分明显的区分，比如在食品过敏源的控制上，往往把加工过程中的 SSOP 之一“与食品接触的表面的卫生状况与清洁程度”及“标签”同时又作为 CCP，加以控制。

值得注意的是，并非所有的食品生产都必须具有 HACCP 计划。某些低风险食品经过危害分析后，没有发现显著危害，从而不需建 CCP，因此，也就可以没有 HACCP 计划。但食品加工企业按照食品法规的强制性要求，即使没有 HACCP 计划，工厂的生产卫生也必须达到 GMP 的规定。任何卫生计划中都有的一个重要部分是监控，监控体系应能确保生产的条件和状况符合 SSOP 的规定。

三、GMP 和 HACCP 的关系

GMP 和 HACCP 系统都是为保证食品安全和卫生而制定的一系列措施和规定。GMP 是适用于所有相同类型产品的食品生产企业的原则，而 HACCP 则因食品生产厂及其生产过程不同而不同。GMP 体现了食品企业卫生质量管理的普遍原则，而 HACCP 则是针对每一个企业生产过程的特殊原则。

GMP 的内容是全面的，它对食品生产过程中的各个环节、各个方面都制定出具体的要求，是一个全面质量保证系统。HACCP 则突出对重点环节的控制，以点带面来保证整个食品加工过程中食品的安全。形象地说，GMP 如同一张预防各种食品危害发生的网，而 HACCP 则是其中的纲。

从 GMP 和 HACCP 各自的特点来看，GMP 是对食品企业生产条件、生产工艺、生产行为和卫生管理提出的规范性要求，是保证 HACCP 体系能有效实施的基本的先决条件，而 HACCP 则是动态的食品卫生管理方法，能确保 GMP 的贯彻执行；GMP 的要求是硬性的、固定的，而 HACCP 是灵活的、可调的。

GMP 和 HACCP 在食品企业卫生管理中所起的作用是相辅相成的。通过 HACCP 系统，我们可以找出 GMP 要求中的关键项目，通过运行 HACCP 系统，可以控制这些关键项目达到标准要求。掌握 HACCP 的原理和方法还可以使监督人员、企业管理人员具备敏锐的判断力和危害评估能力，因此，在食品 GMP 制定过程中，必须应用 HACCP 技术对食品链的全过程进行监控，以此体现出 GMP 的应用在企业自身管理和卫生监控工作方面的优势。

四、GMP、SSOP、HACCP 之间的关系

完整的食品安全控制体系必须包括 HACCP 计划以及作为前提条件的 GMP 和 SSOP。GMP 和 SSOP 是制定和实施 HACCP 体系的前提和基础，也就是说企业若达不到 GMP 的要求，或没有制定出切实有效、操作性强的 SSOP，或没有具体实施 SSOP，则不可能进行 HACCP 体系的运作。

GMP、SSOP 与 HACCP 的关系，实际上是一个三角关系（图 8－1），即 GMP 是整个食品安全控制体系的基础，SSOP 计划是根据 GMP 中有关卫生方面的要求制定的卫生控

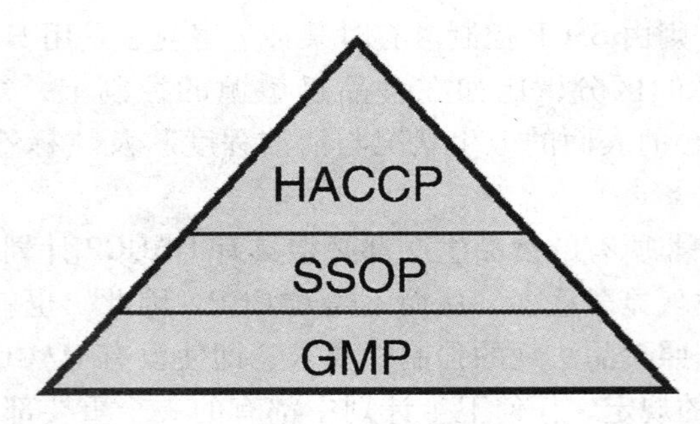

图 8－1　GMP、SSOP 与 HACCP 的关系图

制程序，HACCP 计划则是控制食品安全的关键程序。

由此而见，任何一种食品的生产，都必须首先遵循 GMP 法规，然后建立有效的 SSOP 计划，才能实施 HACCP 体系。

五、HACCP 与 ISO 9000 系列标准

ISO 9000 族是质量管理体系的标准，是国际标准化组织(ISO)1987 年发布的一系列质量管理体系国际标准的总称。经 2000 年改版后，启用了“核心标准”的概念，旨在预防和检测任何不合格产品的生产和流通，通过采取纠偏措施确保不再生产和出现不合格品，意味着产品无论何时均应符合各项标准规范。

HACCP 体系是产品的安全性控制体系，它的核心问题是确保产品的安全性。因此，HACCP 体系也可以视为食品安全生产方面的质量管理体系。

通过比较 HACCP 与 ISO 9000 系列，可以发现这二者具有共性。

(1) 理论基础一致，都来源于系统论、信息论、控制论；都强调全面、全员、全过程；都有信息的获取、正确传递、信息分析整理和反馈等程序；都以突出的对象为导向，采取各种措施对全过程进行控制，实现过程增值。

(2) 体系的性质相同，都属于预防性体系，并对食品链实施全程监控，确保持续生产出高质量、卫生、安全的合格产品，而不是依赖对最终产品的检验来发现问题。

(3) 体系结构一样，都是采用过程方法，识别系统内各个过程及其相互关系，完成“策划、实施、检查、改进”这样一个著名的 PDCA 循环，促使企业提高管理水平。

(4) 体系的操作程序和认证程序无差异，均有产品标志的可追溯性、体系内审(验证)和管理评审、过程监控、纠偏和预防措施、不合格品控制、数据统计分析、人员培训、文件化程序等运作程序；进行认证时都纳入合格评定程序，都有客观的评定依据(国家标准或认证规范性文件规定)，也都需要消费者、社会或政府管理部门的认可。

由于 ISO 9000 族和 HACCP 体系之间存在的共性，在实施过程中就具有兼容性，体现在：

(1) 组织机构和管理人员可以相互融合。

(2) 管理职责和方针可以相互融合。

（3）生产设备和检测设备可以互用。

（4）基础设施可以共享。

（5）操作要求可以融合。

（6）文件统编，互为补充。

在实施过程中，可以采用ISO 9000族的要素管理HACCP体系。因为ISO 9001标准中的要素均与HACCP体系有关，可以让生产符合各项标准规范的要求，并使HACCP体系在整个生产过程中都得到保证。

第五节　HACCP在食品加工中的应用

一、HACCP体系在猪肉香肠生产企业中的应用

（一）工艺流程

原辅料选择→原料肉处理→腌制→斩拌→灌肠→熏制→蒸煮→冷却→分离→肠衣→挑选→封罐→封口→杀菌→保温→检验→包装

（二）猪肉香肠罐头危害分析

猪肉香肠罐头危害分析见表8－4。

表8－4　猪肉香肠罐头危害分析

加工步骤	该步骤中引入或潜在的危害	危害的严重度(是/否)	危害严重度证明的判断	防止严重危害的预防措施	是否是CCP
原辅料选择(CCP)	生物的：病原菌、病毒	是	原料肉可能带病原菌、病毒	要求供方提供商检卫生登记证明	是
	化学的：药物残留	是	猪养殖及宰杀、运输途中可能受到药物污染	要求供方提供商检卫生登记证明	是
	物理的：金属异物	是	可危害人体健康；金属异物引起食用不安全	金属探测可消除金属异物	否

续表

加工步骤	该步骤中引入或潜在的危害	危害的严重度(是/否)	危害严重度证明的判断	防止严重危害的预防措施	是否是CCP
原料肉处理	生物的：病原菌生长、污染	是	原料肉带有病原菌即被污染，如温度适当，可继续大量繁殖，引起食用不安全	通过严格执行操作程序，后续杀菌步骤可消除病原菌	否
	化学的：无				
	物理的：无				
腌制(CCP)	生物的：病原菌生长	是	如腌制间温度升高适于病原菌生长，病原菌可大量繁殖，引起食用不安全	通过严格控制腌制间温度，后续杀菌步骤可消除病原菌	否
	化学的：亚硝酸盐	是	亚硝酸盐对人体有害	控制好食盐投放量和腌制时间	是
	物理的：无				
斩拌	生物的：病原菌生长、污染	是	如斩拌仪停留时间过长，病原菌在适当温度下可大量繁殖	通过控制斩拌时间，避免停留，后续杀菌步骤可消除病原菌	否
	化学的：清洁剂残留	是	清洁剂残留也可引起食用不安全	SSOP	否
	物理的：无				
灌肠	生物的：病原菌生长、污染	是	如灌肠后停放时间过长，病原菌在适当温度下可大量繁殖，清洁剂残留也可使病原菌大量繁殖，引起食用不安全	严格控制灌肠停放时间	否
	化学的：清洁剂残留	是	设备清洗不净清洁剂残留也可以引起食用不安全	严格执行SSOP	否
	物理的：无	否			
熏制	生物的：病原菌残留	是	烟熏时间短，温度低，病原菌可大量繁殖，引起食用不安全	严格执行熏制操作，后续杀菌可消除病原菌	否
	化学的：无				
	物理的：无				

续表

加工步骤	该步骤中引入或潜在的危害	危害的严重度（是/否）	危害严重度证明的判断	防止严重危害的预防措施	是否是CCP
蒸煮、冷却	生物的：病原菌残留	是	蒸煮温度低、时间短，病原菌残留可引起食用不安全；冷却间温度高，病原菌大量繁殖	严格执行蒸煮、冷却操作，后续杀菌步骤可消除病原菌	否
	化学的：无				
	物理的：无				
分离、肠衣、挑选、装罐、封口	生物的：病原菌生长、污染	是	分离、肠衣、挑选时易于造成病原菌大量繁殖	严格执行分离、肠衣、挑选、封口操作，清洗罐盒，后续杀菌步骤可消除病原菌	否
	化学的：无				
	物理的：金属异物、油污污染	是	罐盒清洗不净易混入金属异物，封口处易流入油污	严格执行清洗程序	否
杀菌（CCP）	生物的：病原菌残留	是	灭菌温度和时间不足，病原菌残留	严格控制杀菌温度和时间	是
	化学的：无				
	物理的：无				
保温、检验、包装	生物的：病原菌残留	是	灭菌不彻底，病原菌残留后大量繁殖	保温处理，挑出杀菌不彻底的罐盒	否
	化学的：无				
	物理的：无				

（三）出口猪肉香肠罐头 HACCP 计划

出口猪肉香肠罐头 HACCP 计划见表 8－5。

表 8－5　出口猪肉香肠罐头 HACCP 计划

关键控制点（CCP）	显著危害	关键限值	监控				纠偏措施	记录	验证
			对象	手段	频率	人员			
CCP－1 原辅料选择	病原菌、农药残留等	必须有原辅料产品合格证	产品标签检验	眼看	每批	原辅料验收员	拒收	原辅料验收记录	每周审核一次纠偏

续表

关键控制点（CCP）	显著危害	关键限值	监控				纠偏措施	记录	验证
			对象	手段	频率	人员			
CCP－2 腌制	亚硝酸盐	食盐投放量、腌制时间	食盐腌制时间	称量、目测、记录	每批	配料员	重称	腌制记录	复查腌制记录
CCP－3 杀菌	病原菌残留	121℃ 75 分钟	杀菌锅	眼看	每批	杀菌锅监控人员	再次灭菌	杀菌锅操作记录	每天审核压力容器，每年进行一次官方校准

二、HACCP 体系在奶制品生产企业中的应用

（一）工艺流程

原料收集与储存→原料运输→巴氏杀菌→冷却储存→均质→UHT 灭菌→无菌包装→喷码→入库

（二）危害分析工作单

危害分析工作单见表 8－6。

表 8－6　危害分析工作单

名称：××加工厂
地址：××××
用途和消费者：　　　　包装形式：250mL 砖形纸盒装
品名：超高温灭菌奶　　　　销售和储存方法：常温

加工工序	潜在危害	危害是否显著	危害显著性判断依据	能用于显著危害的预防措施	是否关键控制点
原料收集与储存	生物：细菌 化学：农药、抗生素残留 物理：无	是	细菌导致原料乳变质；农药、抗生素会造成污染	挤乳时丢弃第一二把奶，严格消毒挤奶用具；挤奶后迅速将奶温控制在 1～4℃；定期检验，饲养控制	是
原料运输	生物：细菌 化学：无 物理：无	是	细菌导致原料乳变质	清洁奶车，采用保温设施防止奶温升高，尽量缩短运输时间	是

续表

加工工序	潜在危害	危害是否显著	危害显著性判断依据	能用于显著危害的预防措施	是否关键控制点
巴氏杀菌	生物：细菌 化学：无 物理：无	是	温度、时间组合不当使杀菌不彻底	准确控制温度、时间	是
冷却储存	生物：细菌 化学：无 物理：无	是	储存温度较高，会造成细菌大量繁殖	冷却到8℃以下储存	否
均质	生物：细菌 化学：无 物理：无	否	时间短		否
超高温灭菌	生物：细菌 化学：无 物理：无	是	温度、时间组合不当使杀菌不彻底	准确控制温度、时间	是
无菌包装	生物：细菌 化学：双氧水残留 物理：无	是	双氧水浓度过高导致残留，浓度过低则对包装纸盒消毒不完全；火炉、无菌空气、鼓轮温度过高过低都无法有效灭菌	准确控制双氧水的浓度、喷洒量，以及火炉、无菌空气、鼓轮的温度	是
喷码	生物：无 化学：墨水、油污 物理：无	是	沾在包装纸盒上的墨水和油污被人误食，会危害人体健康	正确的喷码方式及运输带的清洁	否
入库	生物：细菌 化学：无 物理：无	是	仓库环境温度、湿度过高造成细菌繁殖	由SSOP控制	否

（三）HACCP 计划表

乳制品生产 HACCP 计划见表 8－7。

表 8－7　乳制品生产 HACCP 计划

关键控制点（CCP）	显著危害	关键限值	监控				纠偏措施	记录	验证
			对象	手段	频率	人员			
原料收集与储存	细菌、农药、抗生素残留	细菌总数 < 10cfu/mL，农药含量 < 0.1mg/kg，抗生素不得检出	细菌、农药及抗生素残留量	平板记数法、气相色谱法、Delvote St－SP 法	每批一次	质检员	改作其他用途	牛场质检记录	每日检查记录
原料运输	细菌	奶温控制在 1～4℃、挤奶后 24 小时内运往加工	奶温、运输时间	温度计、时钟	连续控制	司机	不符合要求的原料乳不再使用	牛乳运输记录、加工厂质检记录	每日检查记录，每季度校正一次温度计
CCP－3 杀菌	病原菌残留	121℃ 75 分钟	杀菌锅	眼看	每批	杀菌锅监控人员	再次杀菌	杀菌锅操作记录	每天审核压力容器，每年进行一次官方校准
巴氏杀菌	细菌	灭菌温度 80℃、时间 16 秒	杀菌温度及时间	温度计、电脑时钟	记录仪连续进行，操作员每 20 分钟一次	炼奶工	重新灭菌	炼奶间杀菌生产记录	每日检查记录，每季度校正一次温度计
超高温灭菌	细菌	灭菌温度 138℃、时间 4 秒	灭菌温度及时间	热电阻温度计、电脑时钟	记录仪连续进行，操作员每 10 分钟一次	灭菌机操作员	重新灭菌	牛奶间灭菌机生产记录	每日检查记录，每季度校正一次温度计
无菌包装	细菌，双氧水残留	双氧水浓度 37%，每小时耗用量 390mL；火炉温度 300～310℃，无菌空气温 100～110℃，鼓轮温度 80～90℃	双氧水浓度及耗用量，火炉、无菌空气、鼓轮的温度	折射仪、带刻度的储存罐，热电阻温度计	双氧水浓度：每批一次，耗用量：每 0.5 小时一次；火炉、无菌空气、鼓轮温度：记录仪连续进行，操作员每 10 分钟一次	无菌包装机手	将产品隔离存放做安全性评估	牛奶间无菌包装记录	每日检查录，每季度校正一次温度计

三、HACCP 体系在果蔬汁生产企业中的应用

（一）危害分析工作单

果蔬汁生产 HACCP 计划见表 8－8。

表 8－8　危害分析工作单

加工工序	潜在危害	是否显著	判定依据	预防措施	是否 CCP
原料果验收	生物危害：致病菌、寄生虫	是	原料果生长、储存环境中可能存在致病菌和寄生虫	酶解、巴氏杀菌、超滤浓缩等可杀灭致病菌和寄生虫	否
	化学危害：农药残留、重金属、真菌毒素等	是	原料果生长中使用农药或土壤中铅、砷、铜超标，原料果霉烂	凭原料果农药、重金属残留普查合格证明收果，烂果控制在 2% 以下	是
	物理危害：金属及玻璃碎片	是	原料果中可能存在钨及玻璃碎片	及时挑出，榨汁、超滤可除去，风险性很小	否
无菌袋或大型集装罐（袋）验收	生物危害：致病菌污染	是	无菌袋或大型集装罐（袋）清洗消毒处理不彻底和密封性能不良	按规定清洗消毒并有合格证明及密性合格证	是
	化学危害：消毒剂、辐照物残留	是	包装或集装罐（袋）消毒处理物质残留，无菌袋中辐照物残留	彻底清洗、有处理物质残留合格证	是
	物理危害：无				
原料果冲洗	生物危害：致病菌、寄生虫生长与污染	是	冲洗水及冲洗道污染	SSOP 控制	否
	化学危害：农药、消毒剂残留	是	冲洗水中的氯离子浓度过高，原料果中农药残留	SSOP 控制	否
	物理危害：金属及玻璃碎片	是	包装袋污染	SSOP 控制	否
无菌袋的储藏	生物危害：致病菌污染			SSOP 控制	否
	物理危害：无				
	化学危害：无				

续表

加工工序	潜在危害	是否显著	判定依据	预防措施	是否 CCP
原料果挑选	生物危害：致病菌、寄生虫生长与污染	是	操作者和环境污染	SSOP 控制	是
	化学危害：真菌毒素	是	烂果挑除不彻底	烂果率应控制在 2%以下	是
	物理危害：金属及玻璃碎片	是	原料果中可能存在金属及玻璃碎片	过筛冲洗及挑选除去金属及玻璃碎片，榨汁、超滤可除去	否
破碎	生物危害：致病菌、寄生虫生长与污染	是	粉碎设备污染	SSOP 控制	否
	化学危害：消毒剂残留	是	原料果用不含氯离子的水冲洗不彻底	SSOP 控制	否
	物理危害：无				
榨汁	生物危害：致病菌、寄生虫生长与污染	是	榨汁设备污染	SSOP 控制	否
	化学危害：无				
	物理危害：无				
粗滤	生物危害：致病菌污染	是	粗滤设备污染	SSOP 控制	否
	物理危害：无				
	化学危害：无				
一次巴氏杀菌	生物危害：致病菌污染	是	此前所榨汁暴露于空气之中易被污染	后续工序可灭除致病菌	否
	物理危害：无				
	化学危害：无				
冷却	生物危害：致病菌生长	是	第一次巴氏杀菌不彻底时致病菌生长，设备污染	SSOP 控制	否
	物理危害：无				
	化学危害：无				

续表

加工工序	潜在危害	是否显著	判定依据	预防措施	是否 CCP
酶化	生物危害：致病菌生长	是	第一次巴氏杀菌不彻底时致病菌生长，设备污染	SSOP 控制	否
	物理危害：无				
	化学危害：酶制剂残留	是	酶制剂过量或作用不完全		否
超滤或微滤	生物危害：致病菌生长	是	第一次巴杀不彻底时致病菌生长	后续工序可杀灭致病菌	否
	物理危害：无				
	化学危害：无				
蒸发浓缩	生物危害：致病菌生长	是	前面工序未完全除去的细菌	后续工序可杀灭致病菌	否
	物理危害：无				
	化学危害：无				
冷却	生物危害：致病菌污染	是	冷却设备污染	由第二次巴氏杀菌杀灭致病菌	否
	物理危害：无				
	化学危害：无				
二次巴氏杀菌	生物危害：致病菌生长	是	前面工序可能污染的细菌并生长	巴氏杀菌杀灭致病菌	是
	物理危害：无				
	化学危害：无				
冷却	生物危害：致病菌污染	是	冷却设备污染	SSOP 控制	否
	物理危害：无				
	化学危害：无				
灌装	生物危害：致病菌污染	是	无菌灌装设备及无菌袋污染	无菌灌装机正常运行，无菌袋有密封性合格证明	是
	物理危害：无				
	化学危害：无				

续表

加工工序	潜在危害	是否显著	判定依据	预防措施	是否 CCP
储藏	生物危害：致病菌生长	是	灌装时致病菌可能污染、存放温度过高细菌生长	SSOP 控制	否
	物理危害：无				
	化学危害：无				
运输	生物危害：致病菌生长	是	灌装时致病菌可能污染、运输温度过高细菌生长	SSOP 控制	否
	物理危害：无				
	化学危害：无				

（二）HACCP 计划表

果蔬汁生产 HACCP 计划表见表 8－9。

表 8－9　果蔬汁生产 HACCP 计划

关键控制点	显著危害	关键限值	监控				纠偏行动	记录	验证
			什么	怎样	频率	谁			
原料果和无菌袋或大型集装罐（袋）的验收	致病菌、寄生虫、农药、重金属和核物质	查验原料果“农药、重金属残留普查合格证明”；查验无菌包装袋或大型集装罐（袋）的“密封性能鉴定合格证明”与“辐照物残留合格证明”或“清洗消毒处理合格证明”	查验原料果“农药、重金属残留普查合格证明”；查验无菌包装袋或大型集装罐（袋）的“密封性能鉴定合格证明”与“辐照物残留合格证明”或“清洗消毒处理合格证明”	收购原料果时查验“农药、重金属残留普查合格证明”；无菌包装袋或大型集装罐（袋）入库时查验“密封性能鉴定合格证明”与“辐照物残留合格证明”或“清洗消毒处理合格证明”	收购原料果时查验每批的“农药、重金属残留普查合格证明”；无菌包装袋或大型集装罐（袋）入库时查验“密封性能鉴定合格证明”与“辐照物残留合格证明”或“清洗消毒处理合格证明”	原料果收购人员或生产技术监督人员；库管人员或生产技术监督人员	原料果无“农药、重金属残留普查合格证明”时拒绝收购；检查无菌包装袋或大型集装罐（袋）无“密封性能鉴定合格证明”与“辐照物残留合格证明”或“清洗消毒处理合格证明”拒绝进厂入库	原料果“农药、重金属残留普查合格证明”审核记录；无菌包装袋“核辐照物质残留合格证明”审核记录表；无菌包装袋或大型集装罐（袋）“密封性能鉴定合格证明”审核记录，大型集装罐（袋）“清洗消毒处理合格证明”审核记录表	审核原料果“农药、重金属残留普查合格证明”；审核每批无菌包装袋或大型集装罐（袋“密封性能鉴定合格证明”或“清洗消毒处理合格证明”。主管每周内检查，每天记录

续表

关键控制点	显著危害	关键限值	监控				纠偏行动	记录	验证
			什么	怎样	频率	谁			
原料果挑选	黄曲霉毒素残留	霉烂变质果率 < 2%（选果台上的苹果成单层摆放，每平方米选果台保证3个以上选果人员）	霉烂变质果	检查选果台上苹果密度，选果人密度及霉烂变质果率	选果时每2小时检查一次选果台上苹果密度，选果人密度及霉烂变质果率	生产技术监督人员检查	霉烂变质果超过2%时立即调整（选果台上的苹果成单层摆放，每平方米选果台保证3个以上选果人）	原料果挑选中霉烂变质果检查的记录表	2小时检查霉烂变质果一次，主管每周核查，每天记录
第二次巴氏灭菌	致病菌	温度93～98℃时间30分钟	灭菌温度灭菌时间	用自动记录仪显示温度和时间	用自动记录仪连续显示温度和时间，每3分钟查看一次	操作人员或生产技术监督人员	自动记录仪显示的温度<93℃时，调节蒸汽阀使显示的温度>93℃；自动启示仪显示的时间<30秒时，调节果汁流速使作用显示时间为30秒	关键控制点监控记录表，关键限值纠偏记录表	每天校准自动显示温度和时间记录仪，30分钟记录温度和时间一次，主管每周检查，每天记录
灌装	致病菌	灌装机出口或消毒大型集装罐（袋）灌装管道蒸气的温度或时间	灌装机出口或清毒大型集装罐（袋）灌装管道蒸气的温度或时间	灌装时用自动记录仪显示温度或时间	灌装时用自动记录仪连续显示温度，每30分钟查看1次或边监（0.5小时/次）边观察温度计	操作人员或生产技术监督人员	灌装机出口蒸汽自动记录仪显示的温度<100℃调节蒸汽阀使显示的温度>100℃或时间<30分钟延长时>30分钟	关键控制点监控记录表，关键限值纠偏记录表	每天校准自动显示温度记录仪或时间表，30分钟记录温度一次

复习思考题

1. HACCP的起源？

2. HACCP体系包括哪几个基本原理？

3. 实施HACCP体系应遵循什么步骤？

4. 简述HACCP和GMP、SSOP之间的相互关系。

第九章　ISO 22000 食品安全管理体系

（1）了解食品安全管理体系的内容；

（2）掌握食品安全管理的原则及关键要素；

（3）理解 ISO 22000 与 HACCP、ISO 9001 之间的相互关系；

（4）能依据 ISO 22000 标准查找企业案例存在的问题并提出改进方案。

第一节　概　　述

一、ISO 22000 食品安全管理体系简介

2005 年 9 月 1 日，为保证全球食品安全，国际标准化组织于发布了 ISO 22000：2005《食品安全管理体系——适用于食品链中各类组织的要求》。2006 年 3 月 1 日，我国等同转换国际版标准 GB/T 22000：2006 正式发布，2006 年 7 月 1 日正式实施。ISO 22000 是国际标准化组织继 ISO 9000、ISO 14000 标准后推出的又一管理体系国际标准。它建立在 GMP、SSOP 和 HACCP 基础上，首次提出针对整个食品供应链进行全程监管的食品安全管理体系要求。同年 11 月，国际标准化组织又发布了 ISO/TS 22004：2005《食品安全管理体系 ISO 22000 应用指南》。

ISO 22000 采用了 ISO 9001 标准体系结构，在食品危害风险识别、确认以及系统管理方面，参照了国际食品法典委员会颁布的《食品卫生通则》中有关 HACCP 体系和应用指南部分。ISO 22000 的食用范围覆盖了食品链全过程，即种植、养殖、初级加工、生产制造、分销，一直到消费者食用，其中也包括餐饮。另外，与食品生产密切相关的行业也可以采用这个标准建立食品安全管理体系，如杀虫剂、兽药、食品添加剂、储

运、食品设备、食品清洁服务、食品包装材料。它通过对食品链中任何组织在生产(经营)过程中可能出现的危害进行分析，确定控制措施，将危害降低到消费者可接受的水平。ISO 22000 标准的核心是危害分析，并将它与国际食品法典委员会(CAC)所制定的实施步骤、HACCP 的前提条件——前提方案(PRPs)和相互沟通均衡地结合。在明确食品链中各组织的角色和作用的条件下，将危害分析所识别的食品安全危害进行评价并分类，通过 HACCP 计划和操作性前提方案(OPRP)的控制措施组合来控制，能够很好地预防食品安全事件的发生。

ISO 22000《食品安全管理体系要求》强调在食品链中的所有组织都必须具备能够控制食品安全危害的能力，以便能提供持续安全的产品来满足顾客的需求和符合相对应的食品安全规则。ISO 22000 标准已成为审核标准，可以单独作为认证、内审或合同的依据，也可与其他管理体系，如 ISO 9001：2008 组合实施。

ISO 22000《食品安全管理体系要求》标准包括八个方面的内容，即范围、规范性引用文件、术语和定义、政策和原理、食品安全管理体系的设计、实施食品安全管理体系、食品安全管理体系的保持和管理评审。虽然 ISO 22000《食品安全管理体系要求》是一个自愿采用的国际标准，但该标准为越来越多国家的食品生产加工企业所采用而成为国际通行的标准。

二、实施 ISO 22000 标准的目的和范围

1. 实施 ISO 22000 标准的目的

(1) 组织实施 ISO 22000 后，能够确保在按照产品的预期用途食用时对消费者来说是安全的。

(2) 通过与顾客的相互沟通，识别并评价顾客要求中食品安全的内容以及它的合理合法性，并能与组织的经营目标相统一，从而证实组织就食品安全要求与顾客达成了一致。

(3) 组织应建立有效的沟通渠道，识别食品链中需沟通的对象和适宜的沟通内容，并将其中的要求纳入到组织的食品安全管理活动中，从而证实沟通的有效性。

(4) 组织应建立获取与食品安全有关的法律法规的渠道，获取适用的法律法规，并将其中的要求纳入到组织的食品安全管理活动中。

(5) 组织应该能够确保按照其声明的食品安全方针策划、实施、保持和更新其食品安全管理体系。

2. 标准的适用范围

ISO 22000 标准的所有要求都是通用的，无论组织的规模、类型，还是直接介入食品链的一个或多个环节或间接介入食品链的组织，只要其期望建立食品安全管理体系就可采用该标准。这些组织包括：饲料加工者，种植者，辅料生产者，食品生产者，零售商，食品服务商，配餐服务商，提供清洁、运输、储存和分销服务的组织，以及间接介入食品链的组织如设备、清洁剂、包装材料以及其他食品接触材料的供应商。

三、实施 ISO 22000 标准的意义

ISO 22000 是一个自愿性的标准，但由于该标准是对各国现行的食品安全管理标准和法规的整合，是一个统一的国际标准，因此该标准会为越来越多的政府和食品供应链上的企业所接受和采用。从目前情况看，企业采用 ISO 22000 标准可以获得如下诸多好处。

（1）与贸易伙伴进行有组织的、有针对性的沟通。
（2）在组织内部及食品链中实现资源利用最优化。
（3）改善文献资源管理。
（4）加强计划性，减少过程后的检验。
（5）更加有效和动态地进行食品安全风险控制。
（6）所有的控制措施都将进行风险分析。
（7）对前提方案进行系统化管理。
（8）由于关注最终结果，该标准适用范围广泛。
（9）可以作为决策的有效依据。
（10）充分提高勤奋度。
（11）聚焦于对必要的问题的控制。
（12）通过减少冗余的系统审计而节约资源。

四、ISO 22000 系列标准

ISO 22000 是该标准族中的第一个文件。该标准族包括下列文件。

ISO/TS 22004《食品安全管理体系、ISO 22000：2005 应用指南》，于 2005 年 11 月发布。

ISO/TS 22003《食品安全管理体系——对提供食品安全管理体系审核和认证机构的要求》，对 ISO 22000 认证机构的合格评定提供协调一致的指南，并详细说明审核食品安全管理体系符合标准的规则，于 2006 年第一季度发布。

ISO 22005《饲料和食品链的可追溯性——体系设计和发展的一般原则和指导方针》，它立刻作为一个国际标准草案运行。

第二节　食品安全管理体系对组织的要求

一、食品安全管理体系的基础术语

1. 食品安全(food safety)

食品安全即指食品在按照预期用途进行制备和(或)食用时不会伤害消费者的概念。

2. 食品链(food chain)

食品链即指从初级生产直至消费的各环节和操作的顺序，涉及食品及其辅料的生

产、加工、分销、储存和处理。

3. 食品安全危害(food safety hazard)

食品安全危害即指食品中所含有的对健康有潜在不良影响的生物、化学、物理因素或食品存在状况。

4. 食品安全方针(food safety policy)

食品安全方针即指由组织的最高管理者正式发布的该组织总的食品安全宗旨和方向。

5. 终产品(end product)

终产品即指组织不再进一步加工或转化的产品。

6. 前提方案(prerequisite program，PRP)

前提方案在整个食品链中为保持卫生环境所必需的基本条件和活动，以适合生产、处置和提供安全终产品以及人类消费的安全食品。

7. 操作性前提方案(operational prerequisite program，OPRP)

操作性前提方案即指通过危害分析确定的、必需的前提方案PRP，以控制食品安全危害引入的可能性和(或)食品安全危害在产品或加工环境中污染或扩散的可能性。

8. 更新(updating)

更新即指为确保应用最新信息而进行的即时和(或)有计划的活动。

二、食品安全管理的十项原则

ISO 22000《食品安全管理体系要求》标准提出并遵循了食品安全管理原则，将消费者食用安全作为建立与实施食品安全管理体系的关注焦点，重点强调对食品链中影响食品安全的危害进行过程、系统化和可追溯性的控制，最终产品的检验仅是辅助或验证的手段。标准根据食品危害的产生机理，系统地规定了对危害进行识别、评估、预防、控制、监控及评价的标准，并对HACCP前提计划、HACCP计划和HACCP后续计划的制订与实施做出了明确规定。食品安全管理有如下原则：

原则一 以消费者食用安全为关注焦点。

原则二 实现管理承诺和全员参与。

原则三 建立食品卫生基础。

原则四 应用HACCP原理。

原则五 针对特定产品和特定危害。

原则六 依靠科学依据。

原则七 采用过程方法。

原则八 实施系统化和可追溯性管理。

原则九 在食品链中保持组织内外的必要沟通。

原则十 在信息分析的基础上实现体系的更新和持续改进。

三、食品安全管理体系的 4 个关键要素

为保持食品安全管理体系的有效性，确保整个食品链直至最终消费的食品安全，ISO 22000 强调了下列 4 个关键要素：

（1）相互沟通。

（2）体系管理。

（3）前提方案。

（4）HACCP 原理。

沟通包括外部沟通（与供方和分包商的沟通、与顾客的沟通、与食品主管部门的沟通）及内部沟通（不同部门和层次的人员，包括上至最高管理者下至车间工人）。为了确保食品链每个环节所有相关的食品危害均得到识别和充分控制，必须强化整个食品链中各组织的沟通。因此，组织与其在食品链中的上游和下游的组织之间均需要进行沟通。尤其对于已确定的危害和采取的控制措施，应与顾客和供方进行沟通，这将有助于明确顾客和供方的要求。

四、前提方案与操作性前提方案

1. 前提方案

前提方案（prerequisite program，PRP）是针对组织运行的性质和规模而制定的程序或指导书，用以改善和保持运行条件，从而更有效地控制食品安全危害；是指必备的前提计划或者基本条件，是依据法律法规的要求、顾客的要求等所做的活动。例如，良好农业规范（GAP）、良好兽医规范（GVP）、良好操作规范（GMP）、良好卫生规范（GHP）、良好生产规范（GPP）、良好分销规范（GDP）、良好贸易规范（GTP）。

前提方案应与组织在食品安全方面的需求相适应；与组织运行的规模和类型、制造和处置的产品性质相适应；前提方案无论是普遍适用还是只适用于特定产品或生产线，都应在整个生产系统中实施；前提方案应获得食品安全小组的批准。建立、实施和保持前提方案，有助于控制：

（1）食品安全危害通过工作环境引入产品的可能性。

（2）产品的生物性、化学性和物理性污染，包括产品之间的交叉污染。

（3）产品和产品加工环境的食品安全危害水平。

当选择和制订前提方案时，组织应考虑和利用适当信息，如法律法规要求、顾客要求、公认的指南、国际食品法典委员会的法典原则和操作规范、国家、国际或行业标准等。在制定这些方案时，组织应考虑如下信息：

（1）建筑物和相关设施的构造和布局。

（2）包括工作空间和员工设施在内的厂房布局。

（3）空气、水、能源和其他基础条件的供给。

（4）包括废弃物和污水处理的支持性服务。

（5）设备的适宜性及其清洁、保养和预防性维护的可实现性。

（6）对采购材料（如原料、辅料、化学品和包装材料）、供给（如水、空气、蒸汽、冰等）、清理（如废弃物和污水处理）和产品处置（如储存和运输）的管理。

（7）交叉污染的预防措施。

（8）清洁和消毒。

（9）虫害控制。

（10）人员卫生。

应对前提方案的验证进行策划，必要时应对前提方案进行更改，并应保持验证和更改的记录。

2. 操作性前提方案

操作性前提方案（operational prerequisite program，OPRP）是为控制食品安全危害在产品或加工环境中引入、污染或扩散的可能性。操作性前提方案是在进行危害分析之后，根据危害评估的结果，进行控制措施的选择和评估，最后才能确定什么措施是属于操作性前提方案，什么措施是属于HACCP计划。

操作性前提方案是通过危害分析所制定的实施作业程序或作业指导书，以规范有序地实施食品安全危害的控制措施；其结果的可靠性可通过经常的监视获得。操作性前提方案通常包括：HACCP计划的5个准备步骤；由SSOP可以解决的问题；采购管理、产品处理等。

五、HACCP计划的建立

应根据CAC/RCP1—HACCP体系及其应用准则的要求将HACCP计划形成文件，HACCP计划应包括如下信息。

（1）该关键控制点所控制的食品安全危害。

（2）控制措施。

（3）关键限值。

（4）监视控制程序。

（5）关键限值超出时，应采取的纠正和纠正措施。

（6）职责和权限。

（7）监视的记录。

1. 关键控制点（CCP）的识别

需要HACCP计划控制的每种显著危害，应针对确定的控制措施识别关键控制点。

2. 关键控制点（CCP）中关键限值的确定

在每一个关键控制点都应设计关键限值以确保相应的食品安全危害得到有效控制，确保终产品的安全危害不超过已知的可接受水平；关键限值应可以测量。关键限值如果是由主观进行判断的（如对产品、加工过程、处置等的视觉检验），就要求有指导书、规范、教育和培训的支持。

3. CCP 的监视系统

对每个关键控制点应建立监视系统，以证实关键控制点处于受控状态。该系统应包括所有针对关键限值的有计划的测量或观察。监视系统应由相关程序、指导书和记录构成。记录包括：

（1）在适宜的时间间隔内提供结果的测量或观察值。

（2）所用的监视装置。

（3）适用的校准方法。

（4）监视频次。

（5）与监视和评价监视结果有关的职责和权限。

（6）记录的要求和方法。

监视的方法和频次应能够及时识别测量或观察值是否超出关键限值，以便及时发现出现的偏差，并在实施纠偏措施和产品评估前对相关产品进行隔离。

4. 监视结果超出关键限值时采取的措施

在 HACCP 计划中应规定关键控制点超出关键限值时所采取的措施，以使关键控制点恢复受控。同时，分析并查明超出的原因，以防止再次发生超出。对偏离时所生产的产品，应按照潜在不安全产品程序进行处置；处置后的产品经评价合格后才能放行。

六、文件要求

1. 食品安全管理体系文件

食品安全管理体系文件应包括：

（1）形成文件的食品安全方针和相关目标的声明。

（2）本准则要求的形成文件的程序和记录。

（3）组织为确保食品安全管理体系有效建立、实施和更新所需的文件。

2. 文件控制

食品安全管理体系所要求的文件应予以控制。记录是一种特殊类型的文件，建立并保持记录，是提供符合要求和食品安全管理体系有效运行的证据。记录应保持清晰、易于识别和检索。应编制形成文件的程序，规定记录的标志、储存、保护、检索、保存期限和处理所需的控制。

体系所形成的所有文件均应处于受控状态，运作时重点控制以下几点。

（1）文件发布前得到批准，以确保文件是充分与适宜的。

（2）必要时对文件进行评审与更新，并再次批准。

（3）确保文件的更改和现行修订状态得到识别。

（4）确保在使用处获得适用文件的有关版本。

（5）确保文件保持清晰、易于识别。

（6）确保相关的外来文件得到识别，并控制其分发。

（7）防止作废文件的非预期使用，若因特殊原因需保留作废文件时，确保对这些文件进行适当的标志。

文件控制应确保所有提出的更改在实施前加以评审，以明确其对食品安全的效果以及对食品安全管理体系的影响。

在本准则中，要求形成文件的九条程序如下。

（1）文件控制。

（2）记录控制。

（3）操作性前提方案。

（4）处置受不合格影响的产品。

（5）纠正措施。

（6）纠正。

（7）潜在不安全产品的处置。

（8）召回。

（9）内部审核。

相关记录应包括：文件更改的原因与证据；指定人员采取的适当措施；在食品链中进行沟通的信息以及来自主管部门的所有与食品安全有关的要求；管理评审；规定专家职责和权限的协议；教育、培训、技能和经验；对基础设施进行的维修改造；实施危害分析所需的相关信息；食品安全小组所要求的知识和经验；经过验证的流程图；所有合理预期发生的食品安全危害以及确定危害可接受水平的证据和结果；食品安全危害评价所采用的方法和结果；控制措施评价的结果；监视结果；监视要求和方法；预备信息、前提方案文件和 HACCP 计划的更改；验证策划；可追溯性信息；纠正措施；纠正不合格的性质及其产生原因和后果的信息，不合格批次的可追溯性信息；对召回方案有效性的验证；当测量设备失效时，对以往测量结果有效性的评价和相应措施；策划验证的结果；验证活动分析的结果和由此产生的活动；食品安全管理体系的更新活动。

七、食品安全管理体系的验证

食品安全小组应对验证、确认和更新食品安全管理体系所需的过程进行策划和实施。食品安全管理体系的验证方法主要包括内部审核、单项验证和控制措施组合的确认等。

1. 内部审核

组织应按照策划的时间间隔进行内部审核，以确定食品安全管理体系是否：

（1）符合预定的策划安排、组织所建立的食品安全管理体系的要求和本标准的要求。

（2）使体系得到有效实施和更新。

应对审核方案进行策划，应规定审核的准则、范围、频次和方法，确定审核过程和拟审核的环节或区域，同时应对以往审核所产生的更新和措施进行跟踪审核。审核员的选择和审核的实施应确保审核过程的客观性和公正性。审核员不应审核自己的工作。

应在形成文件的程序中规定内部审核策划、实施审核、报告结果和保持记录的职责及要求。

对于发现的不符合情况，负责受审核区域的管理者应确保及时准确地找出原因并采取措施，及时纠偏。跟踪活动应包括对所采取措施的验证和验证结果的报告。

2. 单项验证

单项验证是对食品安全管理体系中某个单项要素的验证，不是对体系整体的验证。食品安全小组应对每个策划的单项验证结果进行系统地评价，也包括内部审核的某些单项验证结果。

3. 控制措施组合的确认

对于包括在操作性前提方案和HACCP计划中的控制措施组合的初步设计及随后的变更，组织应使控制措施的组合能够达到已确定的食品安全危害控制所要求的预期水平。

4. 验证活动结果的分析

食品安全小组应分析验证活动的结果，包括内部审核和外部审核的结果。分析的结果和由此产生的活动应予以记录，并以相关的形式向最高管理者报告，作为管理评审的输入；也应用作食品安全管理体系更新的输入。

八、持续改进

最高管理者应通过沟通、管理评审、内部审核、单项验证结果的评价、验证活动结果的分析、控制措施组合的确认、采取纠正措施等活动，确保食品安全管理体系持续更新。

九、食品安全管理体系的实施运行

1. 试运行前的培训

食品安全管理体系试运行前，应进行食品安全管理体系文件的培训，使企业各部门人员明确食品安全管理体系文件的要求，明白自己该做什么，该怎么做。

2. 试运行前的准备

（1）检查资源配置到位情况，确认硬件改造已全部完成。

（2）制备各类印章、标签和标志、用品、记录表格、表卡等。

（3）试运行前或试运行初应做好计量工作。

（4）对已有的供应商进行评估、登记。

（5）宣传鼓动。通过板报、标语等形式向企业员工宣讲食品安全、ISO 22000认证计划等。

3. 宣布试运行

试运行是食品安全管理体系由不完善到完善，由不配套到配套，由不习惯到习惯，由没记录到记录完整，由不符合到符合的过渡过程。

试运行中要做好下列工作。

（1）食品安全小组指导和监督企业各部门按照文件的规定进行管理和操作。

（2）对操作性前提方案、HACCP 计划的适宜性和有效性进行验证。

（3）对单项验证结果进行评价，对验证活动结果进行分析。

4. 整改完善，正式运行

对试运行中的问题，应及时地采取纠正措施。如果是文件问题，应及时修订改正；然后按修订完善的食品安全管理体系文件的要求，全面正式运行。

5. 内部食品安全管理体系审核

认证前，至少进行一次内部食品安全管理体系审核。对审核中的不符合项采取纠正措施，加以解决。

6. 管理评审

认证前，至少进行一次管理评审，确保食品安全管理体系的充分性、适宜性和有效性。

7. 外部认证

体系运行良好并通过管理评审后，可申请第三方机构进行认证。

第三节　ISO 22000 与 HACCP、ISO 9001 之间的相互关系

一、ISO 22000 与 HACCP 的关系

HACCP 作为一种系统的方法，是保障食品安全的基础。它对食品生产、储存和运输过程中所有潜在的生物的、物理的、化学的危害进行分析，制订一套全面有效的计划来防止或控制这些危害。

ISO 22000 进一步确定了 HACCP 在食品安全体系中的地位，统一了全球对 HACCP 的解释，帮助企业更好地使用 HACCP 原则，所以 ISO22000 在某种意义上就是一个国际 HACCP 体系标准。

ISO 22000 与 HACCP 相比有以下特点。

（1）突出了体系管理理念。ISO 22000 标准与 HACCP 相比，突出了体系管理理念，将组织、资源、过程和程序融合到体系之中，使体系结构与 ISO 9001 标准结构完全一致，强调标准既可单独使用，也可以和 ISO 9001 质量管理体系标准整合使用，充分考虑了两者兼容性。ISO 22000 标准适用范围为食品链中所有类型的组织，比原有的 HACCP 体系范围要广。

（2）强调了沟通的作用。沟通是食品安全管理体系的重要原则。顾客要求、食品监督管理机构要求、法律法规要求以及一些新的危害产生的信息，须通过外部沟通获得，以获得充分的食品安全相关信息。通过内部沟通可以获得体系是否需要更新和改进

的信息。

（3）体现了对遵守食品法律法规的要求。ISO 22000 标准不仅在引言中指出“本标准要求组织通过食品安全管理体系以满足与食品安全相关的法律法规要求”。而且标准的多个条款都要求与食品法律法规相结合，充分体现了遵守法律法规是建立食品安全管理体系前提之一。

（4）提出了前提方案。“前提方案”是整个食品供应链中为保持卫生环境所必需的基本条件和活动。它等同于食品企业良好操作规范。操作性前提方案是为减少食品安全危害在产品或产品加工环境中引入、污染或扩散的可能性，通过危害分析确定的基本前提方案。HACCP 也是通过危害分析确定的，只不过它是运用关键控制点通过关键限值来控制危害的控制措施。两者区别在于控制方式、方法或控制的侧重点不同，但目的都是为防止、消除食品安全危害或将食品安全危害降低到可接受水平的行动或活动。

（5）强调了“确认”和“验证”的重要性。“确认”是获取证据以证实由 HACCP 计划和操作性前提方案安排的控制措施有效。ISO 22000 标准在多处明示和隐含了“确认”要求或理念。“验证”是通过提供客观证据对规定要求已得到满足的认定，目的是证实体系和控制措施的有效性。ISO 22000 标准要求对前提方案、操作性前提方案、HACCP 计划及控制措施组合、潜在不安全产品处置、应急准备和响应、撤回等都要进行验证。

（6）增加了“应急准备和响应”规定。ISO 22000 标准要求最高管理者应关注有关影响食品安全的潜在紧急情况和事故，要求组织应识别潜在事故(件)和紧急情况，组织应策划应急准备和响应措施，并保证实施这些措施所需要的资源和程序。

（7）建立可追溯性系统和对不安全产品实施撤回机制。ISO 22000 标准提出了对不安全产品采取撤回的要求，充分体现了现代食品安全的管理理念。要求组织建立从原料供方到直接分销商的可追溯性系统，确保交付后的不安全终产品，利用可追溯性系统，能够及时、完全地撤回，尽可能降低和消除不安全产品对消费者的伤害。

二、ISO 22000 与 ISO 9001 的关系

ISO 22000 标准并不一定提出一些基本的强制性生产实践要求，而是对那些期望满足食品安全强制要求的企业给出管理要求，即要求组织将所有适用食品安全的有关法规和规章的要求融入食品安全管理体系中。ISO 22000 食品安全管理体系标准以 ISO 9001 质量管理体系的基本原则和过程方法为基础，按 ISO 9001 描述管理体系要求的标准框架，提供了食品安全管理体系的框架，从而保证 ISO 22000 具有与 ISO 9001 一致的结构，以有助于企业建立整合的管理体系。ISO 22000 并不是 HACCP 七项管理原则与 ISO 9001 要求的简单组合，而是一种风险管理工具，能使实施者合理地识别将要发生的危害，并制定一套全面有效的计划，来防止和控制危害的发生。事实上，其他行业在控制和降低风险的过程中，同样可以参考以 HACCP 为精髓的 ISO 22000 的管理思路。由此可见，不能认为 ISO 22000 只是在 ISO 9001 标准中加入食品行业某些特定内容后形成的。

复习思考题

1. 简述推行 ISO 22000 质量管理体系的作用。
2. 简述食品安全管理体系的十项原则。
3. 简述食品安全管理体系 ISO 22000 与 HACCP 和 ISO 9001 之间的异同。

第十章　食品企业食品安全管理体系要求

（1）了解各类食品企业食品安全管理的基本要求；

（2）理解各类食品企业食品安全管理关键过程控制要求。

第一节　肉及肉制品生产企业食品安全管理体系要求

一、前提方案（PRP）

从事肉及肉制品生产的企业，在根据 GB/T 22000 建立食品安全管理体系时，要满足 GB/T 22000 的 6.2、6.3 和 7.2 条款的要求，至少应符合 GB/T 20094 和 GB 19303 的要求。

1. 人力资源

（1）食品安全小组。食品安全小组应由多专业的人员组成，包括从事卫生质量控制、生产加工、工艺制定、实验室检验、设备维护、原辅料采购、仓储管理等项工作的人员。

（2）人员能力、意识与培训。影响食品安全活动的人员必须具备相应的能力和技能。

1）食品安全小组应理解 HACCP 原理和食品安全管理体系的标准。

2）应具有满足需要的熟悉肉类生产基本知识及加工工艺的人员。

3）从事肉类工艺制定、卫生质量控制、实验室检验工作的人员应具备相关知识。

4）生产人员熟悉人员卫生要求，遵守前提方案的相关规范要求。

5）动物屠宰企业应配备相应数量的兽医。从事畜禽宰前宰后检验的人员应具有相应的兽医专业知识和能力。

（3）人员健康和卫生要求

1）从事食品生产、检验和管理的人员需应符合《中华人民共和国食品安全法》关于从事食品加工人员的卫生要求和健康检查的规定。每年应进行一次健康检查及卫生知识培训，必要时做临时健康检查，体检合格后方可上岗。

2）直接从事食品生产、检验和管理的人员，凡患有影响食品卫生疾病者，应调离本岗位。

3）生产、检验和管理人员应保持个人清洁卫生，不得将与生产无关的物品带入车间；工作时不得戴首饰、手表，不得化妆；进入车间时应洗手、消毒并穿着工作服、帽、鞋，离开车间时换下工作服、帽、鞋；工作帽、服应集中管理，统一清洗、消毒，统一发放。不同卫生要求的区域或岗位的人员应穿戴不同颜色或标志的工作服、帽，以便区别。不同区域人员不应串岗。

2. 基础设施和维护

肉类屠宰生产企业设备设施的布局、维护保养应至少符合 GMP 要求；肉制品生产企业设备设施的布局、维护保养应至少符合 GB 19303 中第 4 章、第 5 章和第 6 章的要求。

3. 卫生标准操作程序(SSOP)

肉及肉制品生产企业应制订书面的卫生标准操作程序，明确执行人的职责，确定执行频率，实施有效的监控和相应的纠正预防措施。

制定的卫生标准操作程序(SSOP)，内容不少于以下几个方面：

（1）接触食品(包括原料、半成品、成品)或与食品有接触的物品的水和冰应当符合安全、卫生要求。

（2）接触食品的器具、手套和内外包装材料等必须清洁、卫生和安全。

（3）确保食品免受交叉污染。

（4）保证操作人员手的清洗消毒，保持洗手间设施的清洁。

（5）防止润滑剂、燃料、清洗消毒用品、冷凝水及其他化学、物理和生物等污染物对食品造成安全危害。

（6）正确标注、存放和使用各类有毒化学物质。

（7）保证与食品接触的员工的身体健康和卫生。

（8）清除和预防鼠害、虫害。

（9）包装、储运卫生控制，必要时应考虑温度。

4. 产品追溯与撤回

（1）企业应制订和执行对不合格品的控制制度，包括不合格品的标识、记录、评价、隔离处置等内容。

（2）企业应建立和实施产品的追溯和撤回程序，确保肉及肉制品能追溯到动物和禽类的养殖基地。必要时定期演练。

二、关键过程控制要求

1. 原料验收

（1）对供宰动物的要求。供宰动物应来自经国家有关部门备案的饲养场，并附有检疫合格证明。

（2）肉制品加工的原料、辅料的卫生要求

1）原料肉应来自肉类屠宰加工生产企业，附有检疫合格证明，并经验收合格。

2）进口的原料肉应来自经国家注册的国外肉类生产企业，并附有出口国（地区）官方兽医部门出具的检验检疫证明副本和进境口岸检验检疫部门出具的入境货物检验检疫证明。

3）辅料应具有检验合格证，并经过进厂验收合格后方准使用。原、辅材料应专库存放。食品添加剂的使用要符合 GB 2760 的规定，严禁使用未经许可或肉制品进口国禁止使用的食品添加剂。

4）超过保质期的原、辅材料不得用于生产加工。

5）原料、辅料、半成品、成品以及生、熟产品应分别存放，防止污染。

2. 宰前检验

屠宰动物必须充分清洗干净，以保证卫生屠宰和加工。

屠宰动物的存放环境应该能最低减少食源性病原微生物的交叉污染，并且有利于有效的屠宰和加工。屠宰动物首先应进行宰前检验，其采用的程序和使用的检验手段必须具有权威性，检验人员应具备个人基本素质并经过培训。宰前检验必须建立在科学和风险分析的基础上，应考虑初级生产所有的相关信息。从初级生产得到的相关信息和屠宰前检验结果必须被应用到生产加工过程的控制上。应尽可能对宰前检验的结果进行分析并将其反馈给初级生产。

3. 宰后检验

所有动物都应接受宰后检验。动物宰后检验应利用动物饲养初级生产和宰前检验信息，结合对动物头部、胴体和内脏的感官检验结果，判定其用于人类消费的安全性和食用性。感官检验结果并非能准确判断动物可食部分的安全性或适应性。这些部位应该被分离出来，并做随后的确证检验和/或试验。

4. 粪便、奶汁、胆汁等可见污染物的控制

肉类屠宰生产企业应控制胴体的粪便、奶汁、胆汁等肉眼可见污染物为零。

5. 鲜肉微生物的控制

肉类屠宰加工生产企业应根据产品的卫生要求，建立具有相应检测能力的实验室，配备有资质的人员进行微生物学检测，定期或不定期对产品生产的主要过程（涉及食品卫生安全）进行监控，发现问题及时纠正，以满足成品的卫生要求。

6. 肉制品中致病菌的控制

肉类及其制品中不得检出致病菌，主要包括沙门氏菌、致病性大肠杆菌、金黄色葡

萄球菌和单核细胞增生性李斯特菌等。

7. 物理危害的控制

生产企业需配备必要的检测设备以控制物理危害，如 X 光仪、金属探测仪等。

8. 化学危害的控制

生产企业应充分考虑原料和加工过程（配辅料、注射或浸渍）中可能引起的化学危害（如农兽药残留、环境污染物、添加剂的滥用等）并加以有效控制。

9. 肉制品中添加辅料的控制

食品添加剂的加入量应符合 GB 2760 标准的规定。

10. 肉制品加工过程中温度的控制

肉制品熟制、冷却、冷藏过程中温度、时间的控制和产品中心温度的控制见 GB 19303 中 6.3。

三、产品检测

（1）应有与生产能力相适应的内设检验机构和具备相应资格的检验人员。

（2）内设检验机构应具备检验工作所需要的标准资料、检验设施和仪器设备；检验仪器应按规定进行计量检定。

（3）委托社会实验室承担检测工作的，该实验室应具有相应的资格。

（4）产品应按照相关产品国家、行业等专业标准要求进行检测判定。

最终产品微生物检测项目包括常规卫生指标（菌落总数、大肠菌群）和致病菌。

四、记录保持

对反映产品卫生质量情况的有关记录，应制定其标记、收集、编目、归档、存储、保管和处理的程序，并贯彻执行；所有质量记录应真实、准确、规范，冷冻产品的记录应保存 2 年，冷藏产品的记录应至少保存 1 年。

第二节　罐头生产企业食品安全管理体系要求

一、前提方案

从事罐头食品生产的企业，在根据 GB/T 22000 建立食品安全管理体系时，应满足罐头食品生产所需的条件。

1. 人力资源

（1）食品安全小组。食品安全小组应由多专业的人员组成，包括从事卫生质量控制、生产加工、工艺制定、实验室检验、设备维护、原辅料采购、仓储管理等工作的人员。

（2）人员能力、意识与培训。影响食品安全活动的人员必须具备相应的能力和技能。

1）食品安全小组应理解 HACCP 原理和食品安全管理体系的标准。

2）应具有满足需要的熟悉罐头生产基本知识及加工工艺的人员。

3）从事罐头工艺制定、卫生质量控制、实验室检验工作的人员应具备相关知识。

4）生产人员熟悉人员卫生要求，遵守前提方案的相关规范要求。

5）从事封口、杀菌操作的人员应经过培训，具备上岗资格。

（3）人员健康和卫生要求

1）从事食品生产、检验和管理的人员应符合《中华人民共和国食品安全法》关于从事食品加工人员的卫生要求和健康检查的规定。每年应进行一次健康检查，必要时做临时健康检查，体检合格后方可上岗。

2）直接从事食品生产、检验和管理的人员，凡患有影响食品卫生疾病者，应调离本岗位。

3）生产、检验和管理人员应保持个人清洁卫生，不得将与生产无关的物品带入车间；工作时不得戴首饰、手表，不得化妆；进入车间时应洗手、消毒并穿着工作服、帽、鞋，离开车间时换下工作服、帽、鞋；工作帽、服应集中管理，统一清洗、消毒，统一发放。不同卫生要求的区域或岗位的人员应穿戴不同颜色或标志的工作服、帽，以便区别。不同区域人员不应串岗。

2. 基础设施及维护

应满足 GB 8950 的要求，出口罐头企业还应满足《出口罐头生产企业注册卫生规范》和进口国的相关法规要求。

（1）厂区

1）罐头食品生产企业应建在无有碍食品卫生的区域，厂区内不应兼营、生产、存放有碍食品卫生的其他产品和物品。厂区路面应平整、无积水、易于清洗；厂区应适当绿化，无泥土裸露的地面。生产区域应与生活区域隔离。

2）厂区内污水处理设施、锅炉房、储煤场等应当远离生产区域和主干道，并位于主风向的下风处。

3）废弃物暂存场地应远离实罐车间。应有防污染设施，定期清洗消毒。废弃物应及时清运出厂，暂存过程中不应对厂区环境造成污染。

4）需要时，应设有污水处理系统；污水排放应符合国家环境保护的规定。

（2）厂房。厂房应结构合理，牢固且维修良好，其面积应与生产能力相适应；应有防止蚊、蝇、鼠、其他害虫以及烟、尘等环境污染物进入的设施。

（3）实罐车间

1）布局。车间面积应当与生产能力相适应，生产设施及设备布局合理，便于生产操作，应有有效措施防止交叉污染。原辅材料、加工品、成品以及废弃物进出车间的通道应当分开。

2）基础设施。①车间地面、墙壁、天花板的覆盖材料应使用浅色、无毒、耐用、平整、易清洗的材料。地面应有充足的坡度，不积水；墙角、地角、顶角应接缝良好，光滑易清洗；天花板应能防止结露和冷凝水滴落。②车间的门窗应用浅色、易清洗、不透水、耐腐蚀、表面光滑而且防吸附的坚固材料制作，结构严密，必要部位应有防蚊虫设施；内窗台应当有倾斜度或采用无窗台结构。③必要时，应设置与车间相连的更衣室、卫生间及淋浴室；其面积和设施能够满足需要。更衣室、卫生间、淋浴室应当保持清洁卫生，门窗不得直接开向车间，不得对生产车间的卫生构成污染。

卫生间内应当设有洗手、消毒设施；便池均应设置独立的冲水装置；应设置排气通风设施和防蚊蝇虫设施。

3）卫生设施。①车间入口处和车间内的适当位置应设置足够数量的洗手、消毒、漂洗以及干手设施（必要时），配备有清洁剂和消毒液。洗手水龙头应为非手动开关，生产含有动物性原料或者动植物脂肪原料时应当供应热水洗手。②生产区域人员入口处应当设有鞋靴消毒池。

4）生产设施。①车间内接触加工品的设备、工器具应使用化学性质稳定、无毒、无味、耐腐蚀、不生锈、易清洗消毒、表面光滑而且防吸附、坚固的材料制作，不得使用竹木工器具及棉麻制品。根据生产工艺需要，如果确需使用竹木器具，应有充足的依据，并制定防止产生危害的控制措施。②车间内应设置清洗生产场地、设备以及工器具用的移动水源，加工含有动 物性原料或者动植物脂肪原料时应有热水供应。车间内移动水源的软质水管上设置的喷头或者水枪应当保持正常工作状态，不得落地。③车间内不同用途的容器应有明显的标识，不得混用。④废弃物容器应选用适合的材料制作，需加盖的应配置非手工开启的盖。⑤封口处应设有非手动式的洗手消毒设施。

5）灯具及照明。车间内的照明设施应装有防护罩、照度满足操作要求，生产场所的照度在220 lx以上，检验场所的照度在540 lx以上。

6）温度控制。需要时，应控制车间的温度，按照设定的温度要求进行控制，定时记录。

7）排水。①车间内应有畅通的排水系统，水流应当从高清洁区域流向低清洁区域；排水沟底部为圆弧形，应有适当的坡度。②清洁区与准清洁区应当有彼此独立的排水通道。

8）通风。实罐车间应安装通风设备，保证加工区域空气清洁。进风口设置空气清洁装置，车间内空气应由高清洁区向低清洁区流动。

（4）附属设施。应有与生产能力相适应的、符合卫生要求的原辅材料、化学物品、包装物料、成品的储存等辅助设施。

（5）动力能源。应确保充足的电力和热能供应。

（6）维护保养。应制订设备、设施维修保养计划，保证其正常运转和使用。对于关键部件应制订强制保养和更换计划。

3. 操作性前提方案

应制定卫生标准操作程序（SSOP），内容不少于以下几个方面。

（1）接触食品（包括原料、半成品、成品）或与食品有接触的物品的水和冰应当符合安全、卫生要求。

（2）接触食品的器具、手套和内外包装材料等必须清洁、卫生和安全。

（3）确保食品免受交叉污染。

（4）保证操作人员手的清洗消毒，保持洗手间设施的清洁。

（5）防止润滑剂、燃料、清洗消毒用品、冷凝水及其他化学、物理和生物等污染物对食品造成安全危害。

（6）正确标注、存放和使用各类有毒化学物质。

（7）保证与食品接触的员工的身体健康和卫生。

（8）清除和预防鼠害、虫害。

（9）包装、储运卫生控制，必要时应考虑温度。

4. 产品追溯与撤回

（1）企业应建立产品追溯程序，能够从最终成品追踪到所使用原料的来源。

（2）企业应建立产品撤回程序，规定撤回的方法、范围，并进行演练。

二、关键过程控制要求

1. 原辅材料

企业应编制文件化的原辅材料控制程序，明确原料标准要求、采购与验收，并形成记录，定期复核。

（1）要求

1）肉禽类原料。肉禽类原料应采用来自非疫区健康良好的畜禽，每批原料应有产地动物防疫部门出具的兽医检疫合格证明。兽药残留、激素残留、抗生素残留以及其他有毒有害物质含量应符合我国法律、法规要求。进口肉禽原料应来自经国家有关部门批准的国外肉类生产企业，附有出口国家或地区官方兽医部门出具的检疫合格证书或进境口岸有关部门出具的检验检疫合格证书。肉禽原料应当在满足产品特性的温度条件下储藏和运输，保持清洁卫生。

2）植物类原料。植物类原料应来自安全无污染的种植区域，农药残留、重金属以及其他有毒有害物质残留应符合我国法律、法规要求。

植物类原料应在满足产品特性的温度下储存和运输。有特殊加工时间要求的原料，应明确从采摘、收购到进厂加工时限。

3）水产类原料。应符合 GB/T 27304—2008《食品安全管理体系　水产品加工企业要求》中的要求。

4）食品添加剂的使用。使用添加剂的品种和添加数量应符合国家标准 GB 2760，出口产品应符合进口国要求。

5）包装容器。罐头生产所使用容器的材质、内涂料、接缝补涂料及密封胶应符合卫生标准，不得含有有毒有害物质，储存和运输过程中保持清洁卫生；密封性能满足要求。

（2）采购控制。企业应制定选择、评价和重新评价供方的准则，对原料、辅料、容器、包装材料的供方进行评价、选择。企业应建立合格供应方名录。

动植物类原料供方应按照良好农业（含水产养殖）规范（GAP）和良好兽医规范（GVP）建立控制来自于空气、土壤、水、饲料、肥料中的农药、兽药以及其他有害物质污染的管理体系。当供应方没有建立上述管理体系时，企业应编制适当的控制计划对动植物原料的卫生安全性实施有效的控制。

罐头容器的生产控制应符合 SN/T 0400.4 的有关要求。

（3）验收。企业应按 GB/T 22000《食品安全管理体系 食品链中各类组织的要求》中 7.3.3.1 要求制定原料、辅料验收规则。罐头容器密封性能的验收规则，应符合 SN/T 0400.4 要求。

2. 灌装密封

企业应编制文件化的监控程序，明确监控项目及限值、监控频率、监控人员、纠正和预防措施等，并形成记录，定期由有资格的人员复核。

（1）灌装。灌装应符合 SN/T 0400.5 的控制要求。必要时，应控制罐头固形物的最大装罐量。酸化食品在生产过程中应控制 pH，保证平衡后最终产品 pH 小于 4.6。

（2）容器密封。罐头食品容器的密封性应满足安全的需要，符合 SN/T 0400.4 的控制要求。

（3）纠正和纠正措施。当监控发现最大装罐量、pH 、容器的密封性能未能满足规定的要求时，应及时实施预先制定的纠正与预防措施程序。

必要时，对有问题的产品实施隔离，由有资格的人员进行评价、处理。处理结果应经过食品安全小组的评估、确认。

3. 热力杀菌

企业应编制文件化的程序，对杀菌过程实施有效控制。至少应明确监控项目、关键限值、监控频率、监控人员以及纠正和预防措施，并形成记录。

（1）杀菌工艺规程。应制定热力杀菌工艺规程，保证杀菌强度达到足以杀灭目标菌。企业应提供制定热力杀菌工艺规程的依据。

（2）杀菌设备。杀菌装备应满足 SN/T 0400.6 的要求。

应确保热力杀菌设备的热分布均匀，在新设备使用前或对设备进行改造后应实施热分布测定，绘制热分布图，杀菌装置在使用过程中应定期实施测定。

（3）杀菌控制。杀菌控制应满足 SN/T 0400.6 的要求。

1）应对杀菌关键因子实施控制，严格按照杀菌工艺操作规程进行操作。对如何区分已杀菌和未杀菌产品应有文件化的说明。

2）监控发现所实施的热力杀菌过程未能满足热力杀菌工艺规程的要求时，应及时实施预先制定的纠正与预防措施程序。

必要时，对有问题的产品实施隔离，由有资格的人员进行评价、处理。处理结果应经过食品安全小组的评估、确认。

4. 冷却

（1）必要时，杀菌冷却水应加氯处理或用其他方法消毒。对于间断式杀菌，可按每锅次对余氯含量进行测定；对连续式杀菌，按照足以确保维持有效杀菌浓度的时间间隔对排水口的消毒剂残留量进行测定；不添加消毒剂时，杀菌冷却水应符合生活饮用水标准。

（2）纠正和纠正措施。当监控发现消毒剂残留量偏离规定的要求时，应及时实施预先制定的纠正和预防措施。必要时，对已冷却的产品实施隔离，由有资格的人员对其安全性实施评价、处理。处理结果应经过食品安全小组的评估、确认。

5. 产品的标识

企业应建立文件化的产品标识程序。罐体上应体现保质期限、企业代号（出口产品应注明“出口食品卫生注册编号”）、产品代码，外包装箱上应标明产品批号。

三、产品检测

应按照 SN/T 0400.7 的规定实施控制。

四、记录保持

对反映产品卫生质量情况的有关记录，应制定其标记、收集、编目、归档、存储、保管和处理的程序，并贯彻执行；所有质量记录应真实、准确、规范，至少保存三年。

第三节　食用植物油生产企业食品安全管理体系要求

一、人力资源

1. 食品安全小组

食品安全小组应由多专业的人员组成，包括从事卫生质量控制、生产加工、工艺制定、检验、设备维护、原辅料采购、仓储管理等工作的人员。

2. 人员能力、意识和培训

影响食品安全活动的人员应具备相应的能力和技能。

（1）食品安全小组应理解 HACCP 原理和食品安全管理体系的标准。

（2）应具有满足需要的熟悉食用植物油生产基本知识及加工工艺的人员。

（3）从事食用植物油加工工艺制定、卫生质量控制、实验室检验工作的人员应具备相关知识。

（4）生产人员熟悉人员卫生要求，遵守前提方案的相关规范要求。

（5）从事食用植物油操作的人员应经过培训，具备上岗资格。

3. 人员健康和卫生要求

（1）从事食品生产、检验和管理的人员应符合法规关于从事食品加工人员的卫生要求和健康检查的规定。每年应进行一次健康检查，必要时做临时健康检查，体检合格后方可上岗。

（2）直接从事食品生产、检验和管理的人员，凡患有影响食品卫生疾病者，应调离本岗位。

（3）食用植物油制品操作人员应保持个人卫生，不得将与生产无关的个人用品、饰物带入车间；进车间应穿着工作服、工作帽、工作鞋；头发不得外露；不得穿着工作服、工作帽、工作鞋进入与生产无关的场地。

二、前提方案

1. 基础设施及维护

食用植物油厂企业基础设施应满足 GB 8955 的要求。

（1）厂区

1）食用植物油食品生产企业应建在无有碍食品卫生的区域，厂区内不应兼营、生产、存放有碍食品卫生的其他产品和物品。厂区路面应平整、无积水、易于清洗；厂区应适当绿化，无泥土裸露的地面。生产区域应与生活区域隔离。

2）厂区内污水处理设施、锅炉房、贮煤场等应当远离生产区域和主干道，并位于主风向的下风处。

3）废弃物暂存场地应远离生产车间。应有防污染设施，定期清洗消毒。废弃物应及时清运出厂，暂存过程中不应对厂区环境造成污染。

4）需要时，应设有污水处理系统；污水排放应符合国家环境保护的规定。

（2）厂房。厂房应结构合理，牢固且维修良好，其面积应与生产能力相适应；应有防止蚊、蝇、鼠、其他害虫以及烟、尘等环境污染物进入的设施。

（3）生产车间

1）布局。车间面积应当与生产能力相适应，生产设施及设备布局合理，便于生产操作，应有有效措施防止交叉污染。原辅材料、加工品、成品以及废弃物进出车间的通道应当分开。

2）基础设施。车间地面、墙壁、天花板的覆盖材料应使用浅色、无毒、耐用、平整、易清洗的材料。地面应有充足的坡度，不积水；墙角、地角、顶角应接缝良好，光滑易清洗；天花板应能防止结露和冷凝水滴落。车间的门窗应用浅色、易清洗、不透水、耐腐蚀、表面光滑而且防吸附的坚固材料制作，结构严密，必要部位应有防蚊虫设施；内窗台应当有倾斜度或采用无窗台结构。必要时，应设置与车间相连的更衣室、卫生间及淋浴室；其面积和设施能够满足需要。更衣室、卫生间、淋浴室应当保持清洁卫生，门窗不得直接开向车间，不得对生产车间的卫生构成污染。卫生间内应当设有洗手、消毒设施；便池均应设置独立的冲水装置；应设置排气通风设施和防蚊蝇虫设施。车间内设备、管道、动力照明线、电缆等应安装合理，符合有关规定，并便于维修。浸出、炼油、食用油制品车间的地面应稍有坡度，便于清洗。浸出车间的设备、管道应密封良好。油料预处理车间应安装防尘设施，以保证车间内外粉尘含量符合国家环境保护的规定。

3）卫生设施。食用油制品车间及包装车间的入口处，应设有非手动开关且可供应热水的洗手设施和供洗手用的清洁剂、消毒剂。食用油制品车间及包装车间的入口处，应设有鞋靴消毒池。

（4）生产设施。所有食品加工用机器设备的设计和构造应能避免产生卫生问题，防止污染食品；应易于清洗消毒（尽可能拆卸）和检查；使用时应能防止润滑油、冷却剂、热媒、金属碎屑、污水等物质混入食品中；食品接触表面应平滑、无凹陷或裂缝，以减少食品碎屑、污垢及有机物聚积；设计或选型应简洁、易排水、易保持干燥。储存、运输及制造系统（包括重力、气动、密闭及自动系统）的设计与制造，应防止带来卫生问题。所有用于食品处理区及可能接触食品的食品器具，应采用不会产生毒素、无臭味或异味、非吸收性、耐腐蚀且可承受重复清洗和消毒的材料，避免使用会发生接触腐蚀的不当材料。食品接触面原则上不可使用木质材料，除非有证据证明其不会成为污染源。生产设备排列应有秩序，空间充足，并避免引起交叉污染；设备配置应与产能匹配。以机器导入食品或用于清洁食品接触面或设备之压缩空气或其他气体，应予适当处理，以防止造成间接污染。车间内的照明设施应装有防护罩；照度满足操作要求，生产场所的照度在220 lx以上，检验场所的照度在540 lx以上。需要时，应控制车间的温度，按照设定的温度要求进行控制，定时记录。车间内应有畅通的排水系统，水流应当从高清洁区域流向低清洁区域；排水沟底部为圆弧形，应有适当的坡度。车间应安装通风设备，保证加工区域空气清洁；进风口设置空气清洁装置，车间内空气应由高清洁区向低清洁区流动。

（5）附属设施。应有与生产能力相适应的、符合卫生要求的原辅材料、化学物品、包装物料、成品的储存等辅助设施。

（6）动力能源。应确保充足的电力和热能供应。

（7）维护保养。应制订设备、设施维修保养计划，保证其正常运转和使用。对于关键部件应制订强制保养和更换计划。设备应与生产能力相适应，装填设备宜采用自动机械装置，物料输送宜采用输送带或不锈钢管道，且排列有序，避免引起污染或交叉污染。凡与食品接触的设备、工器具和管道（包括容器内壁），应选用符合食品卫生要求的材料或涂料制造。机械设备应设置安全栏、安全护罩、防滑设施等安全防护设施。机械设备有操作规范和定期保养维护制度。

2. 其他前提方案

应制订其他前提方案，内容至少包括以下几个方面。

（1）接触原料、半成品、成品或与产品有接触的物品的水应当符合安全卫生要求。

（2）接触产品的器具、手套和内外包装材料等应清洁、卫生和安全。

（3）确保食品免受交叉污染。

（4）保证与产品接触操作人员手的清洗消毒，保持卫生间设施的清洁。

（5）防止润滑剂、燃料、清洗消毒用品、冷凝水及其他化学、物理和生物等污染物对食品造成安全危害。

（6）正确标注、存放和使用各类有毒化学物质。

（7）保证与食品接触的员工的身体健康和卫生。

（8）对鼠害、虫害实施有效控制。

（9）控制包装、储运卫生。

三、关键过程控制

1. 原辅材料

企业应编制文件化的原辅材料控制程序，明确原料标准要求、采购与验收，并形成记录，定期复核。

（1）加工食用植物油的油料应符合 GB 19641。

（2）原(辅)料及包装材料的采购、验收、储存、发放均应符合相关的卫生要求，严格执行物料管理制度与操作规程，有专人负责。

（3）物料的内包装材料和生产操作中凡与食品直接接触的容器、周转桶等应符合食品卫生要求；供应商应按有关规定提供与供应物料的品种、来源、规格、质量的产品企业标准(或合同标准)相一致的有效检验合格报告单。

（4）食品添加剂的使用应符合 GB 2760 要求。

（5）原(辅)料的运输工具等应符合卫生要求。运输过程中不得与有毒有害物品同车或同一容器混装。

（6）原(辅)料购进后应对其原产地、规格、包装情况进行初步检查，按验收标准的规定填写入库账、卡，入库后应向企业质检部门申请取样检验。

（7）各种物料应分批次编号与堆置，按待检、合格、不合格分区存放，并有明显标志；相互影响风味的原辅料储存在同一仓库，要分区存放，防止相互影响。

（8）进口原料应将其名称，生产年度、生产地、数量及年月日等加以记录。

（9）应充分去除原料中的异物、外来杂物等。

（10）原料在储藏过程应控制防鼠、防虫及防湿，并在夏季应控制因温度升高而引起变质。

（11）原料水分含量高时，会影响制品的质量，在干燥时应注意温度，以免过热。

（12）应制定原辅料的储存期，采用先进先出的原则，对不合格或过期原料应加注标志并及时处理。

2. 油料预处理工艺

（1）清理工艺应控制油料的杂质含量及清理后所得下脚料中油料的含量。

（2）破碎时应控制破碎度、破碎效率和粉末度。

（3）剥壳时应控制剥壳率；仁中含壳(皮)率；壳中含仁率或壳中含油率和剥壳效率。

（4）软化时应控制进料温度、水分；出料温度、水分；间接蒸汽、直接蒸汽压力；搅拌速度；软化(干燥)时间等。

（5）轧坯时应控制坯厚、粉末度和坯中含籽及外观。

（6）蒸炒时应控制温度、水分；料层高度；搅拌速度；蒸炒时间；间接蒸汽、直接蒸汽压力，蒸汽流量和加水量。

3. 压榨(预榨)工艺

（1）蒸炒时应控制处理量、温度、水分、时间、蒸汽压力和蒸汽流量。

（2）压榨(预榨)时应控制入榨料温度、水分；出油率；饼中含油率、水分、粉末度、厚度；出饼量、排渣率；压榨时间；各档垫片厚度，喂料轴、榨机主轴的转速。

（3）毛油过滤时控制过滤毛油流量、过滤温度、压力。

4. 浸出工艺

（1）浸出工艺所用的溶剂，应符合国家有关规定。

（2）浸出过程控制料层高度；溶剂比、温度；浸出气相压力；各油斗混合油浓度、含杂质；浸出器转速、喷淋沥干时间；湿粕含溶；渗滤情况和浸出全系统装备的密封情况。

（3）混合油蒸发时应控制混合油流量；盐析罐盐水浓度、盐水层温度、高度，盐析后含杂质、除杂效率；混合油的温度、浓度，气相温度、真空度；蒸发器与汽提塔间接蒸汽、直接蒸汽压力，蒸汽流量；浸出毛油量和出油率；

（4）湿粕蒸烘处理应控制湿粕蒸烘机各料层高度、温度；总蒸烘时间；间接蒸汽、直接蒸汽压力，蒸汽流量；气相温度、压力和出粕量、出粕温度，保证浸出生产中最低的溶剂损耗及粕的安全使用。

（5）溶剂回收时应控制各冷凝器冷却水进出口温度、冷凝液温度；平衡罐温度、压力；分水箱温度、压力，分水时间；废水蒸煮罐温度，间接蒸汽、直接蒸汽压力，废水排放量，废水残溶；尾气回收工艺温度；废气排放量、溶剂蒸汽浓度，以便达到最佳的回收效果。

5. 精炼

（1）精炼工艺包括油脂的脱胶、脱酸、干燥(含脱溶剂)、脱色、脱臭、脱蜡、冬化。

（2）根据精炼工艺确定毛油的处理量和质量要求，至少包括水分、杂质、酸价、色泽、过氧化值。

（3）脱胶(水化)工序。脱除油中胶体杂质，控制温度、时间、搅拌速度、蒸汽压力；控制水、酸溶液、盐水等加入量及流量、浓度、温度。

（4）脱酸工序。脱除粗油中游离脂肪酸。烧碱碱炼应控制温度(间歇式应控制始温、终温)、时间(间歇式应控制加碱时间、中和时间、升温时间、沉淀时间)、搅拌速度、蒸汽压力、水、碱溶液等的加入量(流量)及其浓度和温度。

6. 包装(灌装)

（1）灌装油脂前，空瓶、瓶盖均应清洁干净。

（2）包装(灌装)用的玻璃瓶、金属罐(桶)、塑料容器以及其他包装材料应符合国家相应卫生要求。

(3) 产品包装(灌装)应在专用的包装间进行，包装(灌装)间及其设施应满足不同产品需求，产品包装应严密、整齐、无破损。

(4) 封口应密闭；灌装后的产品，其卫生指标均应符合相应的国家卫生标准的规定。

(5) 包装前对生产车间、设备、工具、内包装材料等进行有效的清洁消毒，保持工作环境的洁净度。

(6) 在包装(灌装)和调和油调理、加工、包装场工作时，工作人员应穿戴清洁工作衣帽，以防头发、头屑及外来杂物落入油脂中，必要时需戴口罩。

四、检验

(1) 食用植物油企业应有与生产能力相适应的内设检验机构和具备相应资格的检验人员。

(2) 内设检验机构应具备检验工作所需要的标准资料、检验设施和仪器设备；检验仪器应按规定进行计量检定。

(3) 应详细制定原料及包装材料的品质规格、检验项目、验收标准、抽样计划(样品容器应适当标示)及检验方法等，并认真执行。

(4) 成品应逐批抽取代表性样品，按国家标准或企业产品标准进行出厂检验(查)，凭检验合格报告入库和放行销售。不合格者不得出厂，应适当处理；必要时，可以委托国家认可的研究所或检验机构代为检查本单位无法检测的项目。

(5) 成品均应留样，存放于专设的留样室内，按品种、批号分类存放，并有明显标志。必要时，应做成品留样观察试验，以检验其保存期的品质稳定性。

(6) 应根据产品的保存期制定各项检验原始记录保存期，备查。

五、产品追溯与撤回

要能够从最终成品追踪到所使用原料的来源。包括产品的追溯和撤回。应能够对产品的回收情况作出详细规定，必要时产品能够迅速回收。同时在撤回程序中应规定定期演练的时间。对反映产品卫生质量情况的有关记录，应制定其标记、收集、编目、归档、存储、保管和处理的程序，并贯彻执行；所有质量记录应真实、准确、规范。

第四节　豆制品生产企业食品安全管理体系要求

一、人力资源

1. 食品安全小组

食品安全小组的组成应满足豆制品生产企业的专业覆盖范围的要求，应由多专业的人员组成，包括从事卫生质量控制、生产加工、工艺制定、检验、设备维护、原辅料采购、仓储管理等工作的人员。

2. 人员能力、意识和培训

影响食品安全活动的人员应具备相应的能力和技能。

（1）食品安全小组成员应理解食品安全管理体系标准和 HACCP 原理。

（2）应具有满足需要的熟悉豆制品生产基本知识及加工工艺的、有经验的人员。

（3）从事豆制品采购、生产工艺制定、卫生质量控制、检验工作的人员应具备相关知识。

（4）生产人员应熟悉所从事工作岗位的相关人员卫生要求，遵守前提方案的相关规范要求。

（5）从事锅炉、电工、化验等特殊工种作业人员必须按国家劳动、人事部门的相关规定经培训合格、具备上岗资格后方能上岗操作，并按时复审。

3. 人员健康和卫生要求

（1）从事豆制品生产（含维修、仓储）、检验和管理人员应符合法规关于从事食品加工人员的卫生要求和健康检查的规定，每年应进行一次健康检查，必要时做临时健康检查，体检合格的方可上岗。对新进员工、临时用工也必须在体检合格和卫生培训合格后方可上岗。

（2）凡患有痢疾、伤寒、病毒性肝类等消化道传染病（包括病原携带者）、活动性肺结核、化脓性或渗出性皮肤病及其他有碍食品卫生的疾病，不得参加接触直接入口食品的工作。

（3）生产、检验、维修及质量管理人员应保持个人卫生清洁，不得将与生产无关的物品带入车间，必须遵守以下要求：

按规定穿戴清洁的工作衣、帽、鞋靴进入车间，头发不得露出帽外；不得留长指甲，不涂指甲油，不戴外露饰物和手表；操作前应洗手消毒；进入包装车间必须第 2 次更换清洁统一的工作衣、帽，并戴口罩；即食豆制品包装车间应当由专人操作，操作时非车间工作人员不得擅自进入。不同卫生要求的岗位人员应穿戴不同颜色或标志的工作服、帽，以便区别，不同加工区域的人员不得串岗。

二、前提方案

1. 基础设施与维护

应满足豆制品生产相应国家、行业等标准的要求，出口企业还应满足出口食品企业卫生注册的要求和进口国的相关法规要求。

（1）厂区。豆制品生产企业应建在地势干燥、交通方便、有充足水源的地方。应远离倒粪站、垃圾箱、公共厕所及其他有碍食品卫生的扩散性污染源，厂区内不得兼营、生产、存放有碍食品卫生的其他产品和物品。厂区道路应便于机动车通行，防止积水及尘土飞扬，采用便于清洗的混凝土、沥青或其他硬质材料铺设。

厂区内污水处理设施、锅炉房、储煤场等应当远离生产区域和主干道，并位于主风向的下风向。

废弃物暂存场地应远离豆制品生产车间，在生产场所内必须配备密闭的废弃物专用存放容器，豆渣等废弃物必须采用专用密闭容器存放，不得外泄，及时清除，并及时运出厂外。

（2）厂房。厂房应结构合理、牢固且维修良好，其面积应与生产能力相适应，应有防止蚊、蝇、鼠、其他害虫以及烟、尘等环境污染物进入的设施。

厂房要合理布局，应有与生产产品相适应的原料库、加工车间、成品库、包装车间，生产发酵豆制品的企业应有相应发酵场所。生产场所应与生活区分开，生产区应在生活区的上风向。

必要时，在厂区内的适当位置，设立工器具的清洗消毒区域。

（3）豆制品生产车间。车间面积应当与生产能力相适应，生产设施及设备布局合理，便于生产操作；物料走向要顺流，避免成品与在制品、原料混杂而受污染。原辅材料、半成品、成品以及废弃物进出车间的通道应当分开。

车间地面应采用不渗水、不吸水、无毒、防滑的材料铺砌，表面平整无缝隙，并有适当的坡度和良好的排水系统，易于清洗和消毒。车间墙壁应采用浅色、不渗水、不吸水、防霉、无毒材料涂覆，并用白瓷砖或其他防腐材料装修高度不低于1.5m墙裙，墙角与地面交界处呈弧形，防止污垢结存并便于清洗。

车间屋顶和天花板应选用不吸水、表面光洁、防霉、耐高温、耐腐蚀的浅色材料装修，并有适当的坡度、距离地面3m以上，以减少凝结水滴、防止虫害和霉菌滋生，便于洗刷、消毒。

车间的门窗应有防蚊蝇、防尘设施，窗台要在地面1m以上，内侧下倾45度。车间通风和消毒：由于豆制品加工车间温度较高，必须要有良好的通风措施，采用自然通风时通风面积与地面积之比不少于1:16；采用机械通风时换气量每小时不少于3次，主要生产车间必须配有相应的消毒措施。生产、加工直接入口食用的豆制品，应当采用全自动灌装设备或设立包装专间。包装专间的面积应当与包装产品的数量相适应，车间的地面和墙面应使用便于清洗的材料，车间内应配备空气消毒设施、流动水（净水）装置、防蝇防尘设施、清洗消毒设施等，应当定期对车间进行空气消毒，操作时包装车间内温度不得高于25℃，入口处应设置二次更衣室。

培菌室、发酵室地面要严整，便于清洗，有1.5m以上的墙裙，天花板涂防霉漆，保持室内卫生，发酵瓶、罐要垫高放置，周围环境和室内空气要清洁。更衣室应设在车间入口处，且与洗手消毒处相邻。更衣室内设更衣柜，距离地面20cm以上，有适当的照明且通风良好，卫生间门窗不得直接开向车间。排污管道应与车间排水管道分设，且有可靠的防臭气水封。应在适当而方便的地点（如车间对外出入口、加工场所内、卫生间）设置足够数目的洗手、消毒、冲洗及干手设备，配备有清洁剂和消毒液。洗手龙头应当非手动开关，并有简明易懂的洗手方法标示。在加工车间的入口处应设有鞋靴消毒池（若使用氯化物消毒剂，其余氯浓度应在200mg/kg以上）。

豆制品生产企业根据产品的不同，应配置相应的生产设备：原料处理设备，制浆设备(磨浆机、煮浆罐等)，蒸煮设备，成型设备(如压榨机、切块机)，发酵设施，干燥设施，烧煮、油炸、熏制设施、挤出机，包装设施，冷藏设施等。所有用于食品处理及可能接触食品的设备与用具，应由无毒、无臭味或异味、非吸收性、耐腐蚀且可经受重复清洗和消毒的材料制造。如因生产工艺需要的确需要使用竹木器具及棉麻制品，则应有充分的依据，并制定防止产生危害的控制措施，以免污染食品。加工车间内应设置清洗生产场地、设备以及工器具的移动水源，移动水源软质水管上设置的喷头或水枪不得落地。接触直接入口食用豆制品的容器和工具应当有明显标志，使用前应严格消毒。

车间内的照明设施应装有防护罩、照度满足操作要求，生产场所的照度在 220 lx 以上，检验场所的照度在 540 lx 以上。

豆制品生产加工用水必须符合 GB 5749，对储水池应定期清洗、消毒，保持卫生。车间内应有畅通的排水系统，水流应当从高清洁区向低清洁区流动，排水沟底部有一定的弧度，便于清洁，并有一定的坡度。在排水口应设置网罩，防止鼠、虫害的侵入。废水应排至废水排放系统，或经其他适当方式处理，符合国家规定的排放标准。

车间内根据需要安装空气调节设施或通风设施，以防止室内温度过高、蒸汽凝结，并保持室内空气新鲜或及时排除潮湿和污浊的空气。厂房内的空气调节、进排气或使用风扇时，其空气流向应由高清洁区流向低清洁区，防止食品、生产设备及内包材遭受污染。排气口应装有易清洁、耐腐蚀的网罩，防止有害动物的进入，进气口必须距地面 2m 以上，远离污染和排气口，并设有空气过滤装置。通风排气装置应易于拆卸、清洗、维修或更换。

(4) 辅助设施。应根据原辅料、半成品、成品、包装材料等性质的不同分设储藏场所。豆类原料应储存在干燥、通风、清洁卫生的库内；易腐败变质的成品豆制品应做到低温冷藏。原材料仓库和成品仓库应分别设置，同一仓库内存放不同品种的豆制品时，应分类存放，标识明显，离地隔墙(20cm 以上)，仓库内设置防鼠、虫害装置。有温度控制要求的库房，应安装可正确显示库内温度的温度计，并定期校准。

(5) 动力能源。应确保充足的电力和热能供应。

(6) 维护保养。应制定设备、设施的维修保养计划，根据设备的性能和重要程度进行分类管理，明确责任，对设备的日常保养、润滑、定期检修、大修各负其责，确保设备的正常运转和使用。

2. 其他前提方案

其他前提方案至少应包括如下内容。

(1) 接触原料、半成品、成品或与产品有接触的物品的水应当符合安全卫生要求。

(2) 接触产品的器具、手套和内外包装材料等应清洁、卫生和安全。

(3) 确保食品免受交叉污染。

(4) 保证与产品接触操作人员手的清洗消毒，保持卫生间设施的清洁。

(5) 防止润滑剂、燃料、清洗消毒用品、冷凝水及其他化学、物理和生物等污染物对食品造成安全危害。

(6）正确标注、存放和使用各类有毒化学物质。
(7）保证与食品接触的员工的身体健康和卫生。
(8）对鼠害、虫害实施有效控制。
(9）控制包装、储运卫生。

三、关键过程控制

1. 原辅材料

企业应编制文件化的原辅材料控制程序，明确原料标准、采购与验收要求，并形成记录，定期复核。

(1）要求。原料大豆应符合 GB 1352、GB 2715 的要求，并应选择当年收获的新豆，不得使用陈化大豆作为原料，大豆粕应符合 GB 14932. 1 的要求。

其他豆类：蚕豆应符合 GB/T 10459、GB 2715 的要求；豌豆应符合 GB/T 10460、GB 2715 的要求；小豆应符合 GB/T 10461、GB 2715 的要求；绿豆应符合 GB/T 10462、GB 2715 的要求。

食用盐应符合 GB 2721 的要求。白砂糖应符合 GB 317、GB 13104 的要求。食用植物油应符合 GB 2716 的要求。食品添加剂：应选用 GB 2760 中允许使用的食品添加剂，并应符合相应的食品添加剂产品标准。包装材料：应符合 GB 9683、GB 9687、GB 9688 及相应标准的要求。

(2）采购控制。企业应制订选择、评价和重新评价供方的准则，对原料、辅料、容器、包装材料的供方进行评价、选择。企业应建立合格供方名录。进口原料必须持有进出口检验检疫局的卫生证明。

(3）验收。所有原辅料应按规定的验收要求进行验收，关注其安全卫生指标（如农药残留、重金属、黄曲霉素 B_1 等）。

(4）储存。豆类原料仓库应保证通风、干燥、清洁卫生，并注意先进先出。熏蒸时应按照规定要求进行，并防止二次污染。

2. 煮浆

煮浆时应严格控制加热温度、时间，确保豆浆完全煮熟。

3. 食品添加剂的使用

食品添加剂的使用必须符合 GB 2760 的规定，投放时应建立记录并专人现场复核。

4. 发酵

菌种培养、接种或制曲、成曲，包括发酵期都应严格按工艺要求操作，控制温度、湿度，培菌室、发酵室应定期进行消毒。

5. 内酯豆腐的热固成型

热固成型应控制温度、时间。

6. 豆沙、豆蓉类产品的去石、去金属异物、杀菌

应有相应措施确保产品中的沙石、金属等异物得到控制。豆沙、豆蓉类产品在灌装

封口后进行杀菌，杀菌工艺应根据不同产品作工艺验证，对杀菌温度、时间作明确规定。

7. 豆腐再加工制品的油炸

产品煎炸用油应使用符合 GB 2716 规定的食用植物油，煎炸用油应定期更换新油。煎炸油的使用时间、更换频率应经过工艺验证，其卫生指标应符合 GB 7102.1 的要求。

8. 储存

成品所使用的容器应符合食品卫生要求。成品应储存在干燥、通风良好的场所，不得与有害、有毒、有异味、易挥发、易腐蚀的物品同处储存。需低温保藏的产品应控制保藏的温度。

四、检验

（1）企业应设有与检验检测工作相适应的安全卫生检验机构，包括与工作需要相适应的实验室、设备、人员、检测标准、检测方法、各种记录。

（2）实验室应有独立的、与实际工作相符合的文件化的实验室管理程序。

（3）实验室检验人员的资格、培训应能满足要求。

（4）实验室所用化学药品、仪器、设备应有合格的采购渠道、存放地点，必备的出厂检验设备应符合相应产品标准的检验要求。

（5）检验仪器的检定或校准应符合 GB/T 22000 中 8.3 的要求。

（6）委托社会实验室承担白酒生产企业卫生质量检验工作时，受委托的社会实验室应当具有相应的资质，具备完成委托检验项目的实际检测能力。

五、产品追溯与撤回

（1）企业应建立并实施可追溯性系统，确保能够识别终产品所使用原料的直接供方及终产品初次分销的途径。

（2）企业应建立产品撤回程序，规定撤回的方法、范围，并进行演练。

（3）对反映产品卫生质量情况的有关记录，应制定其标记、收集、编目、归档、存储、保管和处理的程序，并贯彻执行；所有质量记录应真实、准确、规范。记录保存期限应符合相关要求。

第五节　烘焙食品生产企业食品安全管理体系要求

一、人力资源

1. 食品安全小组

食品安全小组应由多专业的人员组成，包括从事卫生质量控制、生产加工、工艺制定、检验、设备维护、原辅料采购、仓储管理等工作的人员。

2. 人员能力、意识与培训

影响食品安全活动的人员应具备相应的能力和技能。食品安全小组应理解 HACCP 原理和食品安全管理体系的标准。应具有满足需要的熟悉烘焙生产基本知识及加工工艺的人员。从事烘焙工艺制定、卫生质量控制、检验工作的人员应具备相关知识或资格。生产人员应熟悉人员卫生要求。从事配料、烘烤、内包装的人员应经过培训，具备上岗资格。

3. 人员健康和卫生要求

（1）从事食品生产、检验和管理的人员应符合相关法律法规对从事食品加工人员的卫生要求和健康检查的规定。每年应进行一次健康检查，必要时做临时健康检查，体检合格后方可上岗。

（2）凡患有影响食品卫生疾病者，应调离直接从事食品生产、检验和管理等岗位。

（3）生产、检验和管理人员应保持个人清洁卫生，不得将与生产无关的物品带入车间；工作时不得戴首饰、手表，不得化妆；进入车间时应洗手、消毒并穿着工作服、帽、鞋，离开车间时换下工作服、帽、鞋；工作帽、服应集中管理，统一清洗、消毒，统一发放。不同卫生要求的区域或岗位的人员应穿戴不同颜色或标志的工作服、帽，以便区别。不同区域人员不应串岗。

（4）人员接触裸露成品时应戴口罩。

二、前提方案

从事烘焙食品生产的企业，前提方案应符合 GB 14881、GB 8957 等卫生规范的要求。

1. 基础设施与维护

（1）厂区环境。厂区环境良好，生产、生活、行政和辅助区的总体布局合理，不得相互妨碍。厂区周围应设置防范外来污染源和有害动物侵入的设施。

（2）厂房及设施。厂房应按生产工艺流程及所规定的空气清洁级别合理布局和有效间隔，各生产区空气中的菌落总数应按 GB/T 18204.1 中的自然沉降法测定。同一厂房内以及相邻厂房之间的生产操作不得相互影响。生产车间（含包装间）应有足够的空间，人均占地面积（除设备外）应不少于 1.5 m^2，生产机械设备距屋顶及墙（柱）的间距应考虑安装及检修的方便。检验室应与生产品种检验要求相适应，室内宜分别设置微生物检验室、理化检验室和留样室，防止交叉污染；必要时增设车间检验室。建筑物应结构坚固耐用，易于维修、清洗，并有能防止食品、食品接触面及内包装材料被污染的结构。一般生产区的厂房和设施应符合相应的卫生要求。应设有专用蛋品处理间，进行鲜蛋挑选、清洗、消毒后打蛋，避免造成交叉污染。应设专用生产用具洗消间，远离清洁生产区和准清洁生产区，进行用具统一清洗、消毒。

（3）清洁生产区和准清洁生产区。清洁、准清洁作业区（室）的内表面应平整光滑、无裂缝、接口严密、无颗粒物脱落和不良气体释放，能耐清洗与消毒，墙壁与地面、墙壁与天花板、墙壁与墙壁等交界处应呈弧形或采取其他措施，以减少灰尘积聚和便于清洗。清洁生产区应采取防异味和污水倒流的措施，并保证地漏的密封性。清洁生产区应设置独立的更衣室。西点冷作车间应为封闭式，室内装有空调器和空气消毒设施，并配置冷藏柜。清洁和准清洁生产区应相对分开，并设有预进间(缓冲区)、空气过滤处理装置和空气消毒设施，并应定期检修，保持清洁。

(4) 设备。设备应与生产能力相适应，装填设备宜采用自动机械装置，物料输送宜采用输送带或不锈钢管道，且排列有序，避免引起污染或交叉污染。凡与食品接触的设备、工器具和管道(包括容器内壁)，应选用符合食品卫生要求的材料或涂料制造。机械设备必要时应设置安全栏、安全护罩、防滑设施等安全防护设施。各类管道应有标识，且不宜架设于暴露的食品、食品接触面及内包装材料的上方，以免造成对食品的污染。机械设备应有操作规范和定期保养维护制度。

2. 其他前提方案

其他前提方案至少应包括以下几个方面。

(1) 接触食品(包括原料、半成品、成品)或与食品有接触的物品的水和冰应符合安全、卫生要求。

(2) 接触食品的器具、手套和内外包装材料等应清洁、卫生和安全。

(3) 应确保食品免受交叉污染。

(4) 应保证操作人员手的清洗消毒，保持洗手间设施的清洁。

(5) 应防止润滑剂、燃料、清洗消毒用品、冷凝水及其他化学、物理和生物等污染物对食品造成安全危害。

(6) 应正确标注、存放和使用各类有毒化学物质。

(7) 应保证与食品接触的员工的身体健康和卫生。

(8) 应清除和预防鼠害、虫害。

(9) 应对包装、储运卫生进行控制，必要时控制温度、湿度达到规定要求。

三、关键过程控制

1. 原(辅)料及包装材料

(1) 原(辅)料及包装材料(简称为物料)的采购、验收、储存、发放应符合规定的要求，严格执行物料管理制度与操作规程，有专人负责。

(2) 物料的内包装材料和生产操作中凡与食品直接接触的容器、周转桶等应符合食品卫生要求，并提供有效证据。

(3) 食品添加剂的使用应符合 GB 2760 及相应的食品添加剂质量标准。

(4) 内包装材料应满足包装食品的保存、储运条件的要求，且符合食品卫生规定。必要时，在使用前采用适宜手段进行消毒。

(5) 原(辅)料的运输工具等应符合卫生要求。运输过程中不得与有毒有害物品同车或同一容器混装。

(6) 原(辅)料购进后应对其供应产品规格、包装情况等进行初步检查，必要时向企业质检部门申请取样检验。

(7) 各种物料应分批次编号与堆置，按待检、合格、不合格分区存放，并有明显标志；相互影响风味的原(辅)料储存在同一仓库，要分区存放，防止相互影响。

(8) 对有温度、湿度及特殊要求的原辅料应按规定条件储存，应设置专用库储存。

(9) 应制订原(辅)料的储存期，采用先进先出的原则，对不合格或过期原(辅)料应加注标志并及时处理。

2. 配料与调制

(1) 应按照 GB 2760 要求严格控制相关食品添加剂的使用，配料前应进行复核，防止投料种类和数量有误。

(2) 调制好的半成品应按工艺规程及时流入下道工序，严格控制其暂存的温度和时间，以防变质。因故而延缓生产时，对已调配好的半成品应及时进行有效处理，防止污染或腐败变质；恢复生产时，应对其进行检验，不符合标准的应作废弃处理。

(3) 如需要使用蛋品的品种，其蛋品的处理必须在专用间进行，鲜蛋应经过清洗、消毒才能进行打蛋，防止致病菌的污染。

3. 成型

模具应符合食品卫生要求并保持清洁卫生，成型机切口不可粗糙、生锈，润滑剂(油)应符合食品卫生要求。

4. 醒发

应控制醒发的时间、温度、湿度，定期对醒发间进行清洗、消毒。

5. 焙烤

应控制焙烤的温度、时间，炉体的计量器具(如温度计、压力计)应定期校准。

6. 冷却

(1) 应设独立冷却间(饼干类除外)，确保环境与空气达到高洁净度，并配置相应的卫生消毒设施，防止产品受到二次污染。

(2) 焙烤产品出炉后应迅速冷却或传送至凉冻间冷却至适宜温度，并适时检查和整理产品。

7. 内包装

(1) 包装前对包装车间、设备、工具、内包装材料等进行有效的杀菌消毒，保持工作环境的高洁净度，进入车间的新鲜空气须经过有效的过滤及消毒，并保持车间的正压状态。

(2) 应具备剔除成品被金属或沙石等污染的能力和措施，如使用金属探测器等有效手段，若包装材料为铝质时应在包装前检验。

（3）食品包装袋内不得装入与食品无关的物品（如玩具、文具）；若装入干燥剂或保鲜剂，则应选用符合食品卫生规定的包装袋包装，并与食品有效隔离分开。

四、检验

（1）应有与生产能力相适应的检验室和具备相应资格的检验人员。

（2）检验室应具备检验工作所需要的标准资料、检验设施和仪器设备；检验仪器应按规定进行校准或检定。

（3）应详细制订原料及包装材料的品质规格、检验项目、验收标准、抽样计划（样品容器应适当标示）及检验方法等，并认真执行。

（4）成品应逐批抽取代表性样品，按相应标准进行出厂检验，凭检验合格报告入库和放行销售。

（5）成品应留样，存放于专设的留样室内，按品种、批号分类存放，并有明显标识。

五、产品追溯与撤回

（1）应建立且实施可追溯性系统，以确保能够识别产品批次及其与原料批次、生产和交付记录的关系。应按规定的期限保持可追溯性记录，以便对体系进行评估，使潜在不安全产品得以处理。可追溯性记录应符合法律法规要求、顾客要求。

（2）应建立产品撤回程序，以保证完全、及时地撤回被确定为不安全批次的终产品。撤回的产品在被销毁、改变预期用途、确定按原有（或其他）预期用途使用是安全的、或为确保安全重新加工之前，应被封存或在监督下予以保留。撤回的原因、范围和结果应予以记录。产品撤回时，应按规定的期限保持记录。应通过应用适宜技术验证并记录撤回方案的有效性（如模拟撤回或实际撤回）。

（3）应建立并保持记录，以提供符合要求和食品安全管理体系有效运行的证据。记录应保持清晰、易于识别和检索。记录的保存期限应超过其产品的保质期。

复习思考题

1. 肉类食品企业食品安全管理关键过程控制要求是什么？
2. 罐头食品企业食品安全管理关键过程控制要求是什么？
3. 食用植物油食品企业食品安全管理关键过程控制要求是什么？
4. 豆类制品食品企业食品安全管理关键过程控制要求是什么？
5. 焙烤类食品企业食品安全管理关键过程控制要求是什么？

第十一章 食品质量安全认证

（1）了解各类食品质量安全认证的内容及程序；
（2）熟悉食品市场准入认证的操作程序；
（3）熟悉各类食品质量安全认证标志。

第一节 概 述

一、质量认证

（一）质量认证的定义

认证是质量认证的简称，其定义是：第三方依据程序对产品、过程或服务符合规定的要求给予书面保证(合格证书)。

质量体系认证是由第三方依据公开发布的质量体系标准，对企业的质量体系实施评定。评定合格的颁发质量体系认证证书，并予以注册公布，证明该企业在特定的产品范围内具有必要的质量保证能力。

（二）质量认证的特点

遍布世界的质量认证活动有以下特点。

（1）出现了单独对供方质量体系的评定和注册的认证形式。

（2）质量认证开始跨越国界，并从区域性的国际认证发展到世界范围广泛的国际认证制。

（3）独立的质量体系认证形式已扩大到服务性行业和工程承包性行业。

（4）检验实验室认证活动在 ISO/IEC 守则的指导下，趋向规范化。

2003 年 9 月 3 日，发布的《中华人民共和国认证认可条例》，其中的认证是指由认证机构证明产品、服务、管理体系符合相关技术规范、相关技术规范的强制性要求或标准的合格评定活动。

（三）质量认证的要点

综合国内、国际认证活动和对认证概念的阐述，可以归纳出质量认证的几个要点。

1. 质量认证的对象是产品或服务

质量认证的对象是产品和质量体系（过程或服务），前者称产品认证，后者称体系认证。而产品认证又可分为安全认证和合格认证两种，安全认证是依据强制性标准实行强制性认证；合格认证是依据产品技术条件等推荐性标准实行自愿性认证。

2. 质量认证的依据是标准

质量认证的基础是“规定的要求”，“规定的要求”是指国家标准或行业标准。无论实行哪一种认证或对哪一类产品进行认证，都必须要有适用的标准。

3. 认证机构属于第三方性质

通常将产品的生产企业称作“第一方”，将产品的购买使用者称为“第二方”。在质量认证活动中，第三方是独立、公正的机构，与第一方、第二方在行政上无隶属关系，在经济上无利害关系。

4. 质量认证的合格表示方式是颁发“认证证书”和“认证标志”，并予以注册登记

认证是随着现代工业的发展作为一种外部质量保证的手段逐步发展起来的。实行现代质量认证活动最早的国家是英国，该国在 1903 年就开始使用第一个证明符合英国国家标准的质量标志——风筝标志，并于 1922 年按英国商标法注册，至今在国际上仍享有较高的信誉。目前，质量认证活动已经成为一种世界性的趋势，遍布所有工业发达国家和多数发展中国家，是国际贸易中不可回避的形式，既可促进国际贸易的发展，也可能成为国际贸易的技术壁垒。

质量认证只能证明企业的产品设计符合规范要求，并不能担保企业以后继续遵守技术规范。1970 年以后，质量认证制度有了新的发展，出现了单独对企业质量体系进行评定的认证形式。国际标准化委员会（ISO）1970 年建立了认证委员会，1985 年又改名为合格评定委员会（CASCO）。其主要任务是研究评定产品、过程、服务和质量体系是否符合适用标准或其他技术规范的方法，制定有关认证方面的国际指南，促进各国和各地区合格评定制度的相互承认。

在我国，中国国家认证认可监督管理委员会（中华人民共和国国家认证认可监督管理局，CNCA）是国务院决定组建并授权，履行行政管理职能，统一管理、监督和综合协调全国认证认可工作的主管机构。其工作职能主要是研究起草并贯彻执行国家认证认可、安全质量许可、卫生注册和合格评定方面的法律、法规和规章，制订、发布并组织实施认证认可和合格评定的监督管理制度、规定；研究提出并组织实施国家认证认可和合格评定工作的方针政策、制度和工作规则，协调并指导全国认证认可工作。监督管理相关的认可机构和人员注册机构；研究拟定国家实施强制性认证与安全质量许可制度的

产品目录，制定并发布认证标志（标志）、合格评定程序和技术规则，组织实施强制性认证与安全质量许可工作；依法监督和规范认证市场，监督管理自愿性认证、认证咨询与培训等中介服务和技术评价行为等。

二、食品安全认证

由于认证是国际上普遍采用的质量管理基础手段，对于产品质量安全发挥着基础保障、科学评价、技术支撑等作用，正在越来越广泛地应用于食品安全管理之中，对食品安全的作用与日俱增。食品安全认证成为了应用最广泛、发展速度最迅速、产生效果最显著的领域之一。

（一）食品安全认证的含义

食品安全认证是由经国家权威机构认可的认证机构对企业或组织生产的食品的安全性进行的产品认证，一般是非强制性的，企业或组织可以根据自身的需要申请不同种类的食品安全认证。

食品安全认证是一种将技术手段和法律手段有机结合起来的生产监督行为，是针对食品安全生产的特征而采取的一种管理手段。其对象是食品及其生产单元，目的是要为安全食品的流通创造一个良好的市场环境，维护安全食品这类特殊商品的生产、流通和消费秩序。食品安全认证的目标是保证食品应有的质量和安全性，保障消费者的身体健康和生命安全，同时以法律的形式向消费者保证安全食品具备无污染、安全、优质、营养等品质，引导消费行为。同时也有利于推动各个系列的安全食品的产业化进程，有利于企业树立品牌意识，争创名牌，及早与国际惯例接轨。

食品安全认证合格同样颁发认证证书与认证标志，并予以登记注册和公告，其标志的使用受商标法的保护。为了保障安全食品的质量，防止对安全食品的假冒现象，维护广大消费者的利益，国内外对各种安全食品标志的使用都依照法规进行严格的监督和管理，主要内容包括：标志图形在产品上使用，必须符合有关标志的设计规范；标志使用以经核准的产品为限，不得扩大使用范围或将使用权转让给其他单位或个人；对标志使用者产品的产量、质量和生产、生态环境条件进行抽查和监督，对抽查不合格的，撤销标志使用资格；发现假冒或侵犯标志专用权的，依法要求工商部门进行处理或向法院起诉。

（二）食品安全认证的主要类别

目前，涉及食品安全的认证类型多样，它们既有相同的内容，即对产品的安全性进行权威认证，又有各自不同的特点。根据其对企业的不同要求，主要可以分为绿色食品认证、有机食品认证、无公害食品认证、食品质量安全市场准入审查（QS 认证）以及相关的食品安全体系，如 ISO 9000 质量管理体系认证、危害分析与关键控制点（HACCP）认证及良好操作规范（GMP）认证、卫生标准操作程序认证（SSOP 认证）等认证，还有国外 BRC 安全认证、IFS 标准认证、IP 认证。

随着食品安全认证的普及，我国也进一步对认证加强了管理，不断地修订相关的管理办法。目前正在执行的是2010年1月发布的由国家认监委制定的《食品安全管理体系认证实施规则》。

该规则是认证机构从事食品安全管理体系认证活动的依据，规定了从事食品安全管理体系认证的认证机构实施食品安全管理体系认证的程序与管理的基本要求。适用于对直接或间接介入食品链中的一个或多个环节的组织的食品安全管理体系认证。

规则规定，食品安全管理体系认证以GB/T 22000—2006《食品安全管理体系　食品链中各类组织的要求》国家标准以及专项技术要求作为认证依据；从事食品安全管理体系认证活动的认证机构，应获得国家认证认可监督管理委员会批准，并符合中国合格评定国家认可委员会(CNAS)《食品安全管理体系　认证机构通用要求》及其应用指南等认可规范的要求。

规则还对认证人员、认证程序等进行了明确要求，同时规定，食品安全管理体系认证证书有效期为3年；获证组织如有违反规定的情形之一的，认证机构应当撤销其认证证书。

第二节　绿色食品认证

一、绿色食品的概念

1989年，我国提出了绿色食品的概念。绿色食品是指遵循可持续发展和有机农业的原则，在空气、土壤和水源均无污染的生态环境之中，应用无公害生产的操作规程，产出和加工出安全优质、富于营养，并经绿色食品发展机构认证，允许使用绿色食品标志的一切食用农副产品的总称。

绿色食品种类繁多，它涉及酒、肉、菜、奶、罐头、水果、饮料、粮食、蛋品、调料等，而并非只是蔬菜类。绿色食品按照来源来分有两大类，即植物源绿色食品和动物源绿色食品。

(一) 绿色食品的特征

绿色食品与普通食品相比有以下3个显著的特征：

1. 强调产品出自最佳生态环境

绿色食品生产从原料产地的生态环境入手，通过对原料产地及其周围的生态环境因子严格监测，判定其是否具备生产绿色食品的基础条件，而不是简单地禁止生产过程中化学合成物质的使用。这样既可以保证绿色食品生产原料和初级产品的质量，又有利于强化企业和农民的资源和环境保护意识，最终将农业和食品工业的发展建立在资源和环境可持续利用的基础上。

2. 对产品实行全程质量控制

绿色食品生产实施“从土地到餐桌”全程质量控制，而不是简单地依靠最终产品有害成分含量和卫生指标的测定，从而在农业和食品生产领域树立了全新的质量观。通过生产前环节的环境监测和原料检测，生产中环节具体生产、加工操作规程的落实，以及生产后环节产品质量、卫生指标、包装、保鲜、运输、储藏、销售控制，确保绿色食品的整体产品质量，并提高整个生产过程的技术含量。

3. 对产品依法实行标志管理

绿色食品标志是一个质量证明商标，属知识产权范畴，受《中华人民共和国商标法》保护。政府授权专门机构管理绿色食品标志，这是一种将技术手段和法律手段有机结合起来的生产组织和管理行为，而不是一种自发的民间自我保护行为。对绿色食品产品实行统一、规范的标志管理，不仅使生产行为纳入技术和法律监控的轨道，而且使生产者明确了自身和对他人的权益责任，同时也有利于企业争创名牌，树立名牌商标保护意识，提高企业和产品的社会知名度和影响力。

（二）绿色食品的等级和标准

根据质量差别及我国农业与食品工业生产、加工和管理水平，我国将绿色食品分为A级和AA级两个产品等级。A级绿色食品，是在环境质量符合标准的生产区，限量使用化学合成物质，按照一定的规程生产、加工、包装、检验，符合标准的产品。尽管允许有限度地使用某些种类的化学肥料，但仍要以有机肥为主，其用量应占到总用肥量的一半以上，且最后一次施肥应与收获期有一定间隔。AA级绿色食品，是在环境质量符合标准的生产区，不使用任何有害的化学合成物质，按照一定的规程生产、加工、包装，并经检验合乎标准的产品。允许使用含有磷、钾、钙元素的矿物肥，倡导使用腐熟的有机肥料、绿肥和生物肥，不允许使用城市垃圾作肥料；养殖中不允许使用化学饲料、添加剂和抗生素；加工中不允许使用化学食品添加剂和其他有害于环境与健康的物质。

我国绿色食品标准涉及以下几个方面。

1. 产地环境质量标准

绿色食品产地环境质量标准规定了产地的空气质量、土壤质量、农田灌溉水质、家禽养殖用水的各项指标以及有害物含量限值、检测和评价方法。要求生产区域内没有工业直接污染，上风方向和水源上游没有污染源，并要求有一套措施，确保该区域在以后的生产过程中环境质量不下降。

2. 生产技术标准

绿色食品生产过程控制是保证绿色食品质量的关键，因而，绿色食品生产技术标准是绿色食品标准体系的核心。该生产技术标准包括生产资料使用准则和加工技术操作规程。生产资料使用准则是对生产过程中物质投入的规定，即对禁止、限制和允许使用的生产资料做出了明确的规定；加工技术操作规程中，对允许使用的生产投入品的使用方法、用量、使用次数和休眠期等加以规定，保证产品安全性和提高产品品质的技术，用于指导生产活动。

3. 产品标准

产品标准包括食品的外观品质、营养品质以及卫生品质，突出了对农药残留、重金属残留和兽药残留的严格限量标准，以保证绿色食品安全、无污染。这是衡量绿色食品最终产品品质的尺度，也是绿色食品生产、管理水平的集中反映。

4. 包装和标签标准

包装标准规定了绿色食品包装材料选用的范围、种类和标志等。包装材料要求安全、坚固、便于回收和循环利用。包装过程有利于食品安全、环境保护、节约材料和能源。

绿色食品标签，除要符合国家《食品标签通用标准》外，还要求其图形、字形、颜色、广告用语等符合《中国绿色食品商标标志设计使用规范手册》规定。产品出厂时，须贴上或印上专门的标签，标明产品名称、采摘或包装日期、生产或经营单位并加贴绿色食品标记。

5. 储藏和运输标准

储藏和运输标准对储运的条件、方法、时间等做了明确的规定，以保证最终产品不遭受二次污染，不改变品质，并仍要求有利于环保和节能。

另外，还包括《绿色食品推荐肥料标准》、《绿色食品推荐农药标准》、《绿色食品推荐食品添加剂标准》和《绿色食品生产基地标准》等。

（三）绿色食品安全性

按照国家绿色食品标准体系生产的绿色食品是安全的。开发绿色食品本身就基于这样的目的：一是通过消费绿色食品，增进人们的身体健康；二是通过生产绿色食品，保护自然资源和生态环境。发展绿色食品，既能保证人体健康，促进食物生产和农业的发展，满足当代人的需要，又能有效地保护自然环境和生态环境，不损害子孙后代的利益。随着生活水平的提高和人们对污染食品危害认识的增强，绿色食品的需求将不断增加。

影响绿色食品安全性的因素主要是环境污染尚未能有效控制、生产污染还不能全面控制。要从根本上减少和防止农业生产的外源污染，就要提高环境监测技术、减少和防治工业生产污染。防止农业生产污染的核心是研制和开发新的高效、低毒残留农药，特别是植物源新农药。减少化肥使用后，应大力开发缓释肥料和复合肥料，特别是有机复合肥，减少氮素化肥的损失；开发磷细菌肥、钾细菌肥，提高磷钾元素的利用效率；开发各种微量元素肥料，以减少氮素化肥的用量，提高产品的品质。在畜牧业中，需要提高规模化饲养、疫情监测、控制技术和畜禽疫病防治技术。在食品加工中，开发新型植物性的和微生物技术生产的食品添加剂，减少化学食品添加剂。

二、绿色食品标志

绿色食品标志(图 11－1)由三部分构成，即上方的太阳、下方的叶片和中心的蓓蕾，分别代表了生态环境、植物生长和生命的希望。标志为正圆形，意为保护、安全。

为了区分 A 级和 AA 级绿色食品在产品包装上的差异，A 级是绿底印白色标志，防伪标签底色为绿色；AA 级是白底印绿色标志，防伪标签底色为蓝色。其中标志的标准字体为绿色，底色是白色。

1996 年，绿色食品标志作为我国第一例质量证明商标，在国家工商行政管理局注册成功，以后在中国香港、日本等国家和地区登记注册，涵盖了五大类近千个品种的食品。经国家工商行政管理局核准注册的绿色食品质量证明商标共四种形式，分别为绿色食品标志商标，绿色食品中文文字商标，绿色食品英文文字商标及绿色食品标志、文字组合商标，这一质量证明商标受《中华人民共和国商标法》及相关法律法规保护。

图 11－1　绿色食品标志

三、绿色食品认证

随着农业和农村产业结构的不断发展，农产品质量安全问题成了全社会关注的焦点问题。农业部于 2001 年 4 月推出了“无公害食品行动计划”，其中包括无公害农产品、绿色食品和有机食品。绿色食品认证体系是农产品质量安全认证的重要组成部分，随着农产品质量安全形势的根本好转，绿色食品将成为继无公害农产品之后的主要认证产品，成为农产品质量安全认证工作的重点。

（一）绿色食品认证程序

食品生产企业如需在其生产的产品上使用绿色食品标志，必须按程序提出申报。

（1）申请人向当地认证机构提交正式的书面申请，并填写《绿色食品标志使用申请书》、《企业生产情况调查表》。

（2）当地认证机构将依据企业的申请，派员赴申请企业进行实地考察。如考察合格，认证机构将委托定点的环境监测机构对申报产品或产品原料产地的大气、土壤和水进行环境监测和评价。

（3）当地认证机构的标志专职管理人员将结合考察情况及环境监测和评价的结果对申请材料进行初审，并将初审合格的材料上报中国绿色食品发展中心。

（4）中国绿色食品发展中心对上述申报材料进行审核，并将审核结果通知申报企业和当地认证机构。合格者，由认证机构对申报产品进行抽样，并由定点的食品监测机构依据绿色食品标准进行检测。不合格者，当年不再受理其申请。

（5）中国绿色食品发展中心对检测合格的产品进行终审。

（6）终审合格的申请企业与中国绿色食品发展中心签订绿色食品标志使用合同。不合格者，当年不再受理其申请。

（7）中国绿色食品发展中心对上述合格的产品进行编号，并颁发绿色食品标志使用证书。

（8）申报企业对环境监测结果或产品检测结果有异议，可向中国绿色食品发展中心提出仲裁检测申请。中国绿色食品发展中心委托两家或两家以上的定点监测机构对其重新检测，并依据有关规定做出裁决。

（二）绿色食品认证的基本条件

1. 对申请人的要求

凡具备绿色食品生产条件的单位和个人均可作为绿色食品标志申请人，但是，要符合以下要求：

申报企业要有一定规模，能建立稳定的质量保证体系，能承担起标志使用费。经营服务类企业，要求有稳定生产基地，并建立切实可行的基地管理制度。加工企业须生产经营一年以上，待质量体系稳定后再申报。

有下列情况之一者，不能作为申请人：

（1）与各级绿色食品管理机构有经济和其他利益关系的。

（2）可能引致消费者对产品来源产生误解或不信任的，如批发市场、粮库等。

（3）纯属商业经营的企业。

鉴于目前部分事业单位具有经营资格，可以作为申请人。

2. 对申报产品的要求

按国家商标类别划分的第5、29、30、31、32、33类中的大多数产品可申报绿色食品标志。

经卫生部公告既是药品也是食品名单中的产品也可申报，如紫苏、白果和金银花。暂不受理产品中可能含有、加工过程中可能产生或添加有害物质的产品的申报，如蕨菜、方便面、火腿肠、叶菜类酱菜的申报。暂不受理对作用机理不清的产品，如减肥茶等。不受理药品、香烟的申报。绿色食品拒绝转基因技术。由转基因原料生产（饲养）加工的任何产品均不受理。鼓励、支持知名企业申报绿色食品。不鼓励风险系数大的产品申报绿色食品，如白酒。

随着绿色食品事业的不断发展，绿色食品的开发领域逐渐拓宽，不仅会有更多的食品类产品被划入绿色食品标志的涵盖范围，同时，为体现绿色食品全程质量控制的思想，一些用于食品类的生产资料：如肥料、农药、食品添加剂，以及商店、餐厅也将划入绿色食品的专用范围，而被许可申请使用绿色食品标志。

（三）绿色食品认证的申报材料

申报企业要填写《绿色食品标志使用申请书》、《企业及生产情况调查表》，还要准备一份完整的符合绿色食品标志申报要求的申报材料，主要包括以下几个部分。

（1）保证执行绿色食品标准和规范的声明。

（2）生产操作规程（种植规程、养殖规程、加工规程）。

（3）公司对“基地 + 农户”的质量控制体系（包括合同、基地图、基地和农户清单、管理制度）。

（4）产品执行标准。

（5）产品注册商标文本（复印件）。

（6）企业营业执照（复印件）。

（7）企业质量管理手册。

(8) 要求提供的其他材料(通过体系认证的，附证书复印件)。

四、绿色食品标志使用权限

取得绿色食品标志使用权的申请者，须严格执行“绿色食品标志使用协议”，保证按标准生产。如要改变其生产条件、产品标准、生产规程，须再报以上主管机构批准。

由于客观原因，使绿色食品生产条件改变，例如，由于不慎使用了重金属含量高的矿物肥或工业污泥肥，改变了绿色食品基地的土壤环境条件。此情况下，生产者应在1个月内报省绿色食品办公室和中国绿色食品发展中心，暂时终止使用绿色食品标志；待重金属排除、土壤条件恢复后，再经审核批准，方可恢复标志使用。

绿色食品标志使用权，以核准使用的产品为限，不得扩大，不得转让。标志使用权有效期为3年，期间监测机构进行年检，并可随时抽检。如发现质量不符合标准，可先给予警告并要求限期整改；逾期未改正的，即取消商标使用权。3年期满后，要继续使用绿色食品标志，必须于期满前3个月内重新申请；否则，即视作自动放弃使用权。

第三节　有机食品认证

一、有机食品概述

根据《有机产品》国家标准(GB/T 19630—2005)的定义，有机产品是指生产、加工、销售过程符合该标准的供人类消费、动物食用的产品。

有机食品是指来自于有机农业生产体系，根据国际有机农业生产要求和相应的标准生产加工的、并通过独立的有机食品认证机构认证的一切农副产品，包括粮食、蔬菜(含食用菌)、水果、乳制品、畜禽产品、蜂蜜、水产品和调料等。

《有机产品》国家标准对有机农业的定义是：遵照一定的农业生产原则，在生产中不采用基因工程获得的生物及其产物，不使用化学合成的农药、化肥、生长调节剂、饲料添加剂等物质，遵循自然规律和生态学原理，协调种植业和养殖业的平衡，采用一系列可持续发展的农业技术以维持持续稳定的农业生产体系的一种农业生产方式。其核心是建立和恢复农业生态系统的生物多样性和良性循环，以维持农业的可持续发展。

有机食品必须符合这样的基本要求：原料来自有机农业生产体系或采取有机方式采集的野生天然食品；生产过程严格按照有机食品的种养、加工、包装、储藏、运输的标准进行；有机食品生产与流通过程中，有完善的质量跟踪体系和完善的生产及销售记录档案；在整个生产过程中对环境造成的污染和生态破坏影响最少；必须通过授权的有机食品认证机构的认证。

目前，国内市场的有机产品已涉及蔬菜、茶叶、大米、杂粮、水果、蜂蜜、中药材、水产品、畜禽产品等20多个大类500多个品种。

(一) 有机食品相关标准

GB/T 19630—2005《有机产品》和国家环境保护总局有机食品发展中心(简称

OFDC)制定的《有机(天然)食品生产与加工技术规范》，是我国有机食品生产与加工的主要参照标准，也是有机食品认证的依据。

《有机产品》和《有机(天然)食品生产与加工技术规范》分别对生产环境、配料、添加剂和加工助剂、加工、包装、储藏、运输、销售、检测等方面做了具体要求，强调严格控制有机农产品生产和食品加工过程中非农业系统物的投入(化肥、农药、激素、添加剂等)，保持农业内部的自然循环，严格管理生产、加工过程，从而保证产品安全和质量。

(二) 有机食品与绿色食品的比较

有机食品，是国际上通行的环保生态食品概念。由于纯天然，无污染，高品质而具有很高的安全性。

有机食品的安全性高于绿色食品、安全卫生优质农产品以及无公害农产品，许多国家如美、法、德、日等各国都依法对有机食品的生产全过程进行保护、监督和管理。

有机食品与绿色食品两者之间的区别体现在以下几个方面。

(1) 有机食品强调的是来自有机农业生产的产品，而绿色食品强调的是出自最佳生态环境的产品；发展有机食品的目的是改造、保护环境，而绿色食品是利用没有污染的生态环境。

(2) 有机食品生产过程强调以生态学原理建立多种种养结合、循环再生的完整体系，尽量减少对外部物质的依赖，禁止使用人工合成的农用化学品，而绿色食品标准中允许使用高效低毒的化学农药，允许使用化学肥料，不拒绝基因工程方法和产品。

(3) 有机食品强调生产全过程的管理，而绿色食品非常注重生产环境和产品的检测结果。

二、有机产品(食品)标志

图 11－2　有机产品(食品)标志

有机产品(食品)标志(图 11－2)。由两个同心圆、图案以及中英文文字组成。内圆表示太阳，其中的既像青菜又像绵羊头的图案泛指自然界的动植物；外圆表示地球。整个图案采用绿色，象征着有机产品是真正无污染、符合健康要求的产品以及有机农业给人类带来了优美、清洁的生态环境。

三、有机食品认证范围及基本要求

(一) 有机食品的认证范围

目前，我国有机食品的认证范围包括：

(1) 未加工的农作物产品，畜禽以及未加工的畜禽产品。

(2) 用于人类消费的农作物、畜禽的加工产品。

(3) 饲料、配合饲料以及饲料原料。

（4）水产养殖及其产品。

（5）肥料和植物保护产品。

（6）蜜蜂和蜂产品。

（7）野生植物产品。

（二）有机食品认证的基本要求

1. 对有机食品生产基地的要求

申请认证的生产基地应是边界清晰、所有权和经营权明确的农业生产单元。通过认证的生产基地地块生产的所有植物和动物性产品都可以作为有机产品。允许生产基地同时存在有机生产和常规生产，但生产基地经营者必须指定专人管理和经营用于有机生产的土地，且生产者必须采取有效措施区分非有机（包括常规和转换）地块上的和已获得认证的地块上的植物、动物，这些措施包括：分开收获、单独运输、分开加工、分开储存和健全跟踪记录等；同时，要制定在5年内将原有的常规生产土地逐步转换成有机生产的计划，并将计划交认证机构批准，禁止生产基地在有机和常规生产方式之间来回转换。

生产者必须提供最近三年（含申请认证的年度）生产基地所有土地的使用状况、有关的生产方法、使用物质、作物收获及后处理、作物产量以及目前生产措施等整套资料。

生产基地必须保持完整的生产管理和销售记录，包括购买或使用生产基地内外的所有物质的来源和数量，作物种植管理、收获、加工和销售的全过程记录。

申请认证的生产基地检查必须在植物和动物生长期进行。检查员对被检查生产基地（包括申请认证的野生植物采集区）的所有地块每年至少进行一次全面检查。检查存在平行生产的农场时，认证机构必须对其常规生产部分进行从生产到销售的全面检查。有机食品认证机构可以根据管理需要，随时委派检查员对申请者的生产、加工和贸易进行未通知检查。

在下列情况下，应采集土壤、水和作物样品，分析禁用物质和污染物的残留状况。

（1）首次申请认证的生产基地。

（2）生产基地有可能使用了禁用物质。

（3）过去使用过禁用物质而受到污染时。

污染物的浓度必须低于我国相应的环境质量标准和食品安全标准。

2. 对有机食品加工的要求

申请认证的加工厂应是所有权和经营权明确的加工单元。允许加工厂同时加工相同品种的有机产品和常规产品，但必须采取切实可行的保证措施，明确区分有机加工和常规加工。

有机加工食品的原料必须是来自获得有机颁证的产品或野生没有污染的天然产品，在最终产品中所占比例不得少于95%。加工过程中只使用天然的调料、色素和香料等辅助原料，不用人工合成的添加剂。在生产、加工、储存和运输过程中应避免化学物质的污染。

加工厂必须制定和实施内部质量控制措施，建立从原料采购、包装、储存到运输全过程的完整档案记录和跟踪审查体系，并保留相应的票据。

3. 对有机食品贸易的要求

同时经营相同品种的有机和常规产品的贸易时，必须明确区分相同品种的有机和常规产品。应确保有机产品在贸易过程中（进货、储存、运输和销售）不受有毒化学物质的污染。必须制定和实施有机贸易内部质量控制措施，建立关于货源、运输、储存和销售的完整的档案记录，并保留相应的票据。贸易者对购买的有机产品进行再包装时，必须符合有机食品标准关于包装和标志的要求。

四、有机食品认证程序

（一）申请

申请者向中心（分中心）提出正式申请，填写申请表和交纳申请费。申请者填写有机食品认证申请书，领取检查合同、有机食品认证调查表、有机食品认证的基本要求、有机认证书面资料清单、申请者承诺书等文件。申请者按《有机食品认证技术准则》要求建立质量管理体系、生产过程控制体系、追踪体系。

（二）认证中心核定费用预算并制定初步的检查计划

认证中心根据申请者提供的项目情况，估算检查时间，一般需要两次检查：生产过程一次、加工一次，并据此估算认证费用和制定初步检查计划。然后申请者与认证中心签订认证检查合同，一式三份；交纳估算认证费用的50%；填写有关情况调查表并准备相关材料；指定内部检查员（生产、加工各1人）；所有材料均使用文件、电子文档各一份，寄或E－mail给分中心。

（三）初审

分中心对申请者材料进行初审；对申请者进行综合审查；分中心将初审意见反馈给认证中心；分中心将申请者提交的电子文档E－mail至认证中心。

（四）实地检查评估

认证中心在确认申请者交纳颁证所需的各项费用后，派出经认证中心认可的检查员；检查员从分中心取得申请者相关资料，依据《有机食品认证技术准则》，对申请者的质量管理体系、生产过程控制体系、追踪体系以及产地、生产、加工、仓储、运输、贸易等进行实地检查评估，必要时需对土壤、产品取样检测。

检查员完成检查后，按认证中心要求编写检查报告；该报告在检查完成2周内将文档、电子文本交认证中心；分中心将申请者文本资料交认证中心。

（五）综合审查评估意见

认证中心根据申请者提供的调查表、相关材料和检查员的检查报告进行综合审查评估，编制颁证评估表，提出评估意见提交颁证委员会审议。

（六）颁证委员会决议

颁证委员会定期召开颁证委员会工作会议，对申请者的基本情况调查表、检查员的检查报告和认证中心的评估意见等材料进行全面审查，做出是否颁发有机证书的决定。

同意颁证：申请内容完全符合有机食品标准，颁发有机食品证书。

有条件颁证：申请内容基本符合有机食品标准，但某些方面尚需改进，在申请人书面承诺按要求进行改进以后，亦可颁发有机食品证书。

拒绝颁证：申请内容达不到有机食品标准要求，颁证委员会拒绝颁证，并说明理由。

有机转换颁证：申请人的基地进入转换期一年以上，并继续实施有机转换计划，颁发有机食品转换证书。产品按"转换期有机食品"销售。

（七）颁发证书

根据颁证委员会决议，向符合条件的申请者颁发证书。申请者交纳认证费剩余部分，认证中心向获证申请者颁发证书；获有条件颁证申请者要按认证中心提出的意见进行改进，并做出书面承诺。

第四节　无公害食品认证

一、无公害食品概述

（一）无公害食品的概念

无公害农产品是指产地环境、生产过程和产品质量符合国家有关标准和规范的要求，经认证合格获得认证证书并允许使用无公害农产品标志的未经加工或者初加工的食用农产品。包括各省、市根据自身实际所发展起来的"安全食用农产品"、"放心菜"、"放心肉"、"无污染农产品"等。它由政府推动，并实行产地认定或产品认证等工作模式。2001年农业部启动了国家"无公害食品行动计划"，无公害食品或无公害农产品的说法初步被社会认同，无公害食品实际上也是无公害农产品。

无公害农产品(食品)生产基地或企业必须符合四条标准。

（1）产品或产品原料产地必须符合无公害农产品(食品)的生态环境标准。

（2）农作物种植；畜禽养殖及食品加工等必须符合无公害食品的生产操作规程。

（3）产品必须符合无公害食品的质量和卫生标准。

（4）产品的标签必须符合《无公害食品标志设计标准手册》中的规定。

无公害食品，是指产地生态环境质量符合标准，采用安全生产技术生产，经省农业行政主管部门依据农业部"无公害食品"行业标准认定的安全、优质农产品及其初级加工品。

（二）无公害农产品(食品)标志

无公害农产品的标志图案(图11－3)主要由麦穗、对钩和无公害农产品字样组成。

图 11－3　无公害农产品（食品）标志

标志整体为绿色，其中麦穗和对钩是金色。绿色象征环保和安全，金色寓意成熟和丰收，麦穗代表农产品，对钩表示及格。

（三）无公害食品的标准

无公害食品标准以全程质量控制为核心，主要包括产地环境质量标准、生产技术标准和产品标准 3 个方面，无公害食品标准主要参考绿色食品标准的框架而制定。

1. 无公害食品产地环境质量标准

无公害食品的生产首先受地域环境质量的制约，即只有在生态环境良好的农业生产区域内才能生产出优质、安全的无公害食品，产地环境中的污染物通过空气、水体和土壤等环境要素直接或间接地影响产品的质量。因此，无公害食品产地环境质量标准对产地的空气、农田灌溉水质、渔业水质、畜禽养殖用水和土壤等的各项指标以及浓度限值做出规定，一是强调无公害食品必须产自良好的生态环境地域，以保证无公害食品最终产品的无污染、安全性，二是促进对无公害食品产地环境的保护和改善。

《无公害农产品管理办法》中规定：无公害农产品产地应当符合下列条件：产地环境符合无公害农产品产地环境的标准要求；区域范围明确；具备一定的生产规模。

2. 无公害食品生产技术标准

无公害食品生产过程的控制是无公害食品质量控制的关键环节，无公害食品生产技术操作规程按作物种类、畜禽种类等和不同农业区域的生产特性分别制定，用于指导无公害食品生产活动，规范无公害食品生产，包括农产品种植、畜禽饲养、水产养殖和食品加工等技术操作规程。

《无公害农产品管理办法》中关于生产管理有如下规定：无公害农产品的生产管理应当符合下列条件：生产过程符合无公害农产品生产技术的标准要求；有相应的专业技术和管理人员；有完善的质量控制措施，并有完整的生产和销售记录档案。

从事无公害农产品生产的单位或者个人，应当严格按规定使用农业投入品；禁止使用国家禁用、淘汰的农业投入品。

无公害农产品产地应当树立标示牌，标明范围、产品品种、责任人。

3. 无公害食品产品标准

无公害食品产品标准是衡量无公害食品最终产品质量的指标尺度。它虽然跟普通食品的国家标准一样，规定了食品的外观品质和卫生品质等内容，但其卫生指标不高于国家标准，重点突出了安全指标，安全指标的制定与当前生产实际紧密结合。无公害食品产品标准反映了无公害食品生产、管理和控制的水平，突出了无公害食品无污染、食用安全的特性。

按照国家法律法规规定和食品对人体健康、环境影响的程度，无公害食品的产品标准是强制性标准，生产技术规范为推广性标准。

二、无公害农产品(食品)认证

为统一全国无公害农产品标志、无公害农产品产地认定及产品认证程序，农业部和国家认证认可监督管理委员会联合发布了《无公害农产品产地认定程序》、《无公害农产品认证程序》等文件，于2003年4月推出了无公害农产品国家认证。

根据《无公害农产品管理办法》和《无公害农产品认证程序》的有关规定，无公害农产品管理工作，由政府推动，并实行产地认定和产品认证的工作模式。国家鼓励生产单位和个人申请无公害农产品产地认定和产品认证。实施无公害农产品认证的产品范围由农业部、国家认证认可监督管理委员会共同确定、调整。国家适时推行强制性无公害农产品认证制度。

(一) 无公害农产品产地认定

省级农业行政主管部门根据《无公害农产品管理办法》和《无公害农产品产地认定程序》的规定负责组织实施本辖区内无公害农产品产地的认定工作。

1. 申请者须提交的材料

申请无公害农产品产地认定的单位或者个人(以下简称申请人)，应当向县级农业行政主管部门提交书面申请，书面申请应当包括以下内容。

(1)《无公害农产品产地认定申请书》。

(2) 产地的区域范围、生产规模。

(3) 产地环境状况说明。

(4) 无公害农产品生产计划。

(5) 无公害农产品质量控制措施。

(6) 专业技术人员的资质证明。

(7) 保证执行无公害农产品标准和规范的声明。

(8) 要求提交的其他有关材料。

2. 无公害农产品产地认定程序

(1) 申请者向县级农业行政主管部门提出申请，并提交上述材料。

(2) 县级农业行政主管部门自收到申请之日起，对申请材料进行形式审查，符合要求的，出具推荐意见，连同产地认定申请材料逐级上报省级农业行政主管部门；不符合要求的，应当书面通知申请人。

(3) 省级农业行政主管部门应当自收到推荐意见和产地认定申请材料之日起30日内，组织有资质的检查员对产地认定申请材料进行审查。材料审查不符合要求的，应当书面通知申请人。符合要求的，组织有关人员对产地环境、区域范围、生产规模、质量控制措施、生产计划等进行现场检查。现场检查不符合要求的，书面通知申请人。

(4) 现场检查符合要求的，应当通知申请人委托具有资质资格的检测机构，对产地环境进行抽样检测。承担产地环境检测任务的机构，根据检测结果出具产地环境检测报告。

（5）省级农业行政主管部门对材料审核、现场检查和产地环境检测结果评价符合要求的，颁发无公害农产品产地认定证书，并报农业部和国家认证认可监督管理委员会备案。不符合要求的，书面通知申请人。

（6）无公害农产品产地认定证书有效期为3年。期满需要继续使用的，应当在有效期满90日前按照本办法规定的无公害农产品产地认定程序，重新办理。

（二）无公害农产品认证

无公害农产品的认证机构，由国家认证认可监督管理委员会审批，并获得国家认证认可监督管理委员会授权的认可机构的资格认可后，方可从事无公害农产品认证活动。

1. 申请者须提交的材料

申请无公害产品认证的单位或者个人（以下简称申请人），应当向认证机构提交书面申请，书面申请应当包括以下内容。

（1）《无公害农产品认证申请书》。

（2）《无公害农产品产地认定证书》（复印件）。

（3）产地《环境检验报告》和《环境评价报告》。

（4）产地区域范围、生产规模。

（5）无公害农产品的生产计划。

（6）无公害农产品质量控制措施。

（7）无公害农产品生产操作规程。

（8）专业技术人员的资质证明。

（9）保证执行无公害农产品标准和规范的声明。

（10）无公害农产品有关培训情况和计划。

（11）申请认证产品的生产过程记录档案。

（12）“公司加农户”形式的申请人应当提供公司和农户签订的购销合同范本、农户名单以及管理措施。

（13）要求提交的其他材料。

2. 无公害农产品认证程序

（1）申请者向认证机构提出申请，并提交上述材料。

（2）认证机构自收到无公害农产品认证申请之日起，15个工作日内完成对申请材料的审核。材料审核不符合要求的，书面通知申请人。

（3）材料审核符合要求的，认证机构需在10个工作日内派员对产地环境、区域范围、生产规模、质量控制措施、生产计划、标准和规范的执行情况等进行现场检查。现场检查不符合要求的，书面通知申请人。

（4）材料审核符合要求的、或者材料审核和现场检查符合要求的（限于需要对现场进行检查时），认证机构应当通知申请人委托具有资质资格的检测机构对产品进行检测。承担产品检测任务的机构，根据检测结果出具产品检测报告。

（5）认证机构对材料审核、现场检查（限于需要对现场进行检查时）和产品检测结果符合要求的，应当在自收到现场检查报告和产品检测报告之日起，15 个工作日内颁发无公害农产品认证证书。无公害农产品产地认定证书、产品认证证书格式由农业部、国家认证认可监督管理委员会规定。不符合要求的，书面通知申请人。

（6）无公害农产品认证证书有效期为 3 年。期满需要继续使用的，应当在有效期满前 90 日内按照本办法规定的无公害农产品认证程序，重新办理。在有效期内生产无公害农产品认证证书以外的产品品种的，应当向原无公害农产品认证机构办理认证证书的变更手续。

第五节　食品质量安全市场准入认证

为保证食品质量安全，国家质量监督检验检疫总局发布了《食品生产加工企业质量安全监督管理办法》，其核心和主要内容就是实行食品质量安全市场准入制度。

一、食品质量安全市场准入制度

（一）食品安全市场准入制度的含义

所谓市场准入，一般是指货物、劳务与资本进入市场的程度的许可。对于产品的市场准入，可理解为，市场的主体（产品的生产者与销售者）和客体（产品）进入市场的程度的许可。食品质量安全市场准入制度则是，为保证食品的质量安全，具备规定条件的生产者才允许进行生产经营活动、具备规定条件的食品才允许生产销售的监督制度。因此，实行食品质量安全市场准入制度是一种政府行为，是一项行政许可制度。

食品质量安全市场准入制度包括 3 项具体制度。

1. 对食品生产企业实施生产许可证制度

对于具备基本生产条件、能够保证食品质量安全的企业，发放食品生产许可证，准予生产获证范围内的产品；未取得食品生产许可证的企业不准生产食品。从生产条件上保证了企业能生产出符合质量安全要求的产品。

2. 对企业生产的食品实施出厂强制检验制度

未经检验或经检验不合格的食品不准出厂销售。对于不具备自检条件的生产企业强令实行委托检验。这项规定适合我国企业现有的生产条件和管理水平，能有效地把住产品出厂安全质量关。

3. 对实施食品生产许可制度的产品实行市场准入标志制度

对检验合格的食品要加印（贴）市场准入标志——QS 标志，没有加贴 QS 标志的食品不准进入市场销售。这样便于广大消费者识别和监督，便于有关行政执法部门监督检查，同时，也有利于促进生产企业提高对食品质量安全的责任感。

（二）食品质量安全市场准入标志

食品质量安全市场准入标志（图 11－4）由“质量安全”的英文名称 quality safety 的

图 11－4　食品质量安全

字头“QS”和“质量安全”中文字样组成。标志主调为蓝色。字母“Q”与“质量安全”四个中文字样为蓝色，字母“S”为白色。标志的大小尺寸可以按比例自行缩放，但是不能变形和变色。

食品质量安全市场准入标志属于质量标志，食品外包装加印(贴)QS 标志代表着生产加工企业对生产食品做出明示保证。食品加印(贴) QS 标志后的含义是：

（1）该食品的生产加工企业经过了保证产品质量必备条件审查，并取得了食品生产许可证，企业具备生产合格食品的环境、设备、工艺条件，生产中使用的原材料符合国家有关规定，生产过程中检验、质量管理达到国家有关要求，食品包装、储存、运输和装卸食品的容器、包装、工具、设备安全、清洁，对食品没有污染。

（2）该食品出厂已经经过检验合格，食品各项指标均符合国家有关标准规定的要求。

（三）实行食品质量安全市场准入制度的意义

实行食品质量安全市场准入制度，是从我国的实际情况出发，为保证食品的质量安全所采取的一项重要措施。

（1）实行食品质量安全市场准入制度是提高食品质量、保证消费者安全健康的需要。

食品是一种特殊商品，它最直接地关系到每一个消费者的身体健康和生命安全。为从食品生产加工的源头上确保食品质量安全，必须制定一套符合社会主义市场经济要求、运行有效、与国际通行做法一致的食品质量安全监督制度。

（2）实行食品质量安全市场准入制度是保证食品生产加工企业的基本条件，强化食品生产法制管理的需要。

我国食品工业的生产技术水平总体上同国际先进水平还有较大差距。许多食品生产加工企业规模极小，加工设备简陋，环境条件很差，技术力量薄弱，质量意识淡薄，难以保证食品的质量安全。企业是保证和提高产品质量的主体，为保证食品的质量安全，必须加强食品生产加工环节的监督管理，从企业的生产条件上把住市场准入关。

（3）实行食品质量安全市场准入制度是适应改革开放，创造良好经济运行环境的需要。

为规范市场经济秩序，维护公平竞争，适应加入世贸组织以后我国社会经济进一步开放的形势，保护消费者的合法权益，也必须实行食品质量安全市场准入制度，采取审查生产条件、强制检验、加贴标志等措施，对违法活动实施有效的监督管理。

二、食品质量安全市场准入审查

（一）食品质量安全市场准入审查的组织

根据《食品生产加工企业质量安全监督管理办法》，食品质量安全市场准入制度的实施由国家质检总局和各级质量技术监督部门组织进行。

关于食品质量安全市场准入审查，国家质检总局发布了统一的《食品质量安全市场准入审查通则》，适用于所有生产加工食品的质量安全市场准入审查。同时，对每一大类食品再制定一个具体的审查细则——《××食品生产许可证审查细则》，与《食品质量安全市场准入审查通则》互相配合使用，完成对某一类食品的质量安全市场准入审查。

《食品质量安全市场准入审查通则》主要提出了申证的食品生产加工企业保证食品质量安全的10个必备条件、食品质量安全检验工作的具体要求以及进行现场审查的要求。

《××食品生产许可证审查细则》是针对每一类实施食品质量安全市场准入的食品而制定的，根据各类食品的生产特点，重点在硬件方面对食品生产加工企业提出了要求。其通用的格式如下：

《××食品生产许可证审查细则》

（1）发证产品范围及申证单元。

（2）必备的生产资源。①生产场所；②必备的生产设备。

（3）产品相关标准。

（4）原辅材料的有关要求。

（5）必备的出厂检验设备。

（6）检验项目。

（7）抽样方法。

（8）其他要求。

审查组依据《食品质量安全市场准入审查通则》对申证的食品生产加工企业进行现场审查时，同时要参照相应食品的《食品生产许可证审查细则》才能完成审查任务。

食品生产加工企业应根据《食品生产加工企业质量安全监督管理办法》、《食品质量安全市场准入审查通则》、《××食品生产许可证审查细则》、《中华人民共和国食品卫生法》等法律规定，对本企业的情况进行全面的检查与整改，备齐必需的文件资料，然后才向主管部门提出审查的申请。

（二）申请食品生产许可证

食品生产许可证制度是食品质量安全市场准入制度的一个组成部分，是食品质量安全市场准入制度的三项内容中的第一项。食品质量安全市场准入制度规定：从事食品生产加工的企业（含个体经营者），必须具备保证食品质量安全必备的生产条件，按规定程序获取食品生产许可证等。食品生产加工企业必须具有食品生产许可证才能进行市场准入的申请。

1. 申请食品生产许可证的条件

食品生产加工企业申领食品生产许可证，应具备以下两方面的条件。

(1) 符合法律法规的基本要求。食品生产加工企业应当符合有关法律对企业设立的要求及国家有关政策规定的企业设立条件。也就是说，从事食品生产加工的企业应当按照规定程序获得卫生行政管理部门颁发的食品卫生许可证，应当获得工商局颁发的营业执照。而从事《食品质量安全监督管理重点产品目录》中食品生产加工的企业，除必须具备食品卫生许可证和营业执照外，还应当申请取得《食品生产许可证》。

(2) 保证产品质量的必备条件。食品生产加工企业的必备条件是保证食品质量安全基础。根据《食品生产加工企业质量安全监督管理办法》，食品生产加工企业的必备条件主要是以下 10 项。

1) 环境。食品生产加工企业必须具备保证产品质量的环境条件，主要包括食品生产企业周围不得有有害气体、放射性物质和扩散性污染源，不得有昆虫大量滋生的潜在场所；生产车间、库房等各项设施应根据生产工艺卫生要求和原材料储存等特点，设置相应的防鼠、防蚊蝇、防昆虫侵入、隐藏和滋生的有效措施，避免危及食品质量安全。

2) 生产设备。食品生产加工企业必须具备保证产品质量的生产设备、工艺装备和相关辅助设备，具有与保证产品质量相适应的原材料处理、加工、储存等厂房和场所。生产不同的产品，需要的生产设备不同，例如小麦粉生产企业应具备筛选清理设备、比重去石机、磁选设备、磨粉机、筛理设备、清粉机，及其他必要的辅助设备，设有原料和成品库房；对大米的生产加工则必须具备筛选清理设备、风选设备、磁选设备、砻岩机、碾米机、米筛等设备。虽然不同的产品需要的生产设备有所不同，但企业必须具备保证产品质量的生产设备、工艺装备等基本条件。

3) 原材料要求。食品生产加工企业必须具备保证产品质量的原材料要求。虽然食品生产加工企业生产的食品有所不同，使用的原材料、添加剂等有所不同，但均应无毒、无害、符合相应的强制性国家标准、行业标准及有关规定。如制作食品用水必须符合国家规定的城乡生活饮用水卫生标准，使用的添加剂、洗涤剂、消毒剂必须符合国家有关法律、法规的规定和标准的要求。食品生产企业不得使用过期、失效、变质、污秽不洁或者非食用的原材料生产加工食品。

4) 加工工艺及过程。食品加工工艺流程设置应当科学、合理。生产加工过程应当严格、规范、采取必要的措施防止生食品与熟食品、原料与半成品和成品的交叉污染。加工工艺和生产过程是影响食品质量安全的重要环节，工艺流程控制不当会对食品质量安全造成重大影响。

5) 产品标准要求。食品生产加工企业必须按照合法有效的产品标准组织生产，不得无标生产。食品质量必须符合相应的强制性标准以及企业明示采用的标准和各项质量要求。需要特别指出的是，对于强制性国家标准，企业必须执行，企业采用的企业标准不允许低于强制性国家标准的要求，且应在质量技术监督部门进行备案，否则，该企业标准无效。

6）人员要求。在食品生产加工企业中，因各类人员工作岗位不同，所负责任的不同，对其基本要求也有所不同。对于企业法定代表人和主要管理人员则要求其必须了解与食品质量安全相关的法律知识，明确应负的责任和义务；对于企业的生产技术人员，则要求其必须具有与食品生产相适应的专业技术知识；对于生产操作人员上岗前应经过技术(技能)培训，并持证上岗；对于质量检验人员，应当参加培训、经考核合格取得规定的资格，能够胜任岗位工作的要求。从事食品生产加工的人员，特别是生产操作人员必须身体健康，无传染性疾病，保持良好的个人卫生。

7）产品储运要求。企业应采取必要措施以保证产品在其储存、运输的过程中质量不发生劣变。食品生产加工企业生产的成品必须存放在专用成品库房内。用于储存、运输和装卸食品的容器包装、工具、设备必须无毒、无害，符合有关的卫生要求，保持清洁，防止食品污染。在运输时不得将成品与污染物同车运输。

8）检验能力。食品生产加工企业应当具有与所生产产品相适应的质量检验和计量检测手段。如生产酱油的企业应具备酱油标准中规定的检验项目的检验能力。对于不具备出厂检验能力的企业，必须委托符合法定资格的检验机构进行产品出厂检验。企业的计量器具、检验和检测仪器属于强制检定范围的，必须经法定计量检定技术机构检定合格并在有效期内方可使用。

9）质量管理要求。食品生产加工企业应当建立健全产品质量管理制度，在质量管理制度中明确规定对质量有影响的部门、人员的质量职责和权限以及相互关系，规定检验部门、检验人员能独立行使的职权。在企业制定的产品质量管理制度中应有相应的考核办法，并严格实施。企业应实施从原材料进厂的进货验收到产品出厂的检验把关的全过程质量管理，严格实施岗位质量规范、质量责任以及相应的考核办法，不符合要求的原材料不准使用，不合格的产品严禁出厂，实行质量否决权。

10）产品包装标志要求。产品的包装是指在运输、储存、销售等流通过程中，为保护产品，方便运输，促进销售，按一定技术方法而采用的容器、材料及辅助物包装的总称。用于食品包装的材料如布袋、纸箱、玻璃容器、塑料制品等，必须清洁、无毒、无害，必须符合国家法律法规的规定，并符合相应的强制性标准要求。食品标签的内容必须真实，必须符合国家法律法规的规定，并符合相应产品(标签)标准的要求，标明产品名称、厂名、厂址、配料表、净含量、生产日期或保质期、产品标准代号和顺序号等。裸装食品在其出厂的大包装上使用的标签，也应当符合上述规定。出厂的食品必须在最小销售单元的食品包装上标注《食品生产许可证》编号，并加印(贴)食品市场准入标志。

2. 申请食品生产许可证的程序

申请食品生产许可证的程序有以下几个方面。

(1）申请。按照地域管辖原则，食品生产加工企业到企业所在地的市(地)级质量技术监督局提出办理食品生产许可证申请，并填写相关资料。

(2）受理及审查。

1）各市质量技术监督局监督稽查处在收到本辖区内企业的食品生产许可证申请材

料后，按照申证产品的生产许可证实施细则，对企业申报材料的齐全性进行初审，符合要求的，在《食品生产许可证申请书》上签署意见并盖章后，将有关申报材料统一上报省质量技术监督局监督稽查处。

2）省质量技术监督局监督稽查处在接到各市质量技术监督局上报的企业申请材料后，应当在15个工作日内组成审查组，完成企业申请材料的书面审查工作。企业材料符合要求的，省质量技术监督局监督稽查处向企业发放《食品生产许可证受理通知书》，由各市质量技术监督局寄送有关企业。企业材料不符合申报条件的，将材料退回给各市质量技术监督局监督稽查处，并附不符合申报条件的情况说明表，由各市质量技术监督局通知企业在20个工作日内补正，逾期未补正的，视为撤回申请。

3）对书面材料审查合格的企业，审查组应在40个工作日内完成对企业生产必备条件、出厂检验能力的现场审查。如企业现场审查合格的，则由审查组现场抽封样品。市质量技术监督局根据工作需要，应派观察员随审查组到企业进行工作督查。

4）对于已经获得出入境检验检疫机构颁发的出口食品厂卫生注册证、登记证的企业，或者已经通过HACCP体系认证、验证的企业，在申请食品生产许可证时，可免于企业必备条件现场审查。但在申请食品生产许可证时提供的材料应增加相应的证书和证明复印件。

（3）送样及检验。申请取证企业应当在审查组封样后10个工作日内将样品送达指定的发证检验机构。承担检验任务的检验机构应当依据相应的标准对样品进行检验，并在收到样品之日起15个工作日内完成检验任务，出具一式4份检验报告。

（4）审核汇总

1）省质量技术监督局监督稽查处在收到申证企业保证产品质量必备条件现场审查合格报告和发证产品合格检验报告后，应当在10个工作日内对其进行审核，确认无误后，由省质量技术监督局统一汇总符合发证条件的企业材料，并在15个工作日内将符合发证条件的企业名单及相关材料报送国家质检总局。

2）经现场审查，审查组作出企业生产必备条件结论不合格的，或企业生产必备条件审查合格，但其产品发证检验不合格且企业没有提出异议的，省质量技术监督局应当在20个工作日内向企业发出《食品生产许可证审查不合格通知书》并说明理由，原《食品生产许可证受理通知书》自行作废。企业若再次提出取证申请，应当认真整改，须在接到《食品生产许可证审查不合格通知书》两个月后，才可再次申请。

（5）核准。国家质检总局收到省质量技术监督局上报的符合发证条件的企业材料后，应当在10个工作日内进行审核批准，并负责公告获得食品生产许可证的企业名单。

（6）发证。省质量技术监督局根据国家质检总局的批准，应当在15个工作日内完成对符合发证条件的生产企业发放食品生产许可证正本及其副本的工作。

食品生产加工企业在申办《食品生产许可证》时，应注意：

1）申请材料的齐全性、准确性和有效性。①申请材料的齐全性，指企业是否按规定提供了全部材料，如有关附件；企业提供的材料是否能够表明企业具备《实施细则》规定的基本条件。②申请材料的准确性，指企业申请材料的填写内容是否准确，如产品类别及申证单元是否按细则要求，企业名称和地址是否与营业执照一致，生产工艺流程图中标注的关键设备和参数与《企业主要生产设备、设施一览表》中所列的设备情况是否一致等。③申请材料的有效性，指企业申报材料提供的相关材料是否合法有效，如企业提供的食品卫生许可证、营业执照、组织机构代码证是否在有效期内，是否通过年审年检，企业标准是否经过备案等。

2）对照《食品生产加工企业必备条件现场审查表》进行自查。

（三）食品强制检验

对企业生产的食品实施强制性检验制度是食品质量安全市场准入制度的第二项内容。

实行强制检验，就是为了保证食品质量安全和符合规定的要求，以法律法规的形式要求企业或者监督管理部门为履行其质量责任和义务必须开展的某些检验。在食品质量安全市场准入制度中，强制检验包括发证检验、出厂检验和监督检验。

1. 发证检验

发证检验，是指质量技术监督部门在受理企业食品生产许可证申请时，委托检验机构对企业生产的食品进行的质量安全检验。发证检验根据国家强制性标准和法律、法规的规定，对全部项目特别是涉及安全健康的项目进行检验。发证检验工作由食品生产许可证受理机关选择国家质检总局公布的法定检验机构承担，检验机构出具的检验报告作为发证的必备证明材料，发证检验合格是企业获得食品生产许可证的必备条件之一。

一般情况下，发证检验的抽样要在企业的成品库的待销产品中随机进行，产品要有一定的数量(要大于规定的抽样基数)。抽样方法要使所抽取的样品有代表性，抽样数量应能满足检验、复检的需要。抽样过程要有企业代表参加，抽样完成后将样品封好，填写抽样单，抽样人员和企业代表要在抽样单上签字，并加盖企业的公章。样品由企业或审查人员在指定时间内安全(无破损、无变质、保持封条完好)地送到检验机构。如果在运送过程中有破损、变质或封条不完整的现象，检验机构有权拒绝接收样品。

发证检验应当是对产品的全项目检验，包括强制性国家标准、强制性行业标准和企业执行标准以及有关法规所规定的全部检验项目。具体项目在《实施细则》中规定。

2. 出厂检验

出厂检验是《中华人民共和国产品质量法》规定的、企业应当承担的保证产品质量的义务之一。《加强食品质量安全监督管理工作实施意见》对规范和督促企业更好地履行这一义务做出了具体的规定，要求生产加工食品的企业，在产品出厂前依据标准规定的出厂检验项目进行逐项检验，经检验合格方可出厂销售。考虑到我国食品生产企业的实际情况，便于企业组织生产，《加强食品质量安全监督管理工作实施意见》中规定，食品生产企业的出厂检验分为企业自行出厂检验或委托出厂检验。

（1）自行出厂检验。自行出厂检验，是指取得食品生产许可证并具有产品出厂检验能力的企业，利用企业自己的检验能力，自行对其生产加工的、属于食品生产许可证许可范围内的食品进行的出厂检验。进行自行出厂检验的企业检验机构应当通过食品生产许可证审查组的审查，并得到受理食品生产许可证申请的质量技术监督部门确认。实行自行出厂检验的企业应当每隔 6 个月接受质量技术监督部门实施的定期检验。

（2）委托出厂检验。委托出厂检验，是指取得食品生产许可证，但不具备产品出厂检验能力的企业，按照就近就便和双方自愿原则自主选择，委托国家质检总局公布的具有法定资格的检验机构进行的食品出厂检验。选择委托出厂检验的企业应当与被委托的检验机构签订检验合同或检验协议。合同或协议应当明确双方的权利与义务、应承担的民事责任。检验机构应当对检验结果的科学性、准确性负责，切实起到保证出厂产品质量的作用。

3. 监督检验

《中华人民共和国产品质量法》规定，国家对产品质量实行以抽查为主要方式的监督检查制度，根据监督抽查的需要，可以对产品进行检验。质量技术监督部门依法对产品质量进行监督检查，是法律赋予的责任，是代表国家履行职责。在产品质量监督检查中根据需要对产品进行检验，属于强制性的监督检验，生产者、销售者应当积极予以配合，不得拒绝检查。

监督检验通常采取抽样检验，并将检验结果与产品标准要求相比较得出检验结论。监督检验有定期监督检验和监督抽查等多种形式，监督检验是一种政府行为，是地方质量技术监督部门对食品生产企业进行监督管理的一种方式。

发证检验、出厂检验和监督检验三种强制检验形式，既相互联系又有所区别。这三种形式贯穿于食品质量安全监督管理的整个过程，是保证食品质量安全所采取的必要措施，缺一不可，但又各有侧重和区别。发证检验和监督检验是质量技术监督部门为审核食品生产加工企业是否具备并保持保证食品质量安全必备条件所进行的检验，是政府为加强食品质量安全监督管理所采取的一种行政行为；而出厂检验是企业为保证其生产加工的食品必须合格所采取的一种企业行为，是企业必须履行的一项法定义务。

第六节　危害分析与关键控制点（HACCP）体系认证

一、HACCP 认证概述

（一）什么是 HACCP 认证

HACCP 体系认证就是：由经国家相关政府机构认可的第三方认证机构依据经认可的认证程序，对食品生产企业的食品安全管理体系是否符合规定的要求进行审核和评价，并依据评价结果，对符合要求的食品企业的食品安全管理体系给予书面保证。

（二）HACCP 认证的意义

HACCP 从生产角度来说是安全控制系统，是使产品从投料开始至成品保证质量安全的体系。如果使用了 HACCP 的管理系统最突出的优点是：

(1) 使食品生产对最终产品的检验(即检验是否有不合格产品)转化为控制生产环节中潜在的危害(即预防不合格产品);

(2) 应用最少的资源,做最有效的事情。

企业进行 HACCP 认证,可以通过定期审核来维持质量体系的运行,防止系统崩溃。通过对相关法规的实施,提高声誉,避免企业违反相关法规。当市场把认证作为准入要求时,企业可以增加出口和进入市场的机会。通过认证的企业能提高消费者的信心,减少顾客审核的频度,与非认证的企业相比,有更大的竞争优势和更好的企业形象。

二、HACCP 认证

食品企业建立和实施 HACCP 管理体系的目的,是提高企业质量管理水平和生产安全食品,再就是通过 HACCP 认证,提高置信水平。企业通过认证有利于向政府和消费者证明自身的质量保证能力,证明自己能提供满足顾客需求的安全食品和服务,因而有利于开拓市场,获取更大利润。

(一) HACCP 认证的依据

HACCP 认证的依据是国家认证监督委员会 2002 年的《食品生产企业危害分析和关键控制点(HACCP)管理体系认证管理规定》和国际食品法典委员会(CAC)《危害分析和关键控制点(HACCP)体系及其应用准则》。

(二) HACCP 认证的基本条件

1. 企业资格

产品生产企业应为有明确法人地位的实体,其产品有注册商标,质量稳定且批量生产。

2. 建立 HACCP 管理体系

企业应按要求建立和实施了 HACCP 管理体系,并运行有效。企业应该已经按照现有中国法律法规的相关规定建立了食品卫生控制基础,如良好生产操作规范(GMP)、良好卫生操作(GHP)或卫生标准操作程序(SSOP)等;还要有完善的设备维护保养计划、员工教育培训计划等。企业应该已经具备在卫生环境下对食品进行加工的生产条件。申请认证的企业应就审核依据,特别是与认证所涉及产品的安全卫生标准及产品消费对象、消费国家和地区等达成一致。

3. 已经进行 HACCP 内审

内审即内部审核,有时也称为第一方审核,由企业自己或以企业的名义进行,审核的对象是企业自己的管理体系,验证企业的管理体系是否持续地满足规定的要求并且正在运行。它为有效的管理评审和纠正、预防措施提供信息,其目的是证实企业的管理体系运行是否有效,可作为企业自我合格声明的基础。

HACCP 内审包括了 GMP、SSOP、HACCP 计划的审核。企业在申请认证前,

HACCP体系应至少有效运行3个月，至少做过一次内审，并对内审中发现的不合格实施了确认、整改和跟踪验证。

（1）HACCP内审的目的。HACCP的内审是针对食品安全控制和相应法律、法规要求的符合性审核。进行内审可以达到以下的目的。

1）验证一个良好的HACCP体系已经建立和保持。确认危害分析合理，对应于所识别的CCP制定措施有效，控制、记录保持和验证活动实施有效。

2）验证产品的设计和加工的特殊要求是适宜的并能持续达到预期目的。

3）对建立和保持HACCP体系的人员的知识、意识和能力进行评估，增强HACCP的培训。

4）通过对比分析，找到企业目前的现状和预期达到的目标之间的差距。

5）获取生产现场的实际情况。

食品生产加工企业还有其他的要求和标准，如GMP、SSOP，这些是HACCP原理应用的基础，成为食品安全体系的一部分，可以在HACCP计划中描述。

（2）HACCP审核程序

1）审核的策划和准备。包括确定审核范围，组成审核组，审核的时间等。

2）文件审核。文件审核的目的是评审HACCP体系文件化的规定是否科学、合理。

3）现场审核准备。包括编制审核计划、核查表。

4）组织见面会。介绍审核的目的、范围、依据和方法、审核的顺序、时间与计划等，确认审核计划。

5）实施审核。

6）不符合项报告。对现场审核发现的问题，以不符合项报告的方式提交审核方和中国质量认证中心，以此作出HACCP有效性评价的结论。

7）确认审核发现。对所有审核发现进行评审，对体系的建立和实施的有效性进行判断。

8）总结会。对审核工作作出结论，向被审核方报告审核的结果。

9）跟踪审核。对不符合项的纠正措施跟踪审核，确定其有效性。

10）评审报告。

（三）HACCP认证的程序

1. 申请

当企业具备了以上的基本条件后，可向有认证资格的认证机构提出意向申请。此时可向认证机构索取公开文件和申请表，了解有关申请者必须具备的条件、认证工作程序、收费标准等有关事项。这时认证机构通常要求企业填写企业情况调查表和意向书等。当然，不同的认证机构对此有不同的要求。在正式申请认证时，申请者应按认证机构的要求填写申请表，提交SSOP、HACCP计划书及其他有关证实材料。

2. 申请审查

认证机构对申请企业提交的申请材料进行审查，决定是否受理申请。如果决定受理申请，则双方签订合同；如果不受理，认证机构以书面形式通知申请者并说明理由。文件审查主要看企业编写的体系文件能否满足相关认证标准的要求，卫生标准控制程序(SSOP)能否满足GMP的要求，HACCP计划书制定得是否合理，危害分析是否充分等。

3. 审核

当签订了认证合同后，认证机构一般按如下程序进行审核：组成审核组、文件审核、初访或预审核(需要时进行)、现场审核前的准备、现场审核并提交报告。对于申请产品HACCP认证的企业，还要进行产品形式检验，认证机构根据规定要求审查提交的质量体系审核报告和产品形式检验报告后，编写产品质量认证综合报告，提交认证机构的技术管理委员会审批，据此作出是否批准认证的决定。

4. 颁发证书

对批准通过认证的企业颁发认证证书并进行注册管理。对不批准认证的企业书面通知，说明原因。认证证书上注明了获证企业的名称、生产现场地址(如为多现场应注明每一现场的地址)、体系覆盖产品、审核依据的标准及发证日期等。获得认证证书的企业，应按认证证书及标志(图11－5)管理程序的有关规定使用证书，并接受认证机构的监督与管理，认证机构将依据规定的要求做出维持、暂停或撤销的决定。

图11－5　HACCP标志

5. 监督与复评

获证企业获证后还应接受认证机构的证后监督和复评。根据《以HACCP为基础的食品安全体系认证机构认可实施指南》的有关规定，认证机构可确定对获证企业的以HACCP为基础的食品安全体系进行监督审核，通常为半年一次(季节性生产在生产季节至少每季度一次)，如果获证企业对其HACCP为基础的食品安全体系进行了重大的更改，或者发生了影响到其认证基础的更改，还需增加监督频次。复评是又一次完整的审核，对HACCP为基础的食品安全体系在过去的认证有效期内的运行进行评审，认证机构每年对供方全部质量体系进行一次复评。

第七节　BRC安全认证

一、BRC标准产生的背景

1990年《英国食品安全法条例》规定，零售商与涉及食品供应的其他所有行业一样，有责任采取一切合理的防范措施，并尽一切努力，避免在食品研发、制造、批发、推广和销售给消费者的过程中出现任何问题。履行与零售商私有品牌相关的责任，需要完成多项工作，其中之一是对生产基地进行技术标准认证。长期以来，英国零售商一直单独进行这项工作，并根据各自的内部标准，对食品生产基地进行认证。认证工作通常由零售商自己的技术人员完成，有时也交由第三方认证机构执行。

BRC 全球食品标准从 1996 年开始运作。BRC 全球标准——食品于 1998 年正式公布。在 1998 年，BRC(英国零售业协会)为了响应食品行业的需求，发展并公布了 BRC 食品技术标准用于评价零售业供应商自有品牌的产品。在短短的时间内，BRC 的食品技术标准则被广泛应用于食品工业的其他部门。BRC 食品技术标准被认为是在食品工业里的最佳实践的基准。BRC 食品技术标准和其在英国之外的运用表明 BRC 食品技术标准逐步发展成为不仅是用以评估零售业供应商的全球性标准，更是一个框架，许多公司依靠它来评估供应商的项目和生产者的某些品牌的产品。英国和斯堪的纳维亚半岛的大部分零售商只考虑与获得 BRC 食品技术标准认证的供应商开展业务。继成功和广泛地接受全球标准——食品之后，BRC 于 2002 年公布了食品包装标准第一版，随后消费品标准于 2003 年 8 月公布。每一个标准都在广泛的范围的讨论上进行定期回顾和修正。

1998 年，英国零售商协会(BRC)制定并颁布了《供应零售品牌食品的公司的 BRC 技术标准和协议》(简称《BRC 食品技术标准》)。该标准最初适用于零售品牌产品的供货，但近年来已经广泛应用于食品行业的其他领域，例如，食品服务和原料生产。此外，有大量证据表明，《BRC 食品技术标准》的应用范围已经扩展到了英国本土之外，许多公司以这套标准为基础，制订各自的供应商评估方案。

第一版《BRC 食品技术标准》于 1998 年发布，现已经过 5 次修订。第六版标准已于 2011 年 7 月发布。在每一次修订过程中，英国零售商协会都向利益相关者广泛咨询意见，确保该标准的可接受程度和完整性，更重要的是努力推广最佳操作规范的标准。

2003 年 1 月，英国零售商协会认识到有必要调整《BRC 食品技术标准》的名称及适用范围，以便反映实际应用情况的变化。《BRC 食品技术标准》现已改名为《BRC 全球食品标准》。英国零售商协会深信，这一改变表明英国零售商协会承诺同食品工业的其他环节继续保持合作伙伴关系，共同推广最佳操作规范，保障消费者的安全。如图 11－6 为 BRC 标志。

图 11－6　BRC 标志

二、BRC 全球食品标准的适用范围

《BRC 全球食品标准》针对零售品牌或自有品牌的加工食品制造和初级产品的制作，或提供食品服务公司、餐饮公司和食品生产商使用的食品或配料，制定了一系列要求。认证适用于在审核进行现场生产或制作的产品，并包括生产场所直接管理控制的仓储设施。

如果具备适当的控制，且审核范围明确剔除了预包装产品的加工或制作，那么以预包装产品供应为经营主业的公司或者以产品加工为主营业务的公司可纳入认证范围。

本标准不适用于如下活动：

（1）批发。

（2）进口。

(3) 分销或仓储(在公司直接控制范围以外)。

(4) BRC 全球标准涉及四方面的内容:

1) BRC 全球标准——食品;

2) BRC 全球标准——食品包装;

3) BRC 全球标准——消费品;

4) 非转基因。

三、BRC 全球食品标准的好处

使用本标准,可产生许多好处。

(1) 单一标准和协议,可接受经国际标准 ISO /IEC 导则 65 认可的第三方认证机构审核;

(2) 由生产商或供应商委托按规定审核频率进行统一认证工作,使得生产商和供应商能够按照协议,向食品零售商和其他公司汇报其状况;

(3) 本标准的适用范围十分广泛,涵盖了食品行业的质量、卫生以及产品安全等多个领域;

(4) 本标准规定了部分对食品生产商/供应商、包装商/灌装商以及零售商的"应有的注意(due diligence)"要求。食品生产商可以利用本标准确保其供应商遵循良好卫生规范,完成其自身环节的"应有的注意(due diligence)";

(5) 在相关协议中,设定了对标准不符合项的纠正措施进行跟踪确认以及进行重复监督审核的要求,确保一套能够自我提高的质量、卫生和产品安全体系得以建立。

四、BRC 全球食品标准的原则

《BRC 全球标准——食品》的目标是针对为英国零售商、其供应商或本标准使用者提供食品产品的生产企业,制定一套须具备的安全、质量和作业标准。本标准的形式和内容允许有能力的第三方依据本标准中的要求,对一个公司的工厂、运营体系及程序进行评估。

英国零售商协会承认认可的重要意义,在开发本技术标准的整个过程中同英国皇家认可委员会(UKAS)密切合作,以确保达到产品认证的全部要求。

开展评估的第三方公司必须获得 ISO/IEC 导则 65 认可,并且达到《BRC 全球标准——食品》及其支持性文件的要求。

有关方面已经做出大量努力,促进本标准开发和实施过程的公开透明,并与各方利益相关者通力合作,确保这一体系的完善和坚实。

《BRC 全球标准——食品》的各项原则如下。

(1) 尽量减少重复审核。

(2) 与认可组织合作,确保认可过程对审核标准给予有效的监控和维护。

(3) 鼓励"本地"审核。

(4) 确保公开、透明,遵循公平贸易法。

（5）在开发和维护过程中鼓励直接利益相关者作为技术咨询委员会的一部分积极参与。

（6）持续评审，改进本标准及其支持性程序。

（7）推广“最佳操作规范”。

五、BRC 标准认证程序

（1）参照 BRC 标准文件自我评估符合性。

（2）选择和预约 BRC 组织所认可的认证机构进行评估。

（3）一天的熟悉化课程可能帮助您计划和准备评估程序。

（4）实际的 BRC 现场评估。

（5）对不符合项执行整改计划。

（6）认证机构决定是否授予证书。

（7）证书的签发。

六、BRC 标准审核方式及内容要点

BRC 标准涵盖产品安全的关键控制体系、品质管理系统、产品控制、制程控制、工厂环境及人事。其条款分为三个水平，分别是基础、高级及建议。把不符点分为严重、主要及轻微。BRC 审核结果的判别是视乎三种不符点在三个不同水平分布来决定，故只有通过和不通过之分。

BRC 食品的标准的主要精神是在食品安全、危害管理及与相关的法例及标准衔接，其他品质要求如产品的色、香及味，都不包括在范围内。

标准要求企业建立、实施 HACCP 体系并对其有效性进行评估。

标准对品质管理系统的要求有管理评审。文件记录必须是容易理解、清楚、易取、有授权、可追溯、可实行及有先后顺序。

工厂的环境方面对建筑物结构、规划及工程、设备及设施、制程管理、运输、存贮、清洁及公共卫生的要求是要远离及防止危害产生。

产品控制方面，标准要求是从产品的设计、开发、分析、包装、库存、回收到不符品处理都要有系统来管理，这些系统必须在安全的原则下是有计划、可追踪及可识别的。

对制程监控，标准的要求是制造过程中所有量的监控，其中设备及测量仪器必须是可控制及校准。

在人事管理上，BRC 标准的要求是个人习惯、体格检查及培训都要以安全为准则。

第八节　IFS 标准认证

一、什么是 IFS 标准

IFS：International Food Supplier Standard 国际食品供应商标准，是德国和法国食品零售商组织为食品供应商制定的质量体系审核标准，经德国贸易机构联会于 2001 年向全球发行，普遍为德国及法国零售商所接纳，许多知名的欧洲超市集团在选择食品供应商时要求供应商要通过 IFS 审核。该标准在德国和法国等欧洲国家比较有影响力，IFS 也是获得国际食品零售商联合会认可的质量体系标准之一。

IFS 是以 ISO 9000：2000 标准的程序导向模式编排，涵盖 HACCP、品质管理体系、产品控制、制程控制、工厂环境及人事等内容。供货商只要成功取得 IFS 认证就可以增加出口机会，减少多重审核的支出，取得欧洲主要零售商的信任、消费者对产品的接纳及减少食品危机风险。

二、IFS 标准背景介绍

零售商对供货商食品安全审查的工作起始是由内部委派员去进行，但由于要减低费用，故从 1990 年开始鼓励供货商使用独立机构做审核，后 CIES 全球食品安全论坛确立了 BRC 全球食品技术标准及 IFS（国际食品供应商标准）为零售商食品安全标准，欧洲大型零售商接踵而来采纳及使用这两套标准并由独立的第三方机构（如 INTERTEK）来对供货商进行审核。

三、IFS 标准主要内容

IFS 标准的主要精神是在食品安全、危害管理及与相关的法例及标准衔接，其他品质要求如产品的色、香及味，都不包括在范围内。该标准是建立在逻辑及推理上，以食品安全为本，其所展示的系统是可描述、可追踪、简洁、清晰、不断回顾、检讨、更新及发展。标准内的单一条款一般含数个要求，常以“应”及“宜”把要求组合起来，共计五大章，246 条条款。

IFS 标准对 HACCP 系统的要求是在其建立、实施及有效性的评估。其中在系统的建立上要求管理层要有承诺、支持及立下清晰目标。此外，要成立 HACCP 小组来研究及执行系统的建立工作。研究需着重于危机评估、产品说明、流程图、顾客考量及七大原则的应用等。而在系统的实行上则要细分阶段及要有文档系统来规范，此外，与 HACCP 系统相关人员需要对 HACCP 有所认识。在系统有效性评估方面，IFS 标准要求是要透过文档系统、HACCP 小组会议、内审、外审、客户投数评估及人负培训考核来监控及提升。

对品质管理系统的要求是在企业的内部及外部管理。内部管理可分为高层及文书系统。高层管理的要求是权责分明、承诺与目标清楚、组织架构清晰、有效沟通及政策透明，对各样与食品安全相关的系统要有回顾检讨、支持及核实。

文件必须是容易理解、清楚、易取、有授权、可追溯、可实行及有先后次序。

工厂的环境对建筑物结构、规划及工程、设备及设施、制程管理、运输、存储、清洁及公共卫生的要求是要远离及防止危害产生。

产品控制方面，IFS 要求从产品的设计、开发、分析、包装、库存、回收到不符品处理都要有系统来管理，这些系统必须在食品安全的原则下是有计划、可追踪及可识别的。

对制程监控，IFS 标准的要求是制造过程中所有量的监控，其中设备及测量仪器必须是可控制及校准。

人事管理上，IFS 标准的要求是个人习惯、体格检查及培训都要以食品安全为准则。

四、如何通过 IFS 认证

若要通过 IFS 认证，食品安全系统最起码要具备完善、可行及被认可的 HACCP 及品质管理系统；并且要有安全清洁的工厂环境、敏锐及以科学为基础的制程及产品控制系统和良好的人员训练及卫生习惯。诚信、透明、食品安全核心策略、长远计划、国际视野及愿意投放资源等都是管理层的必需条件。对中小型企业，参考顾问意见及不断教育是一个提升其食品安全系统达到标准要求的方法。

IFS 标准要求：

（1）食品安全管理体系。

（2）HACCP 原理。

（3）人员和设备的卫生要求。

（4）易变质产品的控制。

（5）良好操作规范的控制范围及验证方法。

（6）食品供应链中的可追溯性。

（7）体系的持续改进。

（8）官方信息资源。

五、IFS 标准认证机构

1. 通用公证行（SGS）

SGS 集团创建于 1878 年，是全球检验、鉴定、测试和认证服务的领导者和创新者。集团拥有遍布全球的 1000 多个分支机构和实验室，员工人数达 48000 名。凭借卓越的专业经验和服务诚信，SGS 提供的检验和测试报告、认证证书已经成为众多跨国公司、贸易商评估和甄选供应商的重要标准。

SGS－CSTC 通用标准技术服务有限公司成立于 1991 年，是 SGS 集团和隶属于原国家质量技术监督局的中国标准技术开发公司共同建立的合资公司，是合法从事检验、鉴定、测试和认证服务的合资企业，十多年来通标公司不断发展壮大，陆续在上海、广州、天津、深圳等地设立了30多个分支机构和数十间实验室，员工人数接近5000名。

SGS的通标公司食品部目前拥有近200名员工，在国内20个城市设有分支机构，在上海、北京、广州、青岛、重庆、厦门建立了食品检测实验室，这些实验室都通过了CNAS和CMA认证。通标公司食品部立足于中国，关注中国的食品安全，为整个食品供应链从业者提供专业的全面解决方案，涵盖检验、测试、认证等各项服务。

2. 天祥(Intertek)

1896年成立的Intertek集团，源于美国爱迪生实验室，是目前全球规模最大、最著名的第三方独立公正行机构之一。Intertek在全球拥有约47000名专业人员，540家分支机构，284个实验室，网络遍布全球一百多个国家和地区。Intertek目前是BRC组织下被认可的中国境内最大、最权威的认证机构，也是中国食品产业网在认证领域唯一的合作伙伴。

Intertek与全球采购、零售商有广泛的合作，合作包括进出口商品检验、实验室技术分析支持、自有品牌产品研发和供应商工厂安全品质体系审核。此外，Intertek每年都会通过固定渠道向全球采购商、零售商发布基于北美和欧洲地区快速消费品企业采购评估标准SQF和BRC申请企业的状况。作为公司的附加服务帮助已认证企业找到国际采购商，全面打开国际市场。

六、IFS国际食品标准的六大目标

（1）有统一的评估体系的一般食品安全标准；

（2）降低零售商(批发商)和供应商的成本；

（3）减少每年的审查次数——每年由IFS国际食品标准认证的审查人员进行一次性审查（该标准为所有食品行业相关机构所认可)；

（4）提高整个供应链各个环节的可比性及透明度；

（5）授予合格的认证机构及审查人员资格证明；

（6）加强欧盟及国家法律的执行力度(溯源性/转基因/Allergene)。

复习思考题

1. 什么是质量认证？
2. 市场准入的定义是什么？
3. 无公害食品、绿色食品、有机食品的认证有何共同点？
4. 简述食品质量安全市场准入制度的主要内容。
5. 什么是BRC标准认证？
6. 什么是IFS认证？

第十二章　食品质量检验

（1）了解质量检验的基本概念；
（2）掌握感官检验的程序；
（3）掌握理化检验的程序；
（4）掌握微生物检验的程序。

第一节　质量检验概述

一、质量检验的定义

（1）检验就是通过观察和判断，适当时结合测量、试验所进行的符合性评价。对产品而言，是指根据产品标准或检验规程对原材料、中间产品、成品进行观察，适当时进行测量或试验，并把所得到的特性值和规定值作比较，判定出各个物品或成批产品合格与不合格的技术性检查活动。

（2）质量检验是指借助于某种手段或方法来观察、测量、试验产品的一个或多个质量特性，然后把测得的结果同规定的产品质量标准进行比较，从而对产品作出合格或不合格判断的技术性检查活动。

二、质量检验的基本要点

（1）一种产品为满足顾客要求或预期的使用要求和政府法律、法规的强制性规定，都要对其技术性能、安全性能、互换性能及对环境和人身安全、健康影响的程度等多方面的要求作出规定，这些规定组成对产品相应质量特性的要求。不同的产品会有不同的质量特性要求，同一产品的用途不同，其质量特性要求也会有所不同。

（2）对产品的质量特性要求一般都转化为具体的技术要求，在产品技术标准（国家标准、行业标准、企业标准）和其他相关的产品设计图样、作业文件或检验规程中明确规定，成为质量检验的技术依据和检验后比较检验结果的基础。经对照比较，确定每项检验的特性是否符合标准和文件规定的要求。

（3）产品质量特性是在产品实现过程中形成的，是由产品的原材料、构成产品的各个组成部分的质量决定的，并与产品实现过程的专业技术、人员水平、设备能力甚至环境条件密切相关。因此，不仅要对过程的作业（操作）人员进行技能培训、合格上岗，对设备能力进行核定，对环境进行监控，明确规定作业（工艺）方法，必要时对作业（工艺）参数进行监控，而且还要对产品进行质量检验，判定产品的质量状态。

（4）质量检验是要对产品的一个或多个质量特性，通过物理的、化学的和其他科学技术手段和方法进行观察、试验、测量，取得证实产品质量的客观证据。因此，需要有适用的检测手段，包括各种计量检测器具、仪器仪表、试验设备等，并且对其实施有效控制，保持所需的准确度和精密度。

（5）质量检验的结果，要依据产品技术标准和相关的产品图样、过程（工艺）文件或检验规程的规定进行对比，确定每项质量特性是否合格，从而对单件产品或成批产品质量进行判定。

三、质量检验的主要功能

1. 鉴别功能

根据技术标准、产品图样、作业（工艺）规程或订货合同的规定，采用相应的检测方法观察、试验、测量产品的质量特性，判定产品质量是否符合规定的要求，这是质量检验的鉴别功能。鉴别是“把关”的前提，通过鉴别才能判断产品质量是否合格。不进行鉴别就不能确定产品的质量状况，也就难以实现质量“把关”。鉴别主要由专职检验人员完成。

2. “把关”功能

质量“把关”是质量检验最重要、最基本的功能。产品实现的过程往往是一个复杂过程，影响质量的各种因素（人、机、料、法、环）都会在这过程中发生变化和波动，各过程（工序）不可能始终处于等同的技术状态，质量波动是客观存在的。因此，必须通过严格的质量检验，剔除不合格品并予以“隔离”，实现不合格的原材料不投产，不合格的产品组成部分及中间产品不转序、不放行，不合格的成品不交付（销售、使用），严把质量关，实现“把关”功能。

3. 预防功能

现代质量检验不单纯是事后“把关”，还同时起到预防的作用。检验的预防作用体现在以下几个方面。

（1）通过过程（工序）能力的测定和控制图的使用起预防作用。无论是测定过程（工序）能力或使用控制图，都需要通过产品检验取得一批数据或一组数据，但这种检验的目的，不是确定这一批或一组产品是否合格，而是为了计算过程（工序）能力的大小和反映过程的状态是否受控。如发现能力不足，或通过控制图表明出现了异常因素，需及时调整或采取有效的技术、组织措施，提高过程(工序)能力或消除异常因素，恢复过程(工序)的稳定状态，以预防不合格品的产生。

(2) 通过过程(工序)作业的首检与巡检起预防作用。当一个班次或一批产品开始作业(加工)时，一般应进行首件检验，只有当首件检验合格并得到认可时，才能正式投产。此外，当设备进行了调整又开始作业(加工)时，也应进行首件检验，其目的都是为了预防出现成批不合格品。而正式投产后，为了及时发现作业过程是否发生了变化，还要定时或不定时到作业现场进行巡回抽查，一旦发现问题，可以及时采取措施予以纠正。

(3) 广义的预防作用。实际上对原材料和外购件的进货检验，对中间产品转序或入库前的检验，既起“把关”作用，又起预防作用。前过程(工序)的把关，对后过程(工序)就是预防，特别是应用现代数理统计方法对检验数据进行分析，就能找到或发现质量变异的特征和规律。利用这些特征和规律就能改善质量状况，预防不稳定生产状态的出现。

4. 报告功能

为了使相关的管理部门及时掌握产品实现过程中的质量状况，评价和分析质量控制的有效性，把检验获取的数据和信息，经汇总、整理、分析后写成报告，为质量控制、质量改进、质量考核以及管理层进行质量决策提供重要信息和依据。

质量报告的主要内容包括：①原辅料、包装材料等进货验收的质量情况和合格率；②过程检验、成品检验的合格率、返工率、报废率和等级率，以及相应的废品损失金额；③按产品组成部分或作业单位划分统计的合格率、返工率、报废率及相应废品损失金额；④不合格产品的原因分析；⑤重大质量问题的调查、分析和处理意见；⑥提高产品质量的建议。

5. 改进功能

质量检验参与质量改进工作，是充分发挥质量检验搞好质量把关和预防作用的关键，也是检验部门参与提高产品质量的具体体现。质量检验人员一般都是由具有一定生产经验、业务熟练的工程技术人员或技术工人担任。他们经常工作在生产现场，对生产中影响人、机、物、法、环等因素了解最清楚，质量信息也最灵通。他们比设计、工艺人员了解质量的情况要多一些、深一些，因而在质量改进中能提出更切实可行的建议和措施，这也是质量检验人员的优势所在。特别是实行设计、工艺、检验和操作人员联合起来搞质量改进，才能加快质量改进的步伐，并取得更好的效果。

四、质量检验的步骤

1. 检验的准备

熟悉规定要求，选择检验方法，制定检验规范。首先要熟悉检验标准和技术文件规定的质量特性和具体内容，确定测量的项目和量值。

2. 测量或试验

按已确定的检验方法和方案，对产品质量特性进行定量或定性的观察、测量、试验，得到需要的量值和结果。测量和试验前后，检验人员要确认检验仪器设备和被检物品试样状态正常，保证测量和试验数据的正确、有效。

3. 记录

对测量的条件、测量得到的量值和观察得到的技术状态用规范化的格式和要求予以记载或描述，作为客观的质量证据保存下来。质量检验记录是证实产品质量的证据，因此数据要客观、真实，字迹要清晰、整齐，不能随意涂改，需要更改的要按规定程序和要求办理。质量检验记录不仅要记录检验数据，还要记录检验日期、班次，由检验人员签名，便于质量追溯，明确质量责任。

4. 比较和判定

由专职人员将检验的结果与规定要求进行对照比较，确定每一项质量特性是否符合规定要求，从而判定被检验的产品是否合格。

5. 确认和处置

检验有关人员对检验的记录和判定的结果进行签字确认。对产品(单件或批)是否可以“接收”、“放行”做出处置。

(1) 对合格品准予放行，并及时转入下一作业过程(工序)或准予入库、交付(销售、使用)；对不合格品，按其不合格程度分别做出返修、返工、让步接收或报废处置。

(2) 对批量产品，根据产品批质量情况和检验判定结果分别做出接收、拒收、复检处理。

五、产品验证及监视

1. 产品验证

验证是指通过提供客观证据对规定要求已得到满足的认定。产品验证就是对产品实现过程形成的产品，通过物理的、化学的和其他科学技术手段和方法进行观察、试验、测量后所提供的客观证据，证实规定要求已经得到满足的认定。它是一种管理性的检查活动。

(1) 产品放行、交付前要通过两个过程，第一是产品检验，提供能证实产品质量符合规定要求的客观证据；第二是对提供的客观证据进行规定要求是否得到满足的认定，二者缺一不可。产品在检验所提供的客观证据经按规定程序得到认定后才能放行和交付使用。

(2) 证实规定要求已得到满足的认定就是对提供的客观证据有效性的确认。其含义如下：①对产品检验得到的结果进行核查，确认检测得到的质量特性值符合检验技术依据的规定要求；②要确认产品检验的工作程序、技术依据及相关要求符合程序(管理）文件规定；③检验（或监视）的原始记录及检验报告数据完整、填写及签章符合规定要求。

（3）产品验证必须有客观证据，这些证据一般都是通过物理的、化学的和其他科学技术手段和方法进行观察、试验、测量后取得的。因此，产品检验是产品验证的基础和依据，是产品验证的前提，产品检验的结果要经规定程序认定，因此，产品验证既是产品检验的延伸，又是产品检验后放行、交付必经的过程。

（4）产品检验出具的客观证据是产品实现的生产者提供的。对采购产品验证时，产品检验出具的客观证据则是供货方提供的，采购方根据需要也可以按规定程序进行复核性检验，这时产品检验是供货方产品验证的补充，又是采购方采购验证的一种手段。

（5）产品检验是对产品质量特性是否符合规定要求所做的技术性检查活动，而产品验证则是规定要求已得到满足的认定，是管理性检查活动，两者性质是不同的，是相辅相成的。

（6）产品验证的主要内容如下：①查验提供的质量凭证。核查物品名称、规格、编号（批号）、数量、交付（或作业完成）单位、日期、产品合格证或有关质量合格证明，确认检验手续、印章和标记，必要时核对主要技术指标或质量特性值。它主要适用于采购物资的验证。②确认检验依据的技术文件的正确性、有效性。检验依据的技术文件，一般有国家标准、行业标准、企业标准、采购（供货）合同（或协议）。具体依据哪一种技术文件需要在合同（或协议）中明确规定。对于采购物资，必要时要在合同（或协议）中另附验证方法协议，确定验证方法、要求、范围、接收准则、检验文件清单等。③查验检验凭证（报告、记录等）的有效性，凭证上检验数据填写的完整性，产品数量、编号和实物的一致性，确认签章手续是否齐备。这主要适用于过程（作业）完成后准予放行。④需要进行产品复核检验的，由有关检验人员提出申请，送有关检验部门（或委托外部检验机构）进行检验并出具检验报告。

2. 监视

（1）监视是对某项事物按规定要求给予应有的观察、检查和验证。质量管理体系要求对产品的符合性、过程的结果及能力实施监视和测量。这就要求对产品的特性和对影响过程能力的因素进行监视，并对其进行测量，获取证实产品特性符合性的证据，及证实过程结果达到预定目标的能力的证据。

（2）过程监视是经常采用的一种有效的质量控制方式，并作为检验的一种补充形式在食品行业中广泛使用。

（3）为确保过程的结果达到预期的质量要求，应对过程参数按规定进行监视，并对过程运行、过程参数作出客观、完整无误的记录，作为验证过程结果的质量满足规定要求的证据。检验人员对作业过程应实施巡回检查，并在验证过程记录后签字确认。

六、质量检验的主要制度

1. 三检制

三检制就是实行操作者的自检、工人之间的互检和专职检验人员的专检相结合的一种检验制度。自检就是生产者对自己所生产的产品，按照作业指导书规定的技术标准自行进行检验，并作出是否合格的判断。互检就是生产工人相互之间进行检验，主要有下道工序对上道工序流转过来的产品进行检验；小组质量员或班组长对本小组工人加工出来的产品进行抽检等。专检就是由专业检验人员进行的检验，专业检验是现代化大生产劳动分工的客观要求，它是互检和自检不能取代的。

2. 重点工序双岗制

重点工序双岗制就是指操作者在进行重点工序加工时，还同时应有检验人员在场，必要时应有技术负责人或用户的验收代表在场，监视工序必须按规定的程序和要求进行。这里所说的重点工序是指加工关键零部件或关键部位的工序，可以是作为下道工序加工基准的工序，也可以是工序过程的参数或结果无记录，不能保留客观证据，事后无法检验查证的工序。实行双岗制的工序，在工序完成后，操作者、检验员或技术负责人和用户验收代表，应立即在工艺文件上签名，并尽可能将情况记录存档，以示负责和以后查询。

3. 留名制

留名制是指在生产过程中，从原材料进厂到成品入库出厂，每完成一道工序，改变产品的一种状态，包括进行检验和交接、存放和运输，责任者都应该在记录文件上签名，以示负责。特别是在成品出厂检验单上，检验员必须签名或加盖印章。这是一种重要的技术责任制。操作者签名表示按规定要求完成了这道工序，检验者签名表示该工序达到了规定的质量标准。签名后的记录文件应妥为保存，以便以后参考。

4. 质量复查制

质量复查制是指有些生产重要产品的企业，为了保证交付产品的质量或参加试验的产品稳妥可靠、不带隐患，在产品检验入库后的出厂前，要请产品设计、生产、试验及技术部门的人员进行复查。

5. 追溯制

追溯制也叫跟踪管理，就是在生产过程中，每完成一个工序或一项工作，都要记录其检验结果及存在问题，记录操作者及检验者的姓名、时间、地点及情况分析，在产品的适当部位作出相应的质量状态标志。这些记录与带标志的产品同步流转。需要时，很容易搞清责任者的姓名、时间和地点，职责分明，查处有据，这可以极大地加强职工的责任感。

6. 质量统计和分析制

质量统计和分析就是指企业的车间和质量检验部门，根据上级要求和企业质量状况，对生产中各种质量指标进行统计汇总、计算和分析，并按期向厂部和上级有关部门汇报，以反映生产中产品质量的变动规律和发展趋势，为质量管理和决策提供可靠的依据。统计和分析的统计指标主要有：抽查合格率、主要指标合格率、成品一次合格率、加工废品率、返工率等。

7. 不合格品管理制

不合格品管理不仅是质量检验也是整个质量管理工作的重要内容。对不合格品的管理要坚持“三不放过”原则，即不查清不合格的原因不放过；不查清责任者不放过；不落实改进措施不放过。这一原则是质量检验工作的重要指导思想，坚持这种思想，才能真正发挥检验工作的把关和预防作用。对不合格品的现场管理主要做好两项工作：一是对不合格品的标记工作，即凡是检验为不合格的产品、半成品，应当根据不合格品的类别，分别涂以不同的颜色或作出特殊标记，以示区别；二是对各种不合格品在涂上标记后应立即分区进行隔离存放，避免在生产中发生混乱。

8. 质量检验考核制

在质量检验中，由于主客观因素的影响，产生检验误差是很难避免的，甚至是经常发生的。目前许多企业对检验人员的检验误差，还没有足够的重视，甚至缺乏“检验误差”的概念，认为只要通过检验合格的产品，一定就是百分之百的合格品，实际上这是不符合事实的，因为这里面还存在检验误差。造成检验误差的原因可概括为两类，即漏检和错检。测定和评价检验误差的方法有以下几方面。

（1）重复检查，由检验人员对自己检查过的产品再检查1～2次。查明合格品中有多少不合格品，不合格品中有多少合格品。

（2）复核检查，由技术水平较高的检验人员或技术人员，复核检验已检查过的一批合格品和不合格品。

（3）改变检验条件，为了解检验是否正确，当检验员检查一批产品后，可以用精度更高的检测手段进行重检，以发现检测工具造成检验误差的大小。

（4）建立标准品，用标准品进行比较，以便发现被检查过的产品所存在的缺陷或误差。

七、质量检验的方式

质量检验的方式可以按不同特征进行分类。

1. 按检验的数量划分

（1）全数检验。全数检验是指对一批待检产品100%地逐一进行检验。这种方式，一般说来比较可靠，同时能提供较完整的检验数据，获得较全面的质量信息。如果希望检查后得到百分之百的合格品，唯一可行的办法是进行全检，甚至是一次以上的全检。但还要考虑漏检和错检的可能。

（2）抽样检验。抽样检验是指根据数理统计的原理所预先制定的抽样方案。从交验的一批产品中，随机抽取部分样品进行检验，根据样品的检验结果，按照规定的判断准则，判定整批产品是否合格，并决定是接收还是拒收该批产品，或采取其他处理方式。主要优点是明显节约了检验工作量和检验费用，缩短了检验周期，减少了检验人员和设备。特别是属于破坏性检验时，只能采取抽样检验的方式。主要缺点是有错判的风险。例如将合格错判为不合格，或把不合格错判为合格。虽然运用数理统计理论，在一定程度上减少了风险，提高了可靠性，但只要使用抽样检验方式，这种风险就不可能绝对避免。

2. 按质量特性值划分

（1）计数检查。包括计件检查和计点检查，只记录不合格数（件或点），不记录检测后的具体测量数值。特别是有些质量特性本身很难用数值表示，例如食品的味道是否可口等，它们只能通过感观判断是否合格。

（2）计量检验。计量检验就是要测量和记录质量特性的数值，并根据数值与标准对比，判断其是否合格。这种检验在工业生产中是大量而广泛存在的。

3. 按检验性质划分

（1）理化检验。理化检验就是借助物理、化学的方法，使用某种测量工具或仪器设备进行的检验。理化检验的特点，通常都是能测得具体的数值，人为的误差小。

（2）感官检验。感官检验就是依靠人的感觉器官来对产品的质量进行评价和判断。如对产品的形状、颜色、气味等，通常是依靠人的视觉、听觉、触觉和嗅觉等感觉器官进行检查，并判断质量的好坏或是否合格。

（3）微生物检验。微生物检验就是利用微生物学的理论和技术鉴别、判断微生物的种类、特性等。

4. 按检验后样品的状态划分

（1）破坏性检验。有些产品的检验是带有破坏性的，就是产品检查以后本身不复存在或被破坏得不能再使用了。破坏性检验只能采用抽检形式，其主要矛盾是如何实现可靠性和经济性的统一，也就是要寻求既保证一定的可靠性又使检验数量最少的抽检方案。

（2）非破坏性检验。就是检验对象被检查以后仍然完整无缺，丝毫不影响其使用性能。

5. 按检验的地点划分

（1）固定检验是指在生产车间内设立固定的检验站。这种检验站可以是车间公共的检验站，各工段、小组或工作地上的产品加工以后，都依次送到检验站去检验；也可以设置在流水线或自动线的工序之间或“线”的终端。这种检验站则属于专门的，并构成生产线的有机组成部分，只固定某种专门的检验。

（2）流动检查就是由检验工人到工作地上去检查。

6. 按检验的过程划分

（1）进货检验（incoming quality control，IQC）。所谓进货检验，主要是指企业购进的原材料、外购配套件和外协件入厂时的检验，这是保证生产正常进行和确保产品质量的重要措施。为了确保外购物料的质量，入厂时的验收检查应配备专门的质检人员，按照规定的检查内容、检查方法及检验数量进行严格认真的检验。如果不能使用全检，而只能使用抽样检验时，也必须预先规定有科学可靠的抽检方案和验收制度。

进货检验包括首件(批)样品检验和成批进货检验两种：首件(批)样品检验主要是为对供应单位所提供的产品质量水平进行评价，并建立具体的衡量标准。所以首件(批)检验的样品，必须对今后的产品有代表性，以便作为以后进货的比较基准；成批进货检验是为了防止不合标准的原材料、外购件、外协件进入企业的生产过程，以免产生不合格品。成批进货检验，可按不同情况进行A、B、C分类：A类是关键的，必检；B类是重要的，可以全检或抽检；C类是一般的，可以实行抽检或免检。这样，既保证质量，又可减少检验工作量。成批进货检验既可在供货单位进行，也可在购货单位进行，但为保证检验的工作质量，防止漏检和错检，一般应制定“入库检验指导书”或“入库检验细则”，其形式和内容可根据具体情况设计或规定。进货物料经检验合格后，检验人员应做好检验记录并在入库单签字或盖章，及时通知库房收货，做好保管工作。如检验后不合格，应按不合格品管理制度办好全部退货或处理工作。对于原材料、辅材料的入厂检验，往往要进行理化检验，验收时要看卫生质量指标、规格、批号等是否符合规定。

(2) 过程检验(in process quality control，IPQC)。过程检验的目的是为了防止出现大批不合格品，避免不合格品流入下道工序去继续进行加工。因此，过程检验不仅要检验产品，还要检定影响产品质量的主要工序要素。实际上，在正常生产成熟产品的过程中，任何质量问题都可以归结为人、机、料、法、环现场管理五大要素中的一个或多个要素出现变异导致，因此，过程检验可起到两种作用，即根据检测结果对产品作出判定，产品质量是否符合规格和标准的要求；根据检测结果对工序作出判定，即过程各个要素是否处于正常的稳定状态，从而决定工序是否应该继续进行生产。为了达到这一目的，过程检验中常常与使用控制图相结合，通常要把首检、巡检同控制图的使用有效地配合起来。过程检验不是单纯的把关，而是要同质量改进密切联系，把检验结果变成改进质量的信息，从而采取质量改进的行动。必须指出，在任何情况下，过程检验都不是单纯的剔出不合格品，而是要同工序控制和质量改进紧密结合起来。

(3) 最终检验(finally quality control，FQC)。最终检验又称最后检验，它是指在某一加工或装配车间全部工序结束后的半成品或成品的检验。对于半成品来说，往往是指入库前的检验。半成品入库前，必须由专职的检验人员，根据情况实行全检或抽检，如果在工序加工时生产工人实行100%的自检，一般在入库前可实行抽样检验，否则应由专职检验人员实行全检后才能接收入库。但有的企业在实行抽样检验时，如发现不合乎要求，也要进行全检，重新筛选。

成品最终检验是对完工后的产品进行全面的检查与试验。其目的是防止不合格品流到用户手中，避免对用户造成损失，也是为了保护企业的信誉。对于制成成品后立即出厂的产品，成品检验也就是出厂检验；对于制成成品后不立即出厂，而需要入库储存的产品，在出库发货以前，尚需再进行一次“出厂检查”。

第二节　食品感官鉴别

一、概述

食品感官鉴别就是凭借人体自身的感觉器官，具体地讲就是凭借眼、耳、鼻、口(包括唇和舌头)和手，对食品的质量状况作出客观的评价。也就是通过用眼睛看、鼻子嗅、耳朵听、用口品尝和用手触摸等方式，对食品的色、香、味和外观形态进行综合性的鉴别和评价。

1. 食品感官鉴别的优点

食品质量的优劣最直接地表现在它的感官性状上，与使用各种理化、微生物的仪器进行分析相比，有很多优点：①通过对食品感官性状的综合性检查，可以及时、准确地鉴别出食品质量有无异常，便于早期发现问题，及时进行处理，可避免对人体健康和生命安全造成损害；②方法直观、手段简便，不需要借助任何仪器设备和专用、固定的检验场所以及专业人员；③灵敏度高，感官鉴别方法常能够察觉其他检验方法所无法鉴别的食品质量特殊性污染微量变化。

2. 食品感官鉴别的法律依据

《中华人民共和国食品安全法》第二十八条规定了禁止生产经营的食品，其中第四项："腐败变质、油脂酸败、霉变生虫、污秽不洁、混有异物、掺假掺杂或者感官性状异常的食品"所说的"感官性状异常"指食品失去了正常的感官性状，而出现的理化性质异常或者微生物污染等在感官方面的体现，或者说是食品这里发生不良改变或污染的外在警示。同样，"感官性状异常"不仅是判定食品感官性状的专用术语，而且是作为法律规定的内容和要求而严肃提出来的。

在食品安全质量标准中，第一项内容一般都是感官指标，通过这些指标不仅能够直接对食品的感官性状作出判断，而且还能够据此提出必要的理化和微生物检验项目，以便进一步证实感官鉴别的准确性。

3. 食品质量感官鉴别适用的范围

凡是作为食品原料、半成品或成品的食物，其品质优劣与真伪评价，都适用于感官鉴别。而且食品的感官鉴别，既适用于专业技术人员在室内进行技术鉴定，也适合广大消费者在市场上选购食品时应用。可见，食品感官鉴别方法具有广泛的适用范围。具体适用范围包括肉及其制品、奶及其制品、水产品及其制品、蛋及其制品、冷饮与酒类、调味品与其他食品等。

4. 鉴别后的食品食用与处理原则

鉴别和挑选食品时，遇有明显变化者，应立即作出能否供给食用的确切结论。对于感官变化不明显的食品，尚须借助理化指标和微生物指标的检验，才能得出综合性的鉴别结论。因此，通过感官鉴别之后，特别是对有疑虑和争议的食品，必须再进行实验室的理化和微生物检验，以便辅助感官鉴别。尤其是混入了有毒、有害物质或被分解蛋白质的致病菌所污染的食品，在感官评价后，必须做上述两种专业检验，以确保鉴别结论的正确性。并且应提出该食品是否存在有毒有害物质，阐明其来源和含量、作用和危害，根据被鉴别食品的具体情况提出食用或处理原则。

二、食品感官鉴别的方法

（一）食品感官鉴别常用的术语及其含义

酸味：由某些酸性物质(例如柠檬酸、酒石酸等)的水溶液产生的一种基本味道。

苦味：由某些物质(例如奎宁、咖啡因等)的水溶液产生的一种基本味道。

咸味：由某些物质(例如氯化钠)的水溶液产生的基本味道。

甜味：由某些物质(例如蔗糖)的水溶液产生的一种基本味道。

碱味：由某些物质(例如碳酸氢钠)在嘴里产生的复合感觉。

涩味：某些物质(例如多酚类)产生的使皮肤或黏膜表面收敛的一种复合感觉。

风味：品尝过程中感受到的嗅觉、味觉和三叉神经觉特性的复杂结合。它可能受触觉的、温度觉的、痛觉的和(或)动觉效应的影响。

异常风味：非产品本身所具有的风味(通常与产品的腐败变质相联系)。

沾染：与该产品无关的外来味道、气味等。

味道：能产生味觉的产品的特性。

基本味道：4 种独特味道的任何一种，酸味的、苦味的、咸味的、甜味的。

厚味：味道浓的产品。

平味：一种产品，其风味不浓且无任何特色。

乏味：一种产品，其风味远不及预料的那样。

无味：没有风味的产品。

风味增强剂：一种能使某种产品的风味增强而本身又不具有这种风味的物质。

口感：在口腔内(包括舌头与牙齿)感受到的触觉。

后味、余味：在产品消失后产生的嗅觉和(或)味觉。它有时不同于产品在嘴里时的感受。

芳香：一种带有愉快内涵的气味。

气味：嗅觉器官感受到的感官特性。

特征：可区别及可识别的气味或风味特色。

异常特征：非产品本身所具有的特征(通常与产品的腐败变质相联系)。

外观：一种物质或物体的外部可见特征。

质地：用机械的、触觉的方法或在适当条件下，用视觉及听觉感受器感觉到的产品的所有流变学的和结构上的(几何图形和表面)特征。

稠度：由机械的方法或触觉感受器，特别是口腔区域受到的刺激而觉察到的流动特性。它随产品的质地不同而变化。

硬：描述需要很大力量才能造成一定的变形或穿透的产品的质地特点。

结实：描述需要中等力量可造成一定的变形或穿透的产品的质地特点。

柔软：描述只需要小的力量就可造成一定的变形或穿透的产品的质地特点。

嫩：描述很容易切碎或嚼烂的食品的质地特点。常用于肉和肉制品。

老：描述不易切碎或嚼烂的食品的质地特点。常用于肉和肉制品。

酥：修饰破碎时带响声的松而易碎的食品。

有硬壳：修饰具有硬而脆的表皮的食品。

（二）食品感官鉴别的基本方法

食品感官鉴别的实质就是依靠视觉、嗅觉、味觉、触觉和听觉等来鉴定食品的外观形态、色泽、气味、滋味和硬度（稠度）。不论对何种食品进行感官质量评价，上述方法总是不可缺少的，而且常是在理化和微生物检验方法之前进行。

1. 视觉鉴别法

这是判断食品质量的一个重要感官手段。食品的外观形态和色泽对于评价食品的新鲜程度，食品是否有不良改变以及蔬菜、水果的成熟度等有着重要意义。视觉鉴别应在白昼的散射光线下进行，以免灯光隐色发生错觉。鉴别时应注意整体外观、大小、形态、块形的完整程度、清洁程度，表面有无光泽、颜色的深浅色调等。在鉴别液态食品时，要将它注入无色的玻璃器皿中，透过光线来观察，也可将瓶子颠倒过来，观察其中有无夹杂物下沉或絮状物悬浮。

2. 嗅觉鉴别法

人的嗅觉器官相当敏感，甚至用仪器分析的方法也不一定能检查出来极轻微的变化，用嗅觉鉴别却能够发现。当食品发生轻微的腐败变质时，就会有不同的异味产生。如核桃的核仁变质所产生的酸败而有哈喇味，西瓜变质会带有馊味等。食品的气味是一些具有挥发性的物质形成的，所以在进行嗅觉鉴别时常需稍稍加热，但最好是在15～25℃的常温下进行，因为食品中的气味挥发性物质常随温度的高低而增减。在鉴别食品时，液态食品可滴在清洁的手掌上摩擦，以增加气味的挥发，识别畜肉等大块食品时，可将一把尖刀稍微加热刺入深部，拔出后立即嗅闻气味。食品气味鉴别的顺序应当是先识别气味淡的，后鉴别气味浓的以免影响嗅觉的灵敏度。

3. 味觉鉴别法

感官鉴别中的味觉对于辨别食品品质的优劣是非常重要的一环。味觉器官不但能品尝到食品的滋味如何，而且对于食品中极轻微的变化也能敏感地察觉。味觉器官的敏感性与食品的温度有关，在进行食品的滋味鉴别时，最好使食品处在20～45℃之间，以免温度的变化会增强或减低对味觉器官的刺激。几种不同味道的食品在进行感官评价时，应当按照刺激性由弱到强的顺序，最后鉴别味道强烈的食品。在进行大量样品鉴别时，中间必须休息，每鉴别一种食品之后必须用温水漱口。

4. 触觉鉴别法

凭借触觉来鉴别食品的膨、松、软、硬、弹性（稠度），以评价食品品质的优劣，也是常用的感官鉴别方法之一。例如，根据鱼体肌肉的硬度和弹性，常常可以判断鱼是否新鲜或腐败，评价动物油脂的品质时，常需鉴别其稠度等。在感官测定食品硬度(稠度)时，要求温度应在15~20℃，因为温度的升降会影响到食品状态的改变。

（三）食品感官鉴别的影响因素

食品感官鉴别是一种根据客观情况进行主观意识判断的方法，因此必然会受到多种因素的影响，从而使所得的评判结果产生偏差，影响食品感官检验的因素主要如下：

1. 食品本身

食品本身的形状、气味、色泽等会影响人的心理，使评判结果产生差异。

2. 检验人员的动机和态度

检验人员对食品感官检验工作感兴趣，且能认真负责时，检验结果往往比较有效；如果检验人员态度不端正，就有可能导致检验结果失真。

3. 检验人员的习惯

人们的饮食习惯会影响感官检验结果。

4. 提示误差

在检验过程中，人的脸部表情、声音等都将使检验人员之间产生互相提示，使评判结果出现误差。

5. 检验的环境

环境条件不适当时，会使检验人员产生不舒适感，从而导致检验结果偏差。

6. 年龄和性别

年龄和性别因素也会造成检验结果的不同。

7. 身体状况

许多疾病(如病毒性感冒)患者会丧失、降低或改变其感官感觉的灵敏性，另外睡眠状况、是否抽烟及不同的饱腹感也会影响检验结果。

8. 实验次数

如果对同一食品品尝次数过多，常会引起感官的疲劳，降低感官敏感性。

9. 评判误差

一是不合适的评判尺度定义会引起结果的偏差；二是对比效应，提供试样的食用顺序也会影响检验结果；三是记号效应，对物品所作的记号也会影响判断结果。

第三节　食品理化检验

一、物理检查法

本法是用于测定某些被检物质的物理性质如温度、密度等。此外，根据某些物质的光学性质，用仪器来进行检查也属于物理方法，如用折光仪测定物质的折光率，用旋光仪测定物质的旋光度等，借此判定物质的纯度和浓度。

二、化学分析法

本法是当前食品安全质量检验工作中应用最广泛的方法，根据检查目的和被检物质的特性，可进行定性和定量分析。

（一）定性分析

定性分析的目的，在于检查某一物质是否存在。它是根据被检物质的化学性质，经适当分离后，与一定试剂产生化学反应，根据反应所呈现的特殊颜色或特定性状的沉淀来判定其存在与否。

（二）定量分析

定量分析的目的，在于检查某一物质的含量。可供定量分析的方法颇多，除利用重量和容量分析外，近年来，定量分析的方法正向着快速、准确、微量的仪器分析方向发展，如光学分析、电化学分析、层析分析等。

1. 重量分析

本法是将被测成分与样品中的其他成分分离，然后称量该成分的质量，计算出被测物质的含量。它是化学分析中最基本、最直接的定量方法。尽管操作麻烦、费时，但准确度较高，常作为检验其他方法的基础方法。

目前，在食品安全质量检验中，仍有一部分项目采用重量法，如水分、脂肪含量、溶解度、蒸发残渣、灰分等的测定都是重量法。由于红外线灯、热天平等近代仪器的使用，使重量分析操作已向着快速和自动化分析的方向发展。

根据使用的分离方法不同，重量法可分为以下 3 种。

（1）挥发法。是将被测成分挥发或将被测成分转化为易挥发的成分去掉，称量残留物的质量，根据挥发前和挥发后的质量差，计算出被测物质的含量。如测定水分含量。

（2）萃取法。是将被测成分用有机溶媒萃取出来，再将有机溶媒挥发去，称量残留物的质量，计算出被测物质的含量。如测定食品中脂肪含量。

（3）沉淀法。是在样品溶液中，加一适当过量的沉淀剂，使被测成分形成难溶的化合物沉淀出来，根据沉淀物的质量，计算出该成分的含量。如在化学中经常使用的测定无机成分。

2. 容量分析

是将已知浓度的操作溶液（即标准溶液），由滴定管加到被检溶液中，直到所用试剂与被测物质的量相等时为止。反应的终点，可借指示剂的变色来观察。根据标准溶液的浓度和消耗标准溶液的体积，计算出被测物质的含量。

根据其反应性质不同，容量分析可分为下列四类。

（1）中和法。是利用已知浓度的酸溶液来测定碱溶液的浓度，或利用已知浓度的碱溶液来测定酸溶液的浓度。终点的指示是借助于适当的酸、碱指示剂如甲基橙和酚酞等的颜色变化来决定。

（2）氧化还原法。是利用氧化还原反应来测定被检物质中氧化性或还原性物质的含量。

碘量法：是利用碘的氧化反应来直接测定还原性物质的含量或利用碘离子的还原反应，使与氧化剂作用，然后用已知浓度的硫代硫酸钠滴定析出的碘，间接测定氧化性物质的含量。如测定肌醇的含量。

高锰酸钾法：是利用高锰酸钾的氧化反应来测定样品中还原性物质的含量。用高锰酸钾作滴定剂时，一般在强酸性溶液中进行。如测定食品中还原糖的含量。

（3）沉淀法。是利用形成沉淀的反应来测定其含量的方法。如氯化钠的测定，利用硝酸银标准溶液滴定样品中的氯化钠，生成氯化银沉淀，待全部氯化银沉淀后，多滴加的硝酸银与铬酸钾指示剂生成铬酸银溶液呈橘红色即为终点。由硝酸银标准滴定溶液消耗量计算氯化钠的含量。

（4）络合滴定法。在食品理化检验中主要是应用氨羧络合滴定中的乙二胺四乙酸二钠(EDTA)直接滴定法。它是利用金属离子与氨羧络合剂定量地形成金属络合物的性质，在适当的 pH 范围内，以 EDTA 溶液直接滴定，借助于指示剂与金属离子所形成络合物的稳定性较小的性质，在达到当量点时，EDTA 自指示剂络合物中夺取金属离子，而使溶液中呈现游离指示剂的颜色，来指示滴定终点的方法。例如食盐中镁的测定即采用此法。

三、物理化学分析法

物理化学分析法主要包括光学分析、电化学分析、热量分析、质谱法、放射分析、色谱分析。其中光学分析又分为吸收光谱、旋光分析、发射光谱、折光分析。色谱分析又分为液相层析、高效液相层析、气相层析。

第四节　食品微生物检验

一、概述

1. 概念

食品微生物检验是运用微生物学的理论与技术，研究食品中微生物的种类、特性等，食品中微生物的种类、数量、性质、活动规律与人类健康关系极为密切。微生物与食品的关系复杂，有有益的一面，也有不利的一面，必须经过检验才能确保其安全性。

2. 食品微生物检验的特点

食品微生物检验的特点包括：①研究对象及范围广。食品种类多，各地区有各地区的特色，分布不同，在食品来源、加工、运输等过程都可能受到各种微生物的污染；微生物的种类非常多，数量巨大。②涉及学科多。食品微生物检验是以微生物学为基础的，还涉及生物学、生物化学、工艺学、发酵学方面的知识，以及兽医学方面的知识等。根据不同的食品以及不同的微生物，采取的检验方法也不同。③实用性及应用性强。本学科在促进人类健康方面起着重要的作用。通过检验，掌握微生物的特点及活动规律，识别有益的、腐败的、致病的微生物，在食品生产和保藏过程中，可以充分利用有益微生物为人类服务，同时控制腐败和病原微生物的活动，防止食品变质和杜绝因食品而引起的病害，保证食品卫生的安全。④采用标准化。在食品的卫生质量标准中，有明确的微生物学标准。必须达到法规规定的标准《中华人民共和国国家标准——食品安全国家标准检验方法》中的具体规定，这是法定的检验依据。

3. 食品微生物检验的目的

目的就是要为生产出安全、卫生、符合标准的食品提供科学依据。

要使生产工序的各个环节得到及时控制，不合格的食品原料不能投入生产，不合格的成品不能投放市场，更不能被消费者接受，对食品进行微生物检验至关重要。

4. 食品微生物检验的内容

食品微生物检验的内容有：①各类食品原辅料中要求控制的微生物；②半成品、成品中微生物污染及控制情况；③研究微生物与食品保藏的关系；④食品从业人员的卫生状况；⑤研究各类食品生产环境中的微生物。

二、食品微生物检验的基本程序

（一）检验前准备

检验前的准备包括：①准备好所需的各种仪器，如冰箱、恒温水浴箱、显微镜等。②各种玻璃仪器，如吸管、平面皿、广口瓶、试管等均需刷洗干净后经湿法(121℃，20 分钟)或干法(160 ~ 170℃，2 小时)灭菌，冷却后送无菌室备用。③准备好实验所需的各种试剂、药品，做好普通琼脂培养基或其他选择性培养基，根据需要分装试管或灭菌后倾注平板或保存在 46℃的水浴中或保存在 4℃的冰箱中备用。④无菌室灭菌，如用紫外灯法灭菌，时间不应少于 45 分钟，关灯后半小时方可进入工作；如用超净工作台，需提前半小时开机。必要时进行无菌室的空气检验，把琼脂平板暴露在空气中 15 分钟，培养后每个平板上不得超过 15 个菌落。⑤检验人员的工作衣、帽、鞋、口罩等灭菌后备用。工作人员进入无菌室后实验没完成前不得随便出入无菌室。

（二）样品的采集与处理

在食品的检验中，样品的采集是极为重要的一个步骤。所采集的样品必须具有代表性，这就要求检验人员不但要掌握正确的采样方法，而且要了解食品加工的批号、原料的来源、加工方法、保藏条件、运输、销售中的各环节，以及销售人员的责任心和卫生知识水平等。样品可分为大样、中样、小样 3 种。大样指一整批，中样是从样品各部分取的混合样，一般为 200g；小样又称为检样，一般以 25g 为准，用于检验。样品的种类不同，采样的数量及采样的方法也不一样。但是，一切样品的采集必须具有代表性，即所取的样品能够代表食物的所有成分。如果采集的样品没有代表性，即使一系列检验工作非常精密、准确，其结果也毫无价值，甚至会出现错误的结论。

取样及样品处理是任何检验工作中最重要的组成部分，以检验结果的准确性来说，实验室收到的样品是否具有代表性及其状态如何是关键问题。如果取样没有代表性或对样品的处理不当，得出的检验结果可能毫无意义。如果需要根据一小份样品的检验结果去说明一大批食品的质量或一起食物中毒的性质，设计一种科学的取样方案及采取正确的样品制备方法是必不可少的条件。

1. 食品微生物检验的取样方案

采用什么样的取样方案主要取决于检验的目的。例如用一般食品的卫生学微生物检验去判定一批食品合格与否；查找食物中毒病原微生物；鉴定畜禽产品中是否含有人兽共患病原体等。目的不同，取样方案也不同。目前国内外使用的取样方案多种多样，如一批产品采若干个样后混合在一起检验，按百分比抽样；按食品的危害程度不同抽样；按数理统计的方法决定抽样个数等。不管采取何种方案，对抽样代表性的要求是一致的。最好对整批产品的单位包装进行编号，实行随机抽样。下面列举当今世界上较为常见的几种取样方案。

（1）ICMSF 的取样方案。国际食品微生物标准规范委员会(简称 ICMSF)的取样方案是依据事先给食品进行的危害程度划分来确定的，将所有食品分成三种危害度，I 类危害：老人和婴幼儿食品及在食用前可能会增加危害的食品。Ⅱ类危害：立即食用的食品，在食用前危害基本不变。Ⅲ类危害：食用前经加热处理，危害减小的食品。另外，将检验指标对食品卫生的重要程度分成一般、中等和严重三档，根据以上危害度的分类，又将取样方案分成二级法和三级法。①二级法：设定取样数 n，指标值 m，超过指标值 m 的样品数为 c，只要 $c>0$，就判定整批产品不合格。②三级法：设定取样数 n，指标值 m，附加指标值 M，介于 m 与 M 之间的样品数 c。只要有一个样品值超过 M 或 c 规定的数就判定整批产品不合格。

（2）美国 FDA 的取样方案。美国食品药品管理局(FDA)的取样方案与 ICMSF 的取样方案基本一致，所不同的是严重指标所取的 15、30、60 个样可以分别混合，混合的样品量最大不超过 375g。也就是说所取的样品每个为 100g，从中取出 25g，然后将 15 个 25g 混合成一个 375g 样品，混匀后再取 25g 作为试样检验，剩余样品妥善保存备用。

（3）食物中毒微生物检验的取样。当怀疑发生食物中毒时，应及时收集可疑中毒源食品或餐具物、粪便或血液等。

（4）人畜共患病病原微生物检验的取样

当怀疑某一动物产品可能带有人畜共患病病原体时，应结合知识，采取病原体最集中、最易检出的组织或体液送实验室检验。

2. 食品微生物检验采样方法

按照上述采样方案，能采取最小包装的食品就采取完整包装按无菌操作进行。不同类型的食品应采用不同的工具和方法。

（1）液体食品，充分混匀，用无菌操作取样，放入无菌盛样容器。

（2）固体样品，大块整体食品应用无菌刀具和镊子从不同部位割取，割取时应兼顾表面与深部，注意样品的代表性，小块大包装食品应从不同部位的小块上切取样品，放入无菌盛样容器。

（3）冷冻食品，大包装小块冷冻食品按小块个体采取，大块冷冻食品可以用无菌刀从不同部位削取样品或用无菌小手锯从冻块上锯取样品，也可以用无菌钻头钻取碎屑状样品，放入盛样容器。

（4）若需检验食品污染情况，可取表层样品；若需检验其品质情况，应取深部样品。

（5）生产工序监测采样。

①车间用水。自来水样从车间各水龙头上采取冷却水；汤料等从车间容器不同部位用100mL 无菌注射器抽取。②车间台面、用具及加工人员手的卫生监测。用无菌采样板或无菌棉签擦拭一定面积。若所采表面干燥，则用无菌稀释液湿润棉签后擦拭，若表面有水，则用干棉签擦拭，擦拭后立即将棉签头用无菌剪刀剪入盛样容器。③车间空气采样。直接沉降法。将 5 个直径 90mm 的普通营养琼脂平板分别置于车间的四角和中部，打开平皿盖 5 分钟，然后盖盖送检。

3. 食品微生物检验的样品处理

样品处理应在无菌室内进行，若是冷冻样品必须事先在原容器中解冻 2～5℃不超过 18 小时或 45℃不超过 15 分钟。一般固体食品的样品处理方法有以下几种。

（1）捣碎均质方法。将 100g 或 100g 以上样品剪碎混匀，从中取 25g 放入带 225mL 稀释液的无菌均质杯中 8000～10000r/min 均质 1～2 分钟，这是对大部分食品样品都适用的办法。

（2）剪碎振摇法。将 100g 或 100g 以上样品剪碎混匀，从中取 25g 进一步剪碎，放入带有 225mL 稀释液和适量直径为 5mm 左右玻璃珠的稀释瓶中，盖紧瓶盖，用力快速振摇 50 次，振幅不小于 40cm。

（3）研磨法。将 100g 或 100g 以上样品剪碎混匀，取 25g 放入无菌乳钵充分研磨后再放入带有 225mL 无菌稀释液的稀释瓶中，盖紧盖后充分摇匀。

（4）整粒振摇法。有完整自然保护膜的整粒状样品（如蒜瓣、青豆等）可以直接称取 25g 整粒样品放入带有 225mL 无菌稀释液和适量玻璃珠的无菌稀释瓶中，盖紧瓶盖，用力快速振摇 50 次，振幅在 40cm 以上。冻蒜瓣样品若剪碎或均质，由于大蒜素的杀菌作用，所得结果大大低于实际水平。

（5）胃蠕动均质法。这是国外使用的一种新型的均质样品的方法，将一定量的样品和稀释液放入无菌均质袋中，开机均质。均质器有一个长方形金属盒，其旁边安有金属叶板，可打击塑料袋，金属叶板由恒速马达带动，做前后移动而撞碎样品。

（三）样品的送检与检验

（1）采集好的样品应及时送到食品微生物检验室，越快越好，一般不应超过 3 h，如果路途遥远，可将不需冷冻的样品保持在1～5℃的环境中，勿使冻结，以免细菌遭受破坏；如需保持冷冻状态，则需保存在泡沫塑料隔热箱内(箱内有干冰可维持在0℃以下)，应防止反复冰冻和融解。

(2) 样品送检时，必须认真填写申请单，以供检验人员参考。

(3) 检验人员接到送检单后，应立即登记，填写序号，并按检验要求放在冰箱或冰盒中，并积极准备条件进行检验。

(4) 食品微生物检验室必须备有专用冰箱存放样品，一般阳性样品发出报告后3d(特殊情况可适当延长)方能处理样品；进口食品的阳性样品，需保存6个月方能处理，每种指标都有一种或几种检验方法，应根据不同的食品、不同的检验目的来选择恰当的检验方法。本书重点介绍的是通常所用的常规检验方法，主要参考现行国家标准，但除了国标外，国内尚有行业标准(如出口食品微生物检验方法)，国外尚有国际标准(如FAO标准、WHO标准等)和每个食品进口国的标准(如美国FDA标准、日本厚生省标准、欧共体标准等)。总之应根据食品的消费去向选择相应的检验方法。

(四) 结果报告

样品检验完毕后，检验人员应及时填写报告单，签名后送主管人核章，以示生效，并交给食品质量管理人员处理。

复习思考题

1. 食品质量检验的步骤是什么？
2. 食品感官评定的程序是什么？
3. 食品理化检验的程序是什么？
4. 食品微生物检验的程序是什么？

第十三章　食品安全性评价

（1）了解食品毒理学基本知识；
（2）理解毒物的毒效应；
（3）理解食品安全性毒理学评价程序。

第一节　食品毒理学概述

一、毒理学的历史沿革及其发展

毒理学(toxicology)是一门既老又新的学科，是研究化学、物理、生物等因素对机体负面影响的科学。其起源可追溯到数千年前，古代人类应用动物毒汁或植物提取物用以狩猎、战争或行刺，如我国用作箭毒的乌头碱就已经为毒理学的形成奠定了基础。随着欧洲工业生产的发展，劳动环境的恶化，发生了各种职业中毒。学者们在研究职业中毒过程中促进了毒理学的发展。20 世纪 50 年代由于社会生产的快速发展，大量化学物进入人类环境，这些外源化学物对生物界、尤其是对人类的巨大负面效应引起了关注，如震惊世界的反应停事件、水俣病事件、TCDD 污染以及多种化学物的致癌作用等，使毒理学研究有了长足的进步，此后化学物中毒机理的研究也伴随着生物学、化学与物理学的发展而广泛展开，以至目前毒理学从不同领域、不同角度、不同深度形成了众多的、交叉的毒理学分支学科。食品毒理学是现代毒理学的一门分支学科。

二、基本概念

1. 毒理学

经典毒理学是研究化学物质的测定、事故、特性、效应和调节的中毒有害作用机理和保护作用的一门学问。主要研究内容是外源性化学物的有害作用及机理。现代毒理学研究环境物理、化学和生物因素对生物体毒作用性质、量化机理和防治措施。

2. 卫生毒理学

是从卫生学角度，利用毒理学的概念和方法，研究人类生产和生活可能接触的环境因素(理化和生物因素)对机体的生物学作用，特别是毒性损害作用及其机理和防治措施的科学。为工业毒理学、环境毒理学、食品毒理学的统称。也是毒理学的一个分支学科。

3. 食品毒理学

应用毒理学方法研究食品中可能存在或混入的有毒、有害物质对人体健康的潜在危害及其作用机理的一门学科；包括急性食源性疾病以及具有长期效应的慢性食源性危害；涉及从食物的生产、加工、运输、储存及销售的全过程的各个环节，食物生产的工业化和新技术的采用，以及对食物中有害因素的新认识。食品毒理学的研究方法包括：

(1) 生物试验，采用各种哺乳动物、水生动物、植物、昆虫、微生物等，但常用的仍是哺乳动物，如小鼠、大鼠、狗、家兔、豚鼠和猴等。可采用整体动物、离体的动物脏器、组织、细胞、亚细胞甚至 DNA 进行。

(2) 人群和现场调查，即采用流行病学和卫生学调查的方法，根据已有的动物实验结果和环境因素如化学物的性质，选择适当的指标，观察生态环境变化和受试因素接触人群的因果关系、剂量－反应关系。

4. 毒物

在一定条件下，较小剂量就能够对生物体产生损害作用或使生物体出现异常反应的外源化学物称为毒物。食物中的毒物来源有：天然的或食品变质后产生的毒素等、环境污染物、农兽药残留、生物毒素以及食品接触所造成的污染。

5. 外源化学物

是存在于外界环境中，而能被机体接触并进入体内的化学物；它不是人体的组成成分，也不是人体所需的营养物质。近年来，确切的概念应称为“外来生物活性物质”。

6. 毒性

是指外源化学物与机体接触或进入体内的易感部位后，能引起损害作用的相对能力，或简称为损伤生物体的能力。也可简述为外源化学物在一定条件下损伤生物体的能力。

7. “三致”作用

指致突变、致畸、致癌作用。

三、表示毒效应的常用指标

1. 半数致死量(median lethal dose，LD_{50})

较为简单的定义是指引起一群受试对象 50% 个体死亡所需的剂量。因为 LD_{50} 并不是实验测得的某一剂量，而是根据不同剂量组而求得的数据。故精确的定义是指统计学上获得的，预计引起动物半数死亡的单一剂量。LD_{50}的单位为mg/kg体重，LD_{50}的数值越小，表示毒物的毒性越强；反之，LD_{50}数值越大，毒物的毒性越低。

毒理学最早用于评价急性毒性的指标就是死亡，因为死亡是各种化学物共同的、最严重的效应，它易于观察，不需特殊的检测设备。长期以来，急性致死毒性是比较、衡量毒性大小的公认方法。LD_{50}在毒理中是最常用于表示化学物毒性分级的指标。因为剂量–反应关系的“S”形曲线在中段趋于直线，直线中点为50%，故LD_{50}值最具有代表性。LD_{50}值可受许多因素的影响，如动物种属和品系、性别、接触途径等，因此，表示LD_{50}时，应注明动物种系和接触途径。雌雄动物应分别计算，并应有95%可信限。

2. 绝对致死剂量(absolute lethal dose，LD_{100})

指某实验总体中引起一组受试动物全部死亡的最低剂量。

3. 最小致死剂量(minimal lethal dose，MLD或MLC或LD_{01})

指某实验总体的一组受试动物中仅引起个别动物死亡的剂量，其低一档的剂量即不再引起动物死亡。

4. 最大耐受剂量(maximal tolerance dose，MTD或LD_0或LC_0)

指某实验总体的一组受试动物中不引起动物死亡的最大剂量。

5. 最小有作用剂量(minimal effective dose)或称阈剂量或阈浓度

是指在一定时间内，一种毒物按一定方式或途径与机体接触，能使某项灵敏的观察指标开始出现异常变化或使机体开始出现损害作用所需的最低剂量，也称中毒阈剂量。

6. 最大无作用剂量(maximal no – effective dose)

是指在一定时间内，一种外源化学物按一定方式或途径与机体接触，用最灵敏的实验方法和观察指标，未能观察到任何对机体的损害作用的最高剂量，也称为未观察到损害作用的剂量。最大无作用剂量是根据亚慢性试验的结果确定的，是评定毒物对机体损害作用的主要依据。

四、剂量、剂量–效应和剂量–反应关系

剂量：既可指集体接触化学物的量，或在实验中给予机体受试物的量，又可指化学毒物被吸收的量或在体液和靶器官中的量。大小意味着生物体接触毒物的多少，是决定毒物对机体造成损害的最主要的因素。

效应：即生物学效应，指机体在接触一定剂量的化学物后引起的生物学改变。生物学效应一般具有强度性质，为量化效应或称计量资料。例如，有神经性毒剂可抑制胆碱酯酶，酶活性的高低则是以酶活性单位来表示的。效应用于叙述在群体中发生改变的强度时，往往用测定值的均数来表示。

反应：指接触一定剂量的化学物后，表现出某种生物学效应并达到一定强度的个体在群体中所占的比例，生物学反应常以“阳性”、“阴性”并以“阳性率”等表示，为质化效应或称计数资料。例如，将一定量的化学物给予一组实验动物，引起50%的动

物死亡，则死亡率为该化学物在此剂量下引起的反应。

“效应”仅涉及个体，即一个动物或一个人；而“反应”则涉及群体，如一组动物或一群人。效应可用一定计量单位来表示其强度；反应则以百分率或比值表示。

剂量－反应关系，是指不同剂量的毒物与其引起的质化效应发生率之间的关系。剂量－反应关系是毒理学的重要概念，如果某种毒物引起机体出现某种损害作用，一般就存在明确的剂量－反应关系（过敏反应例外）。剂量－反应关系可用曲线表示，不同毒物在不同条件下引起的反应类型是不同的。

第二节　毒物在体内的生物转运与生物转化

一、毒物生物转运及概念

外源化学物与机体接触、吸收、分布和排泄的过程称为生物转运；外源化学物由机体接触到入血液的过程称为吸收；通过血流分散到全身组织细胞中为分布；在组织细胞中，外源化学物经各种酶系的催化，发生化学结构与物理性质的变化的这一过程称为代谢；代谢产物和一部分未经代谢的母体化学物排出体外的过程为排泄。

1. 外源化学物的吸收

毒物的吸收途径主要是胃肠道、呼吸道和皮肤，在毒理学实验中有时也利用皮下注射、静脉注射、肌肉注射和腹腔注射等方法使毒物被吸收。食品毒理学中，经消化道吸收是主要的途径，小肠是主要吸收部位。

影响胃肠道吸收的因素如下。

（1）外源化学物的性质。一般说来，固体物质且在胃肠中溶解度较低者，吸收差；脂溶性物质较水溶性物质易被吸收；同一种固体物质，分散度越大，与胃肠道上皮细胞接触面积越大，吸收越容易；解离状态的物质不能借助简单扩散透过胃肠黏膜而被吸收或吸收速度极慢。

（2）机体方面的影响。胃肠蠕动情况 、胃肠道充盈程度 、胃肠道酸碱度、胃肠道同时存在的食物和外源化学物、某些特殊生理状况等。

2. 外源化学物排泄

排泄是外源化学物及其代谢产物由机体向外转运的过程，是机体物质代谢过程中最后一个重要环节。排泄的主要途径是经肾脏，随尿排出；其次是经肝、胆通过消化道，随粪便排出；挥发性化学物还可经呼吸道，随呼出气排出。

二、生物转化

外源化学物通过不同途径被吸收进入体内后，将发生一系列化学变化并形成一些分解产物或衍生物，此种过程称为生物转化或代谢。肝脏是机体内最重要的代谢器官，未经肝脏的生物转化作用而直接分布至全身的外源化学物，对机体的损害作用相对较强。

外源化学物的生物转化过程分两项反应：

第一项反应：主要包括氧化、还原和水解；

第二项反应：主要为结合反应，结合反应指化学物经第一相反应形成的中间代谢产物与某些内源化学物的中间代谢产物相互结合的反应过程。

绝大多数外源化学物在第一相反应中无论发生氧化、还原或水解反应，最后必须进行结合反应排出体外。结合反应首先通过提供极性基团的结合剂或提供能量 ATP 而被活化，然后由不同种类的转移酶进行催化，将具有极性功能基团的结合剂转移到外源化学物或将外源化学物转移到结合剂形成结合产物。结合物一般将随同尿液或胆汁由体内排泄。常见的结合反应有葡萄糖醛酸化、硫酸化、乙酰化、氨基酸化、谷胱甘肽化、甲基化。

第三节　毒的作用机制

一、直接损伤作用

如强酸或强碱可直接造成细胞和皮肤黏膜的结构破坏，产生损伤作用。

二、受体配体的相互作用与立体选择性作用

产生特征性生物学效应。

三、干扰易兴奋细胞膜的功能

毒物可以多种方式干扰易兴奋细胞膜的功能。例如，有些海产品毒素和蛤蚌毒素均可通过阻断易兴奋细胞膜上钠通道而产生麻痹效应。

四、干扰细胞能量的产生

通过干扰糖类的氧化作用以影响三磷酸腺苷（ATP）的合成。例如，铁在血红蛋白中的化学性氧化作用，由于亚硝酸盐形成了高铁血红蛋白而不能有效地与氧结合。

五、与生物大分子（蛋白质、核酸、脂质）结合

毒物与生物大分子相互作用主要有两种方式，一种是可逆的，一种是不可逆的。如底物与酶的作用是可逆的，共价结合形成的加成物是不可逆的。

六、膜自由基损伤

（1）膜脂质过氧化损害。

（2）蛋白质的氧化损害。

（3）DNA 的氧化损害。

七、细胞内钙稳态失调

正常情况下，细胞内钙稳态是由质膜 Ca^{2+} 转位酶和细胞内钙池系统共同操纵控制的。细胞损害时，这一操纵过程紊乱可导致 Ca^{2+} 内流增加，导致维持细胞结构和功能的重要大分子难以控制的破坏。

八、选择性细胞死亡

这种毒性作用是相当特异的。例如，高剂量锰可引起脑部基底神经节多巴胺能细胞损伤，产生的神经症状几乎与帕金森氏病难以区分；在胎儿发育的某一阶段给孕妇服用止吐药物“反应停”，由于胚胎细胞毒性，使早期肢芽生成细胞丢失，而造成出生时婴儿缺肢畸形。

九、体细胞非致死性遗传改变

毒物和 DNA 的共价结合也可以通过引发一系列变化而致癌。

十、影响细胞凋亡

凋亡是在细胞内外因素作用下激活细胞固有的 DNA 编码的自杀程序来完成的，又称为程序性死亡。细胞凋亡是基因表达的结果，受细胞内外因素的调节，如果这一调控失衡，就会引起细胞增殖与死亡平衡障碍。细胞凋亡在多种疾病的发生中具有重要意义。例如，肿瘤的发生，病毒感染和艾滋病关系，组织的衰老和退行性病变以及免疫性疾病，病毒感染性疾病的发病机理都与凋亡有密切关系。如果受损伤的细胞不能正确启动凋亡机制，就有可能导致肿瘤。

第四节　毒物的毒效应

一、急性毒性

指机体一次给予受试化学物（低毒化学物可在 24 小时内多次给予，经吸入途径和急性接触，通常连续接触 4 小时，最多连续接触不得超过 24 小时）在短期内发生的毒效应。食品毒理学研究的途径主要是经口给予受试物，方式包括灌胃、喂饲、吞咽胶囊等。

急性毒性研究的目的，主要是探求化学物的致死剂量，以初步评估其对人类的可能毒害的危险性。再者是求该化学物的剂量－反应关系，为其他毒性实验打下选择染毒剂量的基础。

（一）急性致死毒性实验

最常用的指标是 LD_{50}，它与 LD_{100}、LD_0 等相比有更高的重现性；是一个质化反应，而不能代表受试化学物的急性中毒特性。急性毒性分级标准并未完全统一。无论我国或国际上急性分级标准都还存在着不少缺点。我国《食品安全性毒理学评价程序和方法》(GB 15193.3—2003)颁布的急性毒性(LD_{50})剂量分级标准见表13-1。

表13-1　急性毒性份级(LD_{50})剂量分级

急性毒性分级	大鼠口服 LD_{50} (mg/kg)	相当于人的致死剂量	
		mg/kg	g/人
极毒	<1	稍尝	0.05
剧毒	1~50	500~4000	0.5
中等毒	51~500	4000~30000	5.0
低毒	501~5000	30000~250000	50.0
实际无毒	5001~15000	30000~250000	500.0
无毒	>15000	250000~500000	2500.0

(二) 非致死性急性毒性

为了克服致死性急性毒性只能提供死亡指标这一缺点，非致死性急性毒性可提供常规的非致死急性中毒的安全界限和对急性中毒的危险性估计。评价指标有急性毒作用阈(lim_{ac})。毒性效应是一种或多种毒性症状或生理生化指标改变。对于某些生理生化的改变，如体重、体力或酶活性等，lim_{ac}是指均值与对照组比较时，其差异有统计学意义的最低剂量。无论毒性效应是量效应还是质效应，在lim_{ac}及其以上1~2个剂量组中应存在剂量-反应关系。lim_{ac}越低，该受检物的急性毒性越大，发生急性中毒的危险性越大。

二、蓄积毒性

当化学物反复多次使动物染毒，而且化学物进入机体的速度或总量超过代谢转化的速度与排出机体的速度或总量时，化学物或其代谢产物就可能在机体内逐渐增加并贮留于某些部位。这种现象就称为化学物的蓄积作用，大多数蓄积作用会产生蓄积毒性。

蓄积毒性：指低于一次中毒剂量的外源化学物，反复与机体接触一定时间后致使机体出现的中毒作用。一种外源化学物在体内蓄积作用的过程，表现为物质蓄积和功能蓄积两个方面。在外源化学物毒理学评定的实际工作中，可根据受试物的蓄积毒性强弱作为评估它的毒性作用指标之一，也是制定卫生标准时选用安全系数大小的重要参考依据。

三、亚慢性、慢性毒性

亚慢性毒性：指机体在相当于1/20左右生命期间，少量反复接触某种有害化学和生物因素所引起的损害作用。研究受试动物在其1/20左右生命时间的，少量反复接触受试物后所致损害作用的试验，称亚慢性毒性试验，亦称短期毒性试验。大鼠平均寿命为两年，亚慢性毒作用试验的接触期为1～2个月左右。目的是在急性毒性试验的基础上，进一步观察受试物对机体的主要毒性作用及毒作用的靶器官，并对最大无作用剂量及中毒阈剂量作出初步确定。为慢性试验设计选定最适观测指标及剂量提供直接的参考。

慢性毒性：指外源化学物质长时间少量反复作用于机体后所引起的损害作用。研究受试动物长时间少量反复接触受试物后，所致损害作用的试验称慢性毒性试验，亦称长期毒性试验。慢性毒性试验原则上，要求试验动物生命的大部分时间或终生长期接触受试物。各种试验动物寿命长短不同，慢性毒性试验的期限也不相同。在使用大鼠或小鼠时，食品毒理学一般要求接触1～2年。目的是确定化学物毒性下限，即确定机体长期接触该化学物造成机体受损害的最小作用剂量(阈剂量)和对机体无害的最大无作用剂量。为制定外源化学物的人类接触安全限量标准提供毒理学依据。如最大容许浓度，每日容许摄入量(acceptable daily intake，ADI)，以mg/kg体重表示等。

亚慢性、慢性毒性的毒性参数：

(1) 阈值。在亚慢性与慢性毒性试验中，阈值是指在亚慢性或慢性染毒期间和染毒终止，实验动物开始出现某项观察指标或实验动物开始出现可察觉轻微变化时的最低染毒剂量。

(2) 最大耐受剂量。在亚慢性或慢性试验条件下，在此剂量下实验动物无死亡，且无任何可察觉的中毒症状；但是实验动物可以出现体重下降，不过其体重下降的幅度不超过同期对照组体重的10%的最大剂量。最大耐受量在概念上与急性最大耐受量有所区别。

(3) 慢性毒作用带。以急性毒性阈值(lim_{ac})与慢性毒性阈值(Lim_{ch})比值表示外源化学物慢性中毒的可能性大小。比值越大表明越易于发生慢性毒害。

四、致突变作用

(一) 基本概念

基于染色体和基因的变异才能够遗传，遗传变异称为突变。突变的发生及其过程就是致突变作用。突变可分为自发突变和诱发突变。外源化学物能损伤遗传物质，诱发突变，这些物质称为致突变物或诱变剂，也称为遗传毒物。

(二) 突变的类型

1. 基因突变

染色体损伤小于0.2μm时,不能在光镜下直接观察到，要依靠对其后代的生理、生化、结构等表型变化判断突变的发生，称为基因突变，亦称点突变。包括碱基置换、移码突变和大段损伤。

(1) 碱基置换。碱基置换是首先在DNA复制时由于互补链的相应配位点配上一个错误的碱基，而这一错误的碱基在下一次DNA复制时发生错误配对，错误的碱基对置换了原来的碱基对，亦即产生最终的碱基对置换或称碱基置换。它包括转换和颠换两种情况。

（2）移码突变。移码突变是DNA中增加或减少不为3的倍数的碱基对所造成的突变。移码突变能使碱基序列三联体密码子的框架改变，从原始损伤的密码子开始一直到信息末端的核酸序列完全改变；也可能使读码框架改变其中某一点形成无义密码，于是产生一个无功能的肽链片段。如果增加或减少的碱基对为3的倍数，则使基因表达的蛋白质肽链增加或减少一些氨基酸。由于移码可以产生无功能肽链，故其易成为致死性突变。

（3）大段损伤。大片段损伤是指DNA链大段缺失或插入。这种损伤有时可跨越两个或数个基因，但所缺失的片段仍远小于光镜下所能观察到的染色体变化，故又可称为小缺失。

2. 染色体畸变

染色体损伤大于或等于0.2μm时，可在光学显微镜下观察到，称为染色体畸变；包括染色体的结构异常和数目改变。其在丝裂期的中期才能观察到，对于精子细胞的某种特定畸变则须在减数分裂期的中期Ⅰ期进行观察。

染色体结构异常是染色体或染色单体受损而发生断裂，且断段不发生重接或虽重接却不在原处。

染色体型畸变（chromosome－type aberration）是染色体中两条染色单体同一位点受损后所产生的结构异常，有多种类型：①裂隙和断裂；②无着丝粒断片和缺失；③环状染色体；④倒位；⑤插入和重复；⑥易位。任何情况下的染色单体型畸变都会在下一次细胞分裂时转变为染色体型畸变。

染色单体型畸变（chromatid－type aberration）指某一位点的损伤只涉及姐妹染色单体中的一条，它也有裂隙、断裂和缺失；此外，还有染色单体的交换（chromatid exchange），是两条或多条染色单体断裂后变位重接的结果，分为内换和互换。而姐妹染色单体交换（sister chromatid exchange，SCE）则是指某一染色体在姐妹染色单体之间发生同源节段的互换，两条姐妹染色单体都会出现深浅相同的染色（而正常的则是一深一浅），但同源节段仍是一深一浅，这种现象就是SCE。

3. 染色体数目异常

以动物正常细胞染色体数目$2n$为标准，染色体数目异常可能表现为整倍性畸变（euploidy aberration）和非整倍性畸变（aneuploidy aberration）。前者即出现单倍体或多倍体；而后者指比二倍体多或少一条或多条染色体，例如，缺体（nullisome）是指缺少一对同源染色体，而单体或三体则是某一对同源染色体相应地少或多一个。染色体数目异常的原因有四方面：①不分离；②染色体遗失；③染色体桥；④核内再复制。

（三）突变的后果

1. 体细胞突变的后果

当靶细胞是体细胞而不是生殖细胞时，其影响仅能在直接接触该物质的亲代身上表现，而不可能遗传到子代。体细胞突变的后果中最受注意的是致癌。如体细胞突变也可能与动脉粥样硬化症有关。体细胞突变是衰老的起因。其次，胚胎体细胞突变可能导致畸胎(畸胎的发生还与亲代的生殖细胞突变有关)。

2. 生殖细胞突变的后果

致突变物作用的靶细胞为生殖细胞时，无论其发生在任何阶段，都存在对后代影响的可能性，其影响后果可分为致死性和非致死性两种。致死性影响可能是显性致死和隐性致死。显性致死即突变配子与正常配子结合后，在着床前或着床后的早期胚胎死亡。隐性致死要纯合子或半合子才能出现死亡效应。

如果生殖细胞突变为非致死性，则可能出现显性或隐性遗传病，包括先天性畸形。在遗传性疾病频率与种类增多时，突变基因及染色体损伤，将使基因库负荷增加。

五、致畸变作用

生殖发育是哺乳动物衍繁种族的正常生理过程，其中包括生殖细胞(即精子和卵细胞)发生、卵细胞受精、着床、胚胎形成、胚胎发育、器官发生、分娩和哺乳过程。毒物对生殖发育的影响：①生殖发育过程较为敏感；②对生殖发育过程影响的范围广泛和深远。近年来随着毒理学和生命科学的深入发展，外源化学物对生殖发育损害作用的研究又进一步分为两个方面：①对生殖过程的影响(即生殖毒性的探讨)；②对发育过程的影响(即发育毒性研究)。两个方面都逐渐发展成为毒理学的分支科学；前者称为生殖毒理学，后者称为发育毒理学。

(一) 基本概念

1. 发育毒性

某些化合物可具有干扰胚胎的发育过程，影响正常发育的作用，即发育毒性。发育毒性的具体表现可分为生长迟缓、致畸作用、功能不全和异常、胚胎致死作用。其中致畸作用对存活后代机体影响较为严重，具有重要的毒理学意义。

致畸作用：由于外源化学物的干扰，胎儿出生时，某种器官表现形态结构异常。致畸作用所表现的形态结构异常，在出生后立即可被发现。

2. 畸形、畸胎和致畸物

器官形态结构的异常称为畸形。胎儿出生时即具有整个身体或某一部分的外形或器官的解剖学上的形态结构异常称为先天畸形(congenital malformation)；畸形的胚胎，称为畸胎(teras)。在一定剂量下，能通过母体对胚胎正常发育过程造成干扰，使子代出生后具有畸形的化合物称为致畸物(teratogen)或致畸原。评定外源化学物是否具有致畸作用的试验，称为致畸试验。

(二) 胚胎毒性作用

指外源化学物引起胎仔生长发育迟缓和功能缺陷不全的损害作用。其中不包括致畸和胚胎致死作用。

(三) 母体毒性作用

指有害环境因素在一定剂量下，对受孕母体产生的损害作用，具体表现包括体重减轻、出现某些临床症状，直至死亡。

（四）毒物的母体毒性与致畸作用的关系

（1）具有致畸作用，但无母体毒性出现，此种受试物致畸作用往往较强，应予特别注意。

（2）出现致畸作用的同时也表现出母体毒性。此种受试物可能既对胚胎有特定的致畸机理，同时也对母体具有损害作用，但二者并无直接联系。

（3）不具有特定致畸作用机理，但可破坏母体正常生理稳态，以致对胚胎具有非特异性的影响，并造成畸形。

（4）仅具有母体毒性，但不具有致畸作用。

（5）在一定剂量下，既不出现母体毒性，也未见致畸作用。在实际工作中应特别认真对待。只有在一定剂量下，能引起母体毒性作用，但未观察到致畸作用，才可以认为不具致畸作用。

（五）致畸的剂量与效应关系

1. 剂量－效应关系复杂的表现及原因

（1）机体在器官形成期间与具有发育毒性的化合物接触，可以出现畸形，也可引起胚胎致死。当剂量增加时，毒性作用增强，但二者效应程度并不一定成比例，往往胚胎致死作用增强更明显。

（2）在同等条件下某种致畸物可以引起畸形，剂量增加时并不出现同一类型的畸形。可能由于较高剂量造成较为严重的畸形，严重畸形有时可将轻度畸形掩盖。例如，一种致畸物在低剂量时可以诱发多趾，中等剂量时则诱发肢体长骨缩短，高剂量时可造成缺肢或无肢。

（3）许多致畸物除具有致畸作用外，还有可能同时出现胚胎死亡和生长迟缓，使剂量－效应关系极为复杂。

2. 致畸作用的剂量－反应关系

致畸作用的剂量－反应关系的曲线较为陡峭，斜率较大，最大无作用剂量与100%致畸剂量间距离较小，一般相差1倍。往往100%致畸剂量即可引起胚胎死亡，剂量再增加，引起母体死亡。

六、致癌作用

（一）概念

1. 致癌作用

指有害因素引起或增进正常细胞发生恶性转化并发展成为肿瘤的过程。化学致癌（chemical carcinogenesis）是指化学物质引起或增进正常细胞发生恶性转化并发展成为肿瘤的过程。具有这类作用的化学物质称为化学致癌物（chemical carcinogen）。在毒理学中，“癌”的概念广泛，包括上皮的恶性变（癌），也包括间质的恶性变（肉瘤）及良性肿瘤。这是因为迄今为止尚未发现只诱发良性肿瘤的致癌物，且良性肿瘤有恶变的可能。WHO 指出，人类癌症 90% 与环境因素有关，其中主要是化学因素。

2. 癌基因(oncogene)致癌

即携带致癌遗传信息的基因就是癌基因。正常细胞中也存在着在核酸水平及蛋白质产物水平与病毒癌基因高度相似的 DNA 序列，称为原癌基因（proto - oncogene，c - onc)。在正常细胞中 c - onc 的表达并不引起恶性变，其表达受到严密控制，并似乎对机体的生长和发育具有作用。

3. 肿瘤抑制基因，或称抗癌基因

可抑制肿瘤细胞的肿瘤性状的表达，只有当它自己不能表达或其基因产物去活化才容许肿瘤性状的表达。

（二）致癌物的分类

1. 根据致癌物在体内发挥作用的方式

（1）直接致癌物(direct acting carcinogen)：有些致癌物可以不经过代谢活化即具有活性称为直接致癌物。

（2）间接致癌物(indirect acting carcinogen)：大多数致癌物必须经代谢活化才具有致癌活性称为间接致癌物。①前致癌物(procarcinogen)：在其活化前称为前致癌物；②终致癌物(ultimate carcinogen)：经过代谢活化后的产物称为终致癌物；③近似致癌物(proximate carcinogen)：在活化过程中接近终致癌物的中间产物称为近似致癌物。

2. 国际癌症研究所(IARC)对已进行致癌研究的化学物分为四类

（1）1 类，对人致癌性证据充分。

（2）2 类，A 组对人致癌性证据有限，但对动物致癌性证据充分，B 组人致癌性证据有限，对动物致癌性证据也不充分。

（3）3 类，现有证据未能对人类致癌性进行分级评价。

（4）4 类，对人可能是非致癌物。

3. Weisburger 和 Williams 等(自 1981 年起)按照致癌物的作用分为三大类

（1）直接致癌物。其化学结构的固有特性是不需要代谢活化即具有亲电子活性，能与亲核分子(包括 DNA)共价结合形成加合物(adduct)。这类物质绝大多数是合成的有机物，包括有：内酯类(如 β-丙烯内酯，丙烷磺内酯和 α,β-不饱和六环丙酯类)；烯化环氧化物(如 1,2,3,4-丁二烯环氧化物)；亚胺类；硫酸类酯；芥子气和氮芥；活性卤代烃类(如双氯甲醚、苄基氯、甲基碘和二甲氨基甲酰氯)，其中双氯甲醇的高级卤代烃同系物随着烷基的碳原子增多，致癌活性下降。

除前述烷化剂外，一些铂的配位络合物[如二氯二氨基铂,二氯(吡咯烷)铂，以及二氧-1，2-二氨基环己烷铂]也有直接致癌活性，通常其顺式异构体的活性较反式异构体高。

（2）间接致癌物。这类致癌物往往不能在接触的局部致癌，而在其发生代谢活化的组织中致癌。前致癌物可分为天然和人工合成两大类。人工合成的包括有：多环或杂环芳烃（如苯并芘、苯并蒽、3-甲基胆蒽、7,12-H甲苯并蒽、二苯并蒽等）；单环芳香胺(如邻甲苯胺、邻茴香胺)；双环或多环芳香胺(如2-萘胺、联苯胺等)；喹啉(如苯并喹啉等)；硝基呋喃；偶氮化合物(如二甲氨基偶氮苯等)；链状或环状亚硝胺类几乎都致癌。但随着烷基的不同，作用的靶器官也不同；烷基肼中二甲肼可致癌，肼本身有弱致癌力；甲醛和乙醛；氨基甲酸酯类中的乙酸、丙酯和丁酯均致癌，其中，以氨基甲酸乙酯(乌拉坦，亦称脲烷)致癌能力最强；卤代烃中的氯乙烯的致肝癌作用在近年受到广泛注意，其特点是诱发肝血管肉瘤。

天然物质及其加工产物在国际抗癌联盟(IARC)1978 年公布的 34 种人类致癌物中占 5 种，即黄曲霉毒素、环孢素 A、烟草和烟气、槟榔及酒精性饮料。

黄曲霉毒素 B_1 已是最强烈的致癌物之一，黄曲霉毒素 G_1 的致癌能力低得多。黄曲霉毒素 B_2 和 G_2 本身不致癌，但认为 B_2 可在体内经生物转化小部分成为 B_1，故也有一定致癌能力。黄曲霉毒素 B_1 对人和各种实验动物除小鼠外都能诱发肝癌，在特殊条件下仍可诱发肾癌和结肠癌。小鼠不易感可能是 GSH 转移酶的活力水平较高，能有效地解毒。

一些毒菌的产物，如环孢素 A、阿霉素、道诺霉素、更生霉素也是前致癌物。这些物质常作为药物使用。烟草即使未经燃烧和热解也会含有亚硝基去甲烟碱等致癌物。烟草的烟气中更含有多种致癌物，如多环芳烃、杂环化合物、酚类衍生物等致癌物。烟草的烟气中还含有大量促癌物，这就是提倡戒烟的原因之一。嚼食烟叶和使用鼻烟时所含的亚硝胺能诱发口腔癌和上呼吸道癌。槟榔中的槟榔碱可形成亚硝胺，口嚼槟榔使口腔癌和上消化道发癌率和死亡率增高。

（3）无机致癌物。钴、镭、氡可能由于其放射性而致癌。镍、铬、铅、铍及其某些盐类均可在一定条件下致癌，其中镍和钛的致癌性最强。

4. 非遗传毒性致癌物(根据目前的试验证明不能与 DNA 发生反应的致癌物)

（1）促癌剂。虽然促癌剂单独不致癌，却可促进亚致癌剂量的致癌物与机体接触启动后致癌，所以认为促癌作用是致癌作用的必要条件。TPA 是二阶段小鼠皮肤癌诱发试验中的典型促癌剂，在体外多种细胞系统中有促癌作用。苯巴比妥对大鼠或小鼠的肝癌发生有促癌作用。色氨酸及其代谢产物和糖精对膀胱癌也有促癌作用。近年来广泛使用丁基羟甲苯(butylated hydroxy - toluene，BHT)作为诱发小鼠肺肿瘤的促癌剂，对肝细胞腺瘤和膀胱癌也有促癌作用。DDT、多卤联苯、氯丹、TCDD 是肝癌促进剂。

（2）细胞毒物。最老的理论认为慢性刺激可以致癌，目前认为导致细胞死亡的物质可引起代偿性增生，以致发生肿瘤。一些氯代烃类促癌剂作用机理可能与细胞毒性作用有关。

氮川三乙酸(nitrilotriacetic acid，NTA)可致大鼠和小鼠肾癌和膀胱癌，初步发现其作用机理是将血液中的锌带入肾小管超滤液，并被肾小管上皮重吸收。由于锌对这些细胞具有毒性，可造成损伤并导致细胞死亡，结果是引起增生和肾肿瘤形成。在尿液中 NTA 还与钙络合，使钙由肾盂和膀胱的移行上皮渗出，以致刺激细胞增殖，并形成肿瘤。

（3）激素。40 年前就发现雌性激素可引起动物肿瘤。以后发现多数干扰内分泌器官功能的物质可使这些器官的肿瘤增多，很可能与促癌作用有关；孕妇使用人工合成的雌激素(己烯雌酚, DES)保胎时，可能使青春期女子发生阴道透明细胞癌。

(4) 免疫抑制剂。免疫抑制过程从多方面影响肿瘤形成。硫唑嘌呤、6－巯基嘌呤等免疫抑制剂或免疫血清均能使动物和人发生白血病或淋巴瘤，但很少发生实体肿瘤。环孢素 A 是近年器官移植中使用的免疫抑制剂，曾认为不致癌。但现已查明，使用过该药患者的淋巴瘤的发生率增高。

(5) 其他。固态物质、过氧化物酶体增生剂、暂未确定遗传毒性的致癌物。

(三) 致癌作用的阶段性

最简单的多阶段致癌过程为两阶段论。其实验证据是用苯并芘、二甲苯并蒽和二苯并(a, h)蒽这三种强致癌物，分别以亚致癌剂量涂抹小鼠皮肤一次，20 周后不发生肿瘤或很少发生。但如在相同剂量致癌物使用后再用通常不致癌的巴豆油涂抹同一部位(每周 2 次，共 20 周)，则分别有 37.5%、58.0% 和 29.5% 发生皮肤癌，但是单独使用或在给予致癌物之前使用巴豆油都不引起肿瘤形成。因此认为，前面给予的致癌物所引起的作用是启动作用(initiation)，这些物质称为启动剂(initiator)；而巴豆油则具有促癌作用(promotion)，称为促癌剂(tumor promotor)或促进剂。

启动阶段：认为启动作用是不可逆的。

促癌阶段：促癌作用是可逆的。

20 世纪 80 年代把进展作为肿瘤发展过程的第三个阶段，即肿瘤的发生和发展是经过启动、促癌和进展三个阶段。

第五节　影响毒作用的因素

一、毒物本身的特点

(一) 化学结构与毒性质化效应

1. 自由基连锁反应引起活性氧损伤

机体细胞膜含有大量多不饱和脂肪酸，不饱和的共价双键极易受不配对电子的攻击，这种反应一经出现，便会产生连锁放大效应，造成细胞膜结构和功能损伤。

2. 过敏原数量很少也可致变态反应

对于少数过敏体质的人来讲，如果第二次接触致敏物，就会发生过敏，甚至全身变态反应，如青霉素的全身过敏、花粉鼻黏膜刺激、牛奶的胃肠道过敏等。一般过敏原数量与变态反应无正相关关系。

3. 抗生素选择性破坏致病菌的结构

青霉素之所以能够有效杀灭细菌，主要由于青霉素可选择性破坏细菌的荚膜结构，从而抑制细菌的分裂增殖。而真核细胞不具有这种结构，因而才会通过选择性毒性起到灭菌治病作用。除草剂对杂草有杀灭作用，而对庄稼则无损伤作用，其道理也是杂草与庄稼的细胞结构差异的选择性作用所致。

4. 萘环化合物容易使实验动物致癌

许多含有萘环结构的化合物，由于其具有很强的亲核性，很容易造成细胞突变，发生肿瘤。

5. 氧化型 LDL 较容易引起动脉硬化

低密度脂蛋白(LDL)是血清蛋白的正常组分，当 LDL 发生氧化反应后，就会在磨损的动脉壁发生粥样硬化，诱发一系列心血管系统的病变。

（二）化学结构与毒性量化效应

（1）同系物的碳原子数。烷、醇、酮等碳氢化合物与其同系物相比，碳原子数愈多，则毒性愈大(甲醇与甲醛除外)。但当碳原子数超过一定限度(7～9 个)，毒性反而下降。当同系物碳原子数相同时，直链的毒性比支链的大，成环的毒性大于不成环的。

（2）卤素的取代。卤素有强烈的负电子效应，使分子的极化程度增强，更容易与酶系统结合，使毒性增加。例如，氯化甲烷对肝脏的毒性依次为：$CCl_4 > CHCl_3 > CH_2Cl_2 > CH_3Cl$。

（3）基团的位置。如带两个基团的苯环化合物，其毒性是：对位 > 邻位 > 间位。分子对称者毒性较不对称者大，如 1,2-二氯乙烷的毒性大于 1,1-二氯乙烷。

（4）分子饱和度。分子中不饱和键增加时，其毒性也增加。例如对结膜的刺激作用是：丙烯醛 > 丙醛，丁烯醛 > 丁醛。

（5）其他 烃类化合物中一般芳香族烃类化合物比脂肪族烃类毒性大。脂肪族化合物中引入羟基后，毒性增高。在化合物中引入羧基后，可使化合物水溶性和电离度增高，而脂溶性降低，毒性也随之减弱，例如苯甲酸的毒性较苯的低。

（三）物理特性与毒性效应

1. 脂水分配系数(lipid/water partition coefficient)

是指毒物在脂相和水相中溶解分配率。在构效关系研究中，这是一个十分重要的化合物的物理参数。它有助于说明有机化合物在体内的分配规律。

2. 电离度（degree of ionization）

对于弱酸性与弱碱性有机物只有在适宜的 pH 条件下、维持非离子型才能经胃肠吸收。当弱酸性化合物在碱性环境下将部分解离时，则不易吸收。

3. 纯度（purity）

一般说，某个毒物的毒性都是指该毒物纯品的毒性。毒物的纯度不同，它的毒性也不同。因此，对于待研究的毒物，应首先了解其纯度、所含杂质成分与比例，以便与前人或不同时期的毒理学资料进行比较。

二、种属与品系

（一）毒作用对象自身因素

1. 种属差异

不同种属（species）、不同品系（strain）对毒性的易感性可有质与量的差异。如苯可以引起兔白细胞减少，对狗则引起白细胞升高；β-萘胺能引起狗和人膀胱癌，但对大鼠、兔和豚鼠则不能；沙利度胺（反应停）对人和兔有致畸作用，对其他哺乳动物则基本不能。有报道，对300个化合物的考察，动物种属不同，毒性差异在10～100倍。不同品系的动物肿瘤自发率不同，而且对致癌物的敏感性也不同。

2. 生物转运的差异

由于种属间生物转运能力存在某些方面的差异，也可能成为种属易感性差异的原因。如皮肤对有机磷的最大吸收速度（$\mu g/cm^2 \cdot min$）依次是：兔与大鼠9.3，豚鼠6.0，猫与山羊4.4，猴4.2，狗2.7，猪0.3。

3. 生物结合能力和容量差异

血浆蛋白的结合能力、尿量和尿液的pH值也有种属差异，这些因素也可能成为种属易感性差异的原因。

4. 其他

除此之外，解剖结构与形态、生理功能、食性等也可造成种属的易感性差异。

（二）遗传因素

遗传因素是指遗传决定或影响的机体构成、功能和寿命等因素。遗传因素决定了参与机体构成和具有一定功能的核酸、蛋白质、酶、生化产物，以及它们所调节的核酸转录、翻译、代谢、过敏、组织相容性等差异。在很大程度上影响了外源和内源性毒物的活化、转化与降解、排泄的过程，以及体内危害产物的掩蔽、拮抗和损伤修复，在维持机体健康或引起病理生理变化上起重要作用。

（三）年龄和性别

在性成熟前，尤其是婴幼期机体各系统与酶系均未发育完全；胃酸低，肠内微生物群也未固定，因此对外源化学物的吸收、代谢转化、排出及毒性反应均有别于成年期。新生动物的中枢神经系统发育还不完全，对外源化学物往往不敏感，表现出毒性较低。幼年肝微粒体酶系的解毒功能弱，生物膜通透性高和肾廓清功能低，因而对某些环境因素危害的敏感性高。

（四）营养状况

正常的合理的营养对维护机体健康具有重要意义。低蛋白饮食可使动物肝微粒体混合功能氧化酶系统活性降低，从而影响毒物的代谢：苯并芘、苯胺在体内氧化作用将减弱，四氯化碳毒性下降；而马拉硫磷、六六六、对硫磷、黄曲霉毒素 B_1 等的毒性都增强。高蛋白饮食也可增加某些毒物的毒性，如非那西丁和 DDT 的毒性增强。

（五）机体昼夜节律变化

机体在白天活动中体内肾上腺应急功能较强，而夜间睡眠时，特别是午夜后，肾上腺素分泌处在较低水平，也会影响毒物的吸收和代谢。各种酶也有昼夜节律的变化，如胆碱酯酶活性存在以 24 小时为周期的波动。

三、环境影响因素

（一）化学物的接触途径

由于接触途径不同，机体对毒物的吸收速度、吸收量和代谢过程亦不相同，故对毒性有较大影响。经口染毒，胃肠道吸收后先经肝代谢，进入体循环。经皮肤吸收及经呼吸道吸收，还有肝外代谢机制。一般认为，同种动物接触外源化学物的吸收速度和毒性大小顺序是：静脉注射 > 腹腔注射 > 皮下注射 > 肌肉注射 > 经口 > 经皮，吸入染毒近似于静脉注射。

（二）其他因素

溶剂、气温、气湿、季节和昼夜节律、噪声、震动和紫外线。

四、毒物联合作用

（一）联合毒性的定义和种类

联合作用（joint action 或 combined effect）指两种或两种以上毒物同时或前后相继作用于机体而产生的交互毒性作用。多种化学物对机体产生的联合作用可分为以下几种类型。

1. 相加作用（additive effect）

指多种化学物的联合作用等于每一种化学物单独作用的总和。化学结构比较接近、或同系物、或毒作用靶器官相同、作用机理类似的化学物同时存在时，易发生相加作用。大部分刺激性气体的刺激作用多为相加作用。有机磷化合物甲拌磷与乙酰甲胺磷的经口 LD_{50}不同，小鼠差 300 倍以上，大鼠差 1200 倍以上。但不论以何种剂量配比（从各自 LD_{50}剂量的 1∶1、1/3∶2/3、2/3∶1/3），对大鼠与小鼠均呈毒性相加作用。

2. 协同作用（synergistic effect）与增强作用

指几种化学物的联合作用大于各种化学物的单独作用之和。例如四氯化碳与乙醇对肝脏皆具有毒性，如同时进入机体，所引起的肝脏损害作用远比它们单独进入机体时严重。如果一种物质本身无毒性，但与另一有毒物质同时存在时可使该毒物的毒性增加，这种作用称为增强作用（potentiation）。例如异丙醇对肝脏无毒性作用，但可明显增强四氯化碳的肝脏毒性作用。

3. 拮抗作用（antagonistic effect）

指几种化学物的联合作用小于每种化学物单独作用的总和。凡是能使另一种化学物的生物学作用减弱的物质称为拮抗物(antagonist)。在毒理学或药理学中，常以一种物质抑制另一种物质的毒性或生物学效应，这种作用也称为抑制作用(inhibition)。例如，阿托品对胆碱酯酶抑制剂的拮抗作用；二氯甲烷与乙醇的拮抗作用。

4. 独立作用（independent effect）

指多种化学物各自对机体产生不同的效应，其作用的方式、途径和部位也不相同，彼此之间互无影响。

（二）毒物的联合作用的方式

人类在生活和劳动过程中实际上不是仅仅单独地接触某个外源化学物，而是经常地同时接触各种各样的多种外源化学物，其中包括食品污染(食品中残留的农药，食物加工添加的色素、防腐剂)、各种药物、烟与酒、水及大气污染物、家庭房间装修物、厨房燃料烟尘、劳动环境中的各种化学物等。对机体引起综合毒性作用。联合作用的方式可为两种。

1. 外环境进行的联合作用

几种化学物在环境中共存时发生相互作用而改变其理化性质，从而使毒性增强或减弱。

2. 体内进行的联合作用

这是毒物在体内相互作用的主要方式。有害因素在体内的相互作用，多是间接的，常常是通过改变机体的功能状态或代谢能力而实现。

第六节　食品的安全性评价

安全性评价是利用毒理学的基本手段，通过动物实验和对人的观察，阐明某一化学物的毒性及其潜在危害，以便为人类使用这些化学物质的安全性作出评价，为制订预防措施特别是卫生标准提供理论依据。我国现颁布实施的法规有《农药安全性毒理学评价程序》《食品安全性毒理学评价程序》《新药(西药)药理、毒理学研究指导原则》《化学品测试准则》《化妆品安全性评价程序和方法》及《保健食品安全性毒理学评价规范》等。下面对我国《保健食品安全性毒理学评价程序》进行介绍。

一、对受试物的要求

含有多种原料的配方产品，应提供受试物的配方，必要时应提供受试物各组成成分，特别是功效成分或代表性成分的物理、化学性质(包括化学名称、结构、纯度、稳定性、溶解度等)及检测报告等有关资料。

提供原料来源、生产工艺、推荐人体摄入量、使用说明书等有关资料。

受试物应是符合既定配方和生产工艺的规格化产品，其组成成分、比例及纯度应与实际产品相同。

二、对受试物处理的要求

对受试物进行不同的试验时应针对试验的特点和受试物的理化性质进行相应的样品处理。

人体推荐量较大的受试物的处理：如受试物推荐量较大，在按其推荐量设计试验剂量时，往往会超过动物的最大灌胃剂量或超过掺入饲料中的规定限量(10%重量)，此时可允许去除既无功效作用又无安全问题的辅料部分(如淀粉、糊精等)后进行试验。

袋泡茶类受试物的处理：可用该受试物的水提取物进行试验，提取方法应与产品推荐饮用的方法相同。如产品无特殊推荐饮用方法，可采用以下提取条件进行：常压，温度为80~90℃，浸泡时间为30分钟，水量为受试物重量的10倍或以上，提取2次，将提取液合并浓缩至所需浓度，并标明该浓缩液与原料的比例关系。

液体品需要进行浓缩处理时，应采用不破坏其中有效成分的方法。可使用温度60~70℃减压或常压蒸发浓缩、冷冻干燥等方法。

含有毒性较大的人体必需营养素(如维生素A、硒)的保健食品的处理：如产品配方中含有某一毒性较大的人体必需营养素，在按其推荐量设计试验剂量时，如该物质的剂量达到已知的毒作用剂量，在原有剂量设计的基础上，则应考虑增加去除该物质或降低该物质剂量(如降至最大未观察到有害作用剂量，NOAEL)的受试物剂量组，以便对保健食品中其他成分的毒性作用及该物质与其他成分的联合毒性作用做出评价。

三、食品安全性毒理学评价试验的四个阶段和内容

1. 第一阶段

急性毒性试验，经口急性毒性：LD_{50}，联合急性毒性，一次最大耐受量试验。

2. 第二阶段

遗传毒性试验，30天喂养试验，传统致畸试验；遗传毒性试验的组合应该考虑原核细胞与真核细胞、体内试验与体外试验相结合的原则。从Ames试验或V79/HGPRT基因突变试验、骨髓细胞微核试验或哺乳动物骨髓细胞染色体畸变试验、TK基因突变试验或小鼠精子畸形分析(或睾丸染色体畸变分析试验)中分别各选一项。

(1) 基因突变试验：鼠伤寒沙门氏菌/哺乳动物微粒体酶试验(Ames试验)为首选，其次考虑选用V79/HGPRT基因突变试验，必要时可另选其他试验。

(2) 骨髓细胞微核试验或哺乳动物骨髓细胞染色体畸变试验。

(3) TK基因突变试验。

(4) 小鼠精子畸形分析或睾丸染色体畸变分析。

(5) 其他备选遗传毒性试验：显性致死试验、果蝇伴性隐性致死试验，非程序性DNA合成试验。

(6) 30天喂养试验。

（7）传统致畸试验。

3. 第三阶段

亚慢性毒性试验——90 天喂养试验、繁殖试验、代谢试验。

4. 第四阶段

慢性毒性试验(包括致癌试验)。

四、不同保健食品选择毒性试验的原则要求

（1）以普通食品和卫生部规定的药食同源物质以及允许用作保健食品的物质以外的动植物或动植物提取物、微生物、化学合成物等为原料生产的保健食品，应对该原料和用该原料生产的保健食品分别进行安全性评价。该原料原则上按以下几种情况确定试验内容。用该原料生产的保健食品原则上须进行第一、二阶段的毒性试验，必要时进行下一阶段的毒性试验。

1）国内外均无食用历史的原料或成分作为保健食品原料时，应对该原料或成分进行四个阶段的毒性试验。

2）仅在国外少数国家或国内局部地区有食用历史的原料或成分，原则上应对该原料或成分进行第一、二、三阶段的毒性试验，必要时进行第四阶段毒性试验。

若根据有关文献资料及成分分析，未发现有毒或毒性甚微不致构成对健康损害的物质，以及较大数量人群有长期食用历史而未发现有害作用的动植物及微生物等，可以先对该物质进行第一二阶段的毒性试验，经初步评价后，决定是否需要进行下一阶段的毒性试验。

凡以已知的化学物质为原料，国际组织已对其进行过系统的毒理学安全性评价，同时申请单位又有资料证明我国产品的质量规格与国外产品一致，则可将该化学物质先进行第一、二阶段毒性试验。若试验结果与国外产品的结果一致，一般不要求进行进一步的毒性试验，否则应进行第三阶段毒性试验。

3）在国外多个国家广泛食用的原料，在提供安全性评价资料的基础上，进行第一、二阶段毒性试验，根据试验结果决定是否进行下一阶段毒性试验。

（2）以卫生部规定允许用于保健食品的动植物或动植物提取物或微生物(普通食品和卫生部规定的药食同源物质除外)为原料生产的保健食品，应进行急性毒性试验、三项致突变试验[Ames 试验或 V79/HGPRT 基因突变试验，骨髓细胞微核试验或哺乳动物骨髓细胞染色体畸变试验，及 TK 基因突变试验或小鼠精子畸形分析(或睾丸染色体畸变分析试验)中的任一项]和 30 天喂养试验，必要时进行传统致畸试验和第三阶段毒性试验。

（3）以普通食品和卫生部规定的药食同源物质为原料生产的保健食品，分以下情况确定试验内容。

1）以传统工艺生产且食用方式与传统食用方式相同的保健食品，一般不要求进行毒性实验。

2）用水提物配制生产的保健食品，如服用量为原料的常规用量，且有关资料未提示其具有不安全性地，一般不要求进行毒性试验。如服用量大于常规用量时，需进行急性毒性试验、三项致突变试验和30天喂养试验，必要时进行传统致畸试验。

3）用水提以外的其他常用工艺生产的保健食品，如服用量为原料的常规用量时，应进行急性毒性试验、三项致突变试验。如服用量大于原料的常规用量时，需增加30天喂养试验，必要时进行传统致畸试验和第三阶段毒性试验。

(4）用已列入营养强化剂或营养素补充剂名单的营养素的化合物为原料生产的保健食品，如其原料来源、生产工艺和产品质量均符合国家有关要求，一般不要求进行毒性试验。

(5）针对不同食用人群和(或)不同功能的保健食品，必要时应针对性地增加敏感指标及敏感试验。

五、保健食品安全性毒理学评价试验的目的和结果判定

(一）毒理学试验的目的

1. 急性毒性试验

测定LD_{50}，了解受试物的毒性强度、性质和可能的靶器官，为进一步进行毒性试验的剂量和毒性观察指标的选择提供依据，并根据LD_{50}进行毒性分级。

2. 遗传毒性试验

对受试物的遗传毒性以及是否具有潜在致癌作用进行筛选。

3. 30天喂养试验

对只需进行第一、二阶段毒性试验的受试物，在急性毒性试验的基础上，通过30天喂养试验，进一步了解其毒性作用，观察对生长发育的影响，并可初步估计最大未观察到有害作用剂量。

4. 致畸试验

了解受试物是否具有致畸作用。

5. 亚慢性毒性试验(90天喂养试验，繁殖试验）

观察受试物以不同剂量水平经较长期喂养后对动物的毒作用性质和靶器官，了解受试物对动物繁殖及对子代的发育毒性，观察对生长发育的影响，并初步确定最大未观察到有害作用剂量，为慢性毒性和致癌试验的剂量选择提供依据。

6. 代谢试验

了解受试物在体内的吸收、分布和排泄速度以及蓄积性，寻找可能的靶器官；为选择慢性毒性试验的合适动物种(species)、系(strain)提供依据；了解代谢产物的形成情况。

7. 慢性毒性试验和致癌试验

了解经长期接触受试物后出现的毒性作用以及致癌作用；最后确定最大未观察到有

害作用剂量和致癌的可能性，为受试物能否应用于保健食品的最终评价提供依据。

（二）各项毒理学试验结果的判定

1. 急性毒性试验

（1）如 LD_{50}小于人的可能摄入量的 100 倍，则放弃该受试物用于保健食品。如 LD_{50}大于或等于 100 倍者，则可考虑进入下一阶段毒理学试验。

（2）如动物未出现死亡的剂量大于或等于 10g/kgBW（涵盖人体推荐量的 100 倍），则可进入下一阶段毒理学试验。

（3）对人体推荐量较大和其他一些特殊原料的保健食品，按最大耐受量法给予最大剂量动物未出现死亡，也可进入下一阶段毒理学试验。

2. 遗传毒性试验

（1）如三项试验[Ames 试验或 V79/HGPRT 基因突变试验，骨髓细胞微核试验或哺乳动物骨髓细胞染色体畸变试验，及 TK 基因突变试验或小鼠精子畸形分析（或睾丸染色体畸变分析试验）中的任一项]中，体外或体内有一项或以上试验阳性，一般应放弃该受试物用于保健食品。

（2）如三项试验均为阴性，则可继续进行下一步的毒性试验。

3. 30 天喂养试验

（1）对只要求进行第一二阶段毒理学试验的受试物，若 30 天喂养试验的最大未观察到有害作用剂量大于或等于人的可能摄入量的 100 倍，综合其他各项试验结果可初步做出安全性评价。

（2）对于人的可能摄入量较大的保健食品，在最大灌胃剂量组或在饲料中的最大掺入量剂量组未发现有毒性作用，综合其他各项试验结果和受试物的配方、接触人群范围及功能等有关资料可初步做出安全性评价。

（3）若最小观察到有害作用剂量小于人的可能摄入量的 100 倍，或观察到毒性反应的最小剂量组其受试物在饲料中的比例小于或等于 10%，且剂量又小于人的可能摄入量的 100 倍，原则上应放弃该受试物用于保健食品。但对某些特殊原料和功能的保健食品，在小于人的可能摄入量的 100 倍剂量组，如果个别指标实验组与对照组出现差异，要对其各项试验结果和受试物的配方、理化性质及功能和接触人群范围等因素综合分析以判断是否为毒性反应后，决定该受试物可否用于保健食品或进入下一阶段毒性试验。

4. 传统致畸试验

以 LD_{50}或 30 天喂养实验的最大未观察到有害作用剂量设计的受试物各剂量组，如果在任何一个剂量组观察到受试物的致畸作用，则应放弃该受试物用于保健食品，如果观察到有胚胎毒性作用，则应进行进一步的繁殖试验。

5. 90 天喂养试验、繁殖试验

（1）国外少数国家或国内局部地区有食用历史的原料或成分，如最大未观察到有害作用剂量大于人的可能摄入量的100倍，可进行安全性评价。若最小观察到有害作用剂量小于或等于人的可能摄入量的100倍，或最小观察到有害作用剂量组其受试物在饲料中的比例小于或等于10%，且剂量又小于或等于人的可能摄入量的100倍，原则上应放弃该受试物用于保健食品。

（2）国内外均无食用历史的原料或成分，根据这两项试验中的最敏感指标所得最大未观察到有害作用剂量进行评价的原则是：

1）最大未观察到有害作用剂量小于或等于人的可能摄入量的100倍者表示毒性较强，应放弃该受试物用于保健食品。

2）最大未观察到有害作用剂量大于100倍而小于300倍者，应进行慢性毒性试验。

3）大于或等于300倍者则不必进行慢性毒性试验，可进行安全性评价。

6. 慢性毒性和致癌试验

（1）慢性毒性试验所得的最大未观察到有害作用剂量进行评价的原则是：

1）最大未观察到有害作用剂量小于或等于人的可能摄入量的50倍者，表示毒性较强，应放弃该受试物用于保健食品。

2）最大未观察到有害作用剂量大于50倍而小于100倍者，经安全性评价后，决定该受试物是否可用于保健食品。

3）最大未观察到有害作用剂量大于或等于100倍者，则可考虑允许用于保健食品。

（2）根据致癌试验所得的肿瘤发生率、潜伏期和多发性等进行致癌试验判定的原则是：凡符合下列情况之一，并经统计学处理有显著性差异者，可认为致癌试验结果阳性。若存在剂量－反应关系，则判断阳性更可靠。

1）肿瘤只发生在试验组动物，对照组中无肿瘤发生。

2）试验组与对照组动物均发生肿瘤，但试验组发生率高。

3）试验组动物中多发性肿瘤明显，对照组中无多发性肿瘤，或只是少数动物有多发性肿瘤。

4）试验组与对照组动物肿瘤发生率虽无明显差异，但试验组中发生时间较早。

若受试物掺入饲料的最大加入量（超过5%时应补充蛋白质到与对照组相当的含量，添加的受试物原则上最高不超过饲料的10%）或液体受试物经浓缩后仍达不到最大未观察到有害作用剂量为人的可能摄入量的规定倍数时，综合其他的毒性试验结果和实际食用或饮用量进行安全性评价。

六、保健食品毒理学安全性评价时应考虑的问题

（一）试验指标的统计学意义和生物学意义

在分析试验组与对照组指标统计学上差异的显著性时，应根据其有无剂量－反应关系、同类指标横向比较及与本实验室的历史性对照值范围比较的原则等来综合考虑指标差异有无生物学意义。此外，如在受试物组发现某种肿瘤发生率增高，即使在统计学上与对照组比较差异无显著性，仍要给以关注。

（二）生理作用与毒性作用

对实验中某些指标的异常改变，在结果分析评价时要注意区分是生理学表现还是受试物的毒性作用。

（三）时间－毒性效应关系

对由受试物引起的毒性效应进行分析评价时，要考虑在同一剂量水平下毒性效应随时间的变化情况。

（四）特殊人群和敏感人群

对孕妇、乳母或儿童食用的保健食品，应特别注意其胚胎毒性或生殖发育毒性、神经毒性和免疫毒性。

（五）推荐摄入量较大的保健食品

应考虑给予受试物量过大时，可能影响营养素摄入量及其生物利用率，从而导致某些毒理学表现，而非受试物的毒性作用所致。

（六）含乙醇的保健食品

对试验中出现的某些指标的异常改变，在结果分析评价时应注意区分是乙醇本身还是其他成分的作用。

（七）动物年龄对试验结果的影响

对某些功能类型的保健食品进行安全性评价时，对试验中出现的某些指标的异常改变，要考虑是否因为动物年龄选择不当所致而非受试物的毒性作用，因为幼年动物和老年动物可能对受试物更为敏感。

（八）安全系数

将动物毒性试验结果外推到人时，鉴于动物、人的种属和个体之间的生物学差异，安全系数通常为100，但可根据受试物的原料来源、理化性质、毒性大小、代谢特点、蓄积性、接触的人群范围、食品中的使用量和人的可能摄入量、使用范围及功能等因素来综合考虑其安全系数的大小。

（九）人体资料

由于存在着动物与人之间的种属差异，在评价保健食品的安全性时，应尽可能收集人群食用受试物后反应的资料；必要时在确保安全的前提下，可遵照有关规定进行人体试食试验。

（十）综合评价

在对保健食品进行最后评价时，必须综合考虑受试物的原料来源、理化性质、毒性大小、代谢特点、蓄积性、接触的人群范围、食品中的使用量与使用范围、人的可能摄入量及保健功能等因素，确保其对人体健康的安全性。对于已在食品中应用了相当长时间的物质，对接触人群进行流行病学调查具有重大意义，但往往难以获得剂量－反应关系方面的可靠资料；对于新的受试物质，则只能依靠动物试验和其他试验研究资料。然而，即使有了完整和详尽的动物试验资料和一部分人类接触者的流行病学研究资料，由于人类的种族和个体差异，也很难做出保证每个人都安全的评价，即绝对的安全实际上是不存在的。根据试验资料，进行最终评价时，应全面权衡做出结论。

（十一）保健食品安全性的重新评价

安全性评价的依据不仅是科学试验的结果，与当时的科学水平、技术条件以及社会因素均密切有关。因此，随着时间的推移，很可能结论也不同。随着情况的不断改变，科学技术的进步和研究的不断进展，有必要对已通过评价的受试物进行重新评价，做出新的科学结论。

复习思考题

1. 半数致死量是什么？
2. 最大无作用剂量是什么？
3. 毒作用机制是什么？
4. 影响毒作用的因素有哪些？
5. 食品安全性毒理学评价程序是什么？

参考文献

[1]朱珠．食品安全与卫生检测[M]．北京:高等教育出版社,2002.
[2]周树南．食品生产卫生规范[M]．北京:中国标准出版社,1997.
[3]中华人民共和国国家标准 GB/T 19000—2000《质量管理体系 基础和术语》[S].
[4]中华人民共和国国家标准 GB 17405—1998《保健食品良好生产规范》[S].
[5]赵宝玉．最新食品质量鉴别与国家检验标准全书[M]．北京:中国致公出版社,2002.
[6]张秀省．无公害农产品标准化生产[M]．北京:中国农业科学技术出版社,2002.
[7]张希良．绿色食品管理与生产技术[M]．哈尔滨:黑龙江科学技术出版社,2003.
[8]张建新．食品标准与法规[M]．北京:中国轻工业出版社,2011.
[9]张洪程．农业标准化概论[M]．北京:中国农业出版社,2004.
[10]张凤宽．畜产品加工学[M]．长春:吉林科学技术出版社,1999.
[11]臧大存．食品质量与安全[M]．北京:中国农业出版社,2008.
[12]应可福．质量管理[M]．北京:机械工业出版社,2004.
[13]殷丽君,孔瑾,李再贵．转基因食品[M]．北京:化学工业出版社,2002.
[14]杨永华．食品行业质量安全管理体系文件精编[M]．北京:中国标准出版社,2004.
[15]杨晓云．最新食品生产企业 HACCP 认证与 HACCP 标准实施手册[M]．合肥:安徽文化音像出版社,2003.
[16]杨晓泉．食品毒理学[M]．北京:中国轻工业出版社,1999.
[17]杨洁彬,王晶,王柏琴,等．食品安全性[M]．北京:中国轻工业出版社,1999.
[18]许牡丹,毛跟年．食品安全性与分析检测[M]．北京:化学工业出版社,2003.
[19]夏延斌．食品质量与安全[M]．长沙:湖南科学技术出版社,2002.
[20]吴永宁．现代食品安全科学[M]．北京:化学工业出版社,2003.
[21]吴澎．食品法律法规与标准[M]．北京:化学工业出版社,2011.
[22]王云．国家食品质量安全市场准入指导[M]．北京:中国计量出版社,2004.
[23]王毓芳,郝凤．过程控制与统计技术[M]．北京:中国计量出版社,2001.
[24]王晶,王林,黄晓蓉．食品安全快速检测技术[M]．北京:化学工业出版社,2002.
[25]汪之河．水产品加工与利用[M]．北京:化学工业出版社,2003.
[26]汪东风．食品质量与安全实验技术[M]．北京:中国轻工业出版社,2004.
[27]田惠光．食品安全控制关键技术[M]．北京:科学出版社,2004.
[28]唐晓芬．HACCP 食品安全管理体系的建立与实施[M]．北京:中国计量出版社,2003.
[29]史贤明．食品安全与卫生学[M]．北京:中国农业出版社,2003.
[30]任俊银．HACCP 在果蔬汁饮料生产中的应用[M]．山西食品工业,2003(4):38～40.

[31]全国质量管理和质量保证标准化技术委员会秘书处,全国质量管理和质量保证标准化技术委员会秘书处编著.2000年版ISO 9000国际标准理解与实施[M]. 北京:中国标准出版社,2002.
[32]钱和.HACCP原理与实施[M]. 北京:中国轻工业出版社,2003.
[33]钱爱东. 食品微生物[M]. 北京:中国农业出版社,2002.
[34]毛中年. 食品安全性与分析检测[M]. 北京:化学工业出版社,2003.
[35]马林聪. 质量、环境兼容质量管理体系内部审核员教程[M]. 北京:中国轻工业出版社,2002.
[36]马林,罗国英. 全面质量管理基本知识[M]. 北京:中国经济出版社,2004.
[37]骆承庠. 畜产品加工学[M]. 北京:农业出版社,1992.
[38]陆兆新. 食品质量管理学[M]. 北京:中国农业出版社,2004.
[39]刘雄,陈宗道. 食品质量与安全[M]. 北京:化学工业出版社,2009.
[40]李正明,等. 安全食品的开发与质量管理[M]. 北京:中国轻工业出版社,2004.
[41]李世敏. 应用营养学与食品卫生管理[M]. 北京:中国农业出版社,2002.
[42]李国强. 食品饮品保健品安全卫生监督管理与检测分析技术标准实务全书[M]. 北京:中国农业科学技术出版社,2002.
[43]孔保华. 肉制品工艺学[M]. 哈尔滨:黑龙江科学技术出版社,1996.
[44]鞠剑峰. 绿色食品基础[M]. 哈尔滨:黑龙江人民出版社,2005.
[45]蒋爱民. 乳制品工艺及进展[M]. 西安:陕西科学技术出版社,1996.
[46]江汉湖. 食品安全与质量控制[M]. 北京:中国轻工业出版社,2002.
[47]纪正昆. 食品质量与安全[M]. 长沙:湖南科学技术出版社,2003.
[48]黄惟俭. 食品及农副产品加工标准化知识[M]. 北京:北京大学出版社,1989.
[49]胡小松. 软饮料工艺学[M]. 北京:中国农业大学出版社,2002.
[50]贺国铭. 农业及食品加工领域:ISO 9000实用教程[M]. 北京:化学工业出版社,2004.
[51]郝利平. 食品添加剂[M]. 北京:中国农业出版社,2004.
[52]郭忠广. 绿色食品生产技术手册[M]. 济南:山东科学技术出版社,2003.
[53]宫智勇,刘建学,黄和. 食品质量与安全管理[M]. 郑州:郑州大学出版社,2011.
[54]冯叙桥,赵静. 食品质量管理学[M]. 北京:中国轻工业出版社,1998.
[55]樊恩健,等. 食品安全管理体系审核员培训教程[M]. 北京:中国计量出版社,2005.
[56]刁恩杰. 食品安全与质量管理学[M]. 北京:化学工业出版社,2008.
[57]邓平建. 转基因食品食用安全性和营养质量评价及验证[M]. 北京:人民卫生出版社,2003.
[58]戴维. 麦克斯万. 食品安全与卫生基础[M]. 吴永宁,张磊,李志军,译. 北京:化学工业出版社,2006.
[59]陈宗道,刘金福,陈绍军. 食品质量管理[M]. 北京:中国农业大学出版社,2003.
[60]陈宗道,刘金福,陈邵军. 食品质量与安全管理[M]. 北京:中国农业大学出版社,2011.
[61]陈锡文. 邓楠. 中国食品安全战略研究[M]. 北京:化学工业出版社,2004.
[62]陈君石,闻芝梅. 转基因食品[M]. 北京:人民卫生出版社,2003.
[63]陈鸿章.2000年版ISO 9000族质量管理体系国际标准应用指南[M]. 北京:国防工业出版社,2001.
[64]陈伯祥. 肉与肉制品工艺学[M]. 南京:江苏科学技术出版社,1996.
[65]曾庆孝.GMP与现代食品工厂设计[M]. 北京:化学工业出版社,2006.
[66]蔡花真,张德广. 食品安全与质量控制[M]. 北京:化学工业出版社,2008.
[67]贝惠玲. 食品安全与质量控制技术[M]. 北京:科学出版社,2011.

[68]中华人民共和国国家标准 GB/T 19001—2000《质量管理体系 业绩改进指南》[S].
[69]中华人民共和国国家标准 GB/T 19001—2000《质量管理体系 要求》[S].
[70]石岩 . ISO 9001:2000 标准理解文件编写案例与实施指南[M]. 北京:中国计量出版社 . 2001.
[71]国家质量技术监督局 . 质量管理体系标准[M]. 北京:中国标准出版社,2001.
[72]Ncmm G Marriott. 食品卫生原理[M]. 钱和,华小娟,译 . 4 版 . 北京:中国轻工业出版社,2001.